U0257661

南 山 博 文

中国美术学院博士生论文

变革与开端

宋代家具体系

彭喆 著

中国美术学院出版社

图书在版编目（ＣＩＰ）数据

变革与开端：宋代家具体系 / 彭喆著. —— 杭州 ：
中国美术学院出版社，2024.5
　（南山博文 / 许江主编）
　ISBN 978-7-5503-3042-9

　Ⅰ．①变… Ⅱ．①彭… Ⅲ．①家具－研究－中国－宋
代 Ⅳ．①TS666.204

中国国家版本馆CIP数据核字(2023)第107986号

变革与开端：宋代家具体系

彭喆　著

出 品 人：祝平凡
出版发行：中国美术学院出版社
地　　址：中国·杭州南山路218号 / 邮政编码：310002
网　　址：http://www.caapress.com
经　　销：全国新华书店
印　　刷：浙江邮电印刷股份有限公司
版　　次：2024年5月第1版
印　　次：2024年5月第1次印刷
印　　张：21
开　　本：787mm×1092mm　1/16
字　　数：380千
印　　数：0001—1000
书　　号：ISBN 978-7-5503-3042-9
定　　价：98.00元

南山博文

总 序

打造学院精英

　　当我们讲"打造中国学院的精英"之时，并不是要将学院的艺术青年培养成西方样式的翻版，培养成为少数人服务的文化贵族，培养成对中国的文化现实视而不见、与中国民众以及本土生活相脱节的一类。中国的美术学院的使命就是要重建中国学院的精英性。一个真正的中国学院必须牢牢植根于中国文化的最深处。一个真正的学院精英必须对中国文化具有充分的自觉精神和主体意识。

　　当今时代，跨文化境域正深刻地叠合而成我们生存的文化背景，工业化、信息化发展深刻地影响着如今的文化生态，城市化进程深刻地提出多种类型和多种关怀指向的文化命题，市场化环境带来文化体制和身份的深刻变革，所有这一切都包裹着新时代新需求的沉甸甸的胎衣，孕育着当代视觉文化的深刻转向。今天美术学院的学科专业结构已经发生变化。从美术学学科内部来讲，传统艺术形态的专业研究方向在持续的文化热潮中，重温深厚宏博的画论和诗学传统，一方面提出重建中国画学与书学的使命方向，另一方面以观看的存疑和诘问来追寻绘画的直观建构的方法，形成思想与艺术的独树一帜的对话体系。与此同时，一些实验形态的艺术以人文批判的情怀涉入现实生活的肌体，显露出更为贴近生活、更为贴近媒体时尚的积极思考，迅疾成长为新的研究方向。我们努力将这些不同的研究方向置入一个人形的结构中，组织成环环相扣、共生互动的整体联系。从整个学院的学科建设来讲，除了回应和引领全球境域中生活时尚的设计艺术学科外，回应和引领城市化进程的建筑艺术学科，回应和引领媒体生活的电影学和广播电视艺术学学科，回应和引领艺术人文研究与传播的艺术学学科都应运而生，组成具有视觉研究特色的人文艺术学科群。将来以总体艺术关怀的基本点，还将涉入戏剧、表演等学科。面对这样众多的学科划分，建立一个通识教育的基础阶段十分重要。这种通识教育不仅要构筑一个由世界性经典文明为中心的普适性教育，还要面对始终环绕着我们的中西对话基本模式、思考"自我文明将如何保存和发展"这样一类基本命题。这种通识教育被寄望来建构一种"自我文化模式"的共同基础，本身就包含了对于强势文明一统天下的颠覆观念，而着力树立复数的今古人文的价值关联体系，完成特定文化人群的文明认同的历史教育，塑造重建文化活力的主体力量，担当起"文化熔炉"的再造使命。

马一浮先生在《对浙江大学生毕业诸生的讲演词》中说："国家生命所系，实系于文化。而文化根本则在思想。从闻见得来的是知识，由自己体究，能将各种知识融会贯通，成立一个体系，名为思想。"孔子所谓的"知"，就是指思想而言。知、言、行，内在的是知，发于外的是言行。所以中国理学强调"格物、致知、诚意、正心、修身、齐家、治国、平天下"的序列及交互的生命义理。整部中国古典教育史反反复复重申的就是这个内圣外王的道理。在柏拉图那里，教育的本质就是"引导心灵转向"。这个引导心灵转向的过程，强调将心灵引向对于个别事物的理念上的超越，使之直面"事物本身"。为此必须引导心灵一步步向上，从低层次渐渐提升上去。在这个过程中，提倡心灵远离事物的表象存在，去看真实的东西。从这个意义上讲，教育与学术研究、艺术与哲学的任务是一致的，都是教导人们面向真实，而抵达真实之途正是不断寻求"正确地看"的过程。为此柏拉图强调"综览"，通过综览整合的方式达到真。"综览"代表了早期学院精神的古典精髓。

中华文化，源远流长。纵观中国艺术史，不难窥见，开时代之先的均为画家而兼画论家。一方面他们是丹青好手，甚至是世所独绝的一代大师，另一方面，是中国画论得以阐明和传承并代有发展的历史名家，是中国画史和画论的文献主角。他们同是绘画实践与理论的时代高峰的创造者。他们承接和彰显着中国绘画精神艺理相通、生生不息的伟大的通人传统。中国绘画的通人传统使我们有理由在艺术经历分科之学、以培养艺术实践与理论各具所长的专门人才为目标的今天，来重新思考艺术的教育方式及其模式建构的问题。今日分科之学的一个重大弊端就在于将"知识"分类切块，学生被特定的"块"引向不同的"类"，不同的专业方向。这种专业方向与社会真正需求者，与马一浮先生所说的"思想者"不能相通。所以，"通"始终是学院的使命。要使其相通，重在艺术的内在精神。中国人将追寻自然的自觉，演变而成物化的精神，专注于物我一体的艺术境界，可赋予自然以人格化，亦可赋予人格以自然化，从而进一步将在山水自然中安顿自己生命的想法，发显而为"玄对山水"、以山水为美的世界，并始终铸炼着一种内修优先、精神至上的本质。所有这些关于内外能通、襟抱与绘事能通的特质，都使得中国绘画成为中国文人发露情感和胸襟的基本方式，并与文学、史学互为补益、互为彰显而相生相和。这是中国绘画源远流长的伟大的自觉，也是我们重建中国学院的精英性的一个重要起点。

在上述的这个机制设定之中，让我们仍然对某种现成化的系统感到担忧，这种系统有可能与知识的学科划分所显露出来的弊端结构性地联系在一起。如何在这样一个不可回避的学科框架中，有效地解决个性开启与共性需求、人文创意与知识学基础之间的矛盾，就是要不断地从精神上回返早期学院那种师生"同游"的关系。中国文化是强调"心游"的文化。"游"从水从流，一如旌旗的流苏，指不同的东西以原样来相伴相行，并始终保持自己。中国古典书院，历史上的文人雅集，都带着这种"曲水流觞"、与天地同游的心灵沟通的方式。欧洲美术学院有史以来所不断实践着的工作室体制，在经历了包豪斯的工坊系统的改革之后，持续容纳新的内涵，可以寄予希望构成这种"同游"的心灵濡染、个性开启的基本方式，为学子们提高自我的感受能力、亲历艺术家的意义，提供一个较少拘束、持续发展的平台。回返早期学院"同游"的状态，还在于尽可能避免实践类技艺传授中的"风格"定势，使学生在今古人文的理论与实践的研究中，广采博集，发挥艺术的独特心灵智性的作用，改变简单意义上的一味颠覆的草莽形象，建造学院的真正的精英性。

随着经济外向度的不断提高，多种文化互相交叠、互相揳入，我们进入一个前所未有的跨文化的环境。在这样的跨文化境域中，中国文化主体精神的重建和深化尤为重要。这种主体精神不是近代历史上"中西之辩"中的那个"中"。它不是一个简单的地域概念，既包含了中国文化的根源性因素，也包含了近现代史上不断融入中国的世界优秀文化；它也不是一个简单的时间概念，既包含了悠远而伟大的传统，也包含了在社会生活中生生不息地涌现着的文化现实；它亦不是简单的整体论意义上的价值观念，不是那些所谓表意的、线性东方符号式的东西。它是中国人创生新事物之时在根蒂处的智性品质，是那种直面现实、激活历史的创生力量。那么这种根源性在哪里？我想首先在中国文化的典籍之中。我们强调对文化经典的深度阅读，强调对美术原典的深度阅读。潘天寿先生一代在 20 世纪 50 年代建立起来的临摹课，正是这样一种有益的原典阅读。我原也不理解这种临摹的方法，直至今日，才慢慢嚼出其中的深义。这种临摹课不仅有利于中国画系的教学，还应当在一定程度上用于更广泛的基础课程。中国文化的根性隐在经典之中，深度阅读经典正是意味着这种根性并不简单而现成地"在"经典之中，而且还在我们当代人对经典的体验与洞察，以及这种洞察与深隐其中的根性相互开启和砥砺的那种情态之中。中国文化主体精神的缺失，并不能简单地归因于经典的失落，而是我们对经典缺少那种充满自信和自省的洞察。

学院的通境不仅仅在于通识基础的课程模式设置。这一基础设置涵盖本民族的经典文明与世界性的经典文明，并以原典导读和通史了解相结合的方式来继承中国的"经史传统"，建构起"自我文化模式"的自觉意识。学院的通境也不仅仅在于学院内部学科专业之间通过一定的结构模式，形成一种环环相扣的链状关系，让学生对于这个结构本身有感觉，由此体味艺术创造与艺术个性之间某些基本的问题，心存一种"格"的意念，抛却先在的定见，在自己所应该"在"的地方来充实而完满地呈现自己。学院的通境也不仅仅在于特色化校园建造和校园山水的濡染。今天，在自然离我们远去的时代，校园山水的意义，是在坚硬致密的学科见识中，在建筑物内的漫游生活中，不断地回望青山，我们在那里朝朝暮暮地与生活的自然会面。学子们正是在这样的远望和自照之中，随师友同游，不断感悟到一个远方的"自己"。学院的通境更在于消解学院的樊篱，尽可能让"家园"与"江湖"相通，让理论与实践相通，让学院内外的艺术思考努力相通。学院的精英性绝不是家园的贵族化，而是某种学术谱系的精神特性。这种特性有所为有所不为，但并不禁锢。她常常从生活中，从艺术种种的实验形态中吸取养料。她始终支持和赞助具有独立眼光和见解的艺术研究，支持和赞助向未知领域拓展的勇气和努力。她甚至应当拥有一种让艺术的最新思考尽早在教学中得以传播的体制。她本质上是面向大众、面向民间的，但她也始终不渝地背负一种自我铸造的要求，一种精英的责任。

在学院八十周年庆典到来之际，我们将近年来学院各学科的部分博士论文收集起来，编辑了这套书，题为"南山博文"。丛书中有获得全国优秀博士论文荣誉的论文，有我院率先进行的实践类理论研究博士的论文。论文所涉及的内容范围很广，有历史原典的研究，有方法论的探讨，有文化比较的课题。这套书中满含青年艺术家的努力，凝聚导师辅导的心血，更凸显了一个中国学院塑造自我精英性的决心和独特悠长的精神气息。

谨以此文献给"南山博文"首批丛书的出版，并愿学院诸子：心怀人文志，同游天地间。

许 江
2008 年 3 月 8 日
于北京新大都宾馆

序

　　宋代是中国文化发展的一个高峰时期，它的制度、科技、思想、人物，均突破前代所取得的成就，宋诗、宋画、宋词、书法、古琴、戏曲、宋文、话本小说、书籍、宋瓷、文房四宝等文化遗产至今犹存，为当代中国人留下了文化创造的基因与温情的文化记忆。遗憾的是，作为宋代文化载体之一的宋代家具，其实物几乎无存。《先秦考工记》、宋代《营造法式》等重要著作虽在一定程度上反映了当时的制器理念，但其中几乎没有对家具工艺、形制、美学方面的具体记载。因此，如何发掘整理宋代家具的资料，由此再现宋代生活文明的真相，至今仍然是宋学界以及中国学的重要课题，因而，具备了大量家具图样和生活场景描绘的珍贵绘画图像资料，成为目前最具优势的研究宝库。

　　彭喆的《变革与开端：宋代家具体系》一书，正是在这个领域做出了自己的探索。此书主要的学术贡献有：

　　第一，以图为史。作者采用图像学的方法，结合文献考据的成果，充分利用最新的图像文献成果即《宋画全集》（第四卷除外），以此为基础，构建了宋代家具完整的形制体系，改变了之前学界对画中家具资源研究不足的现状。本书作者采集了近千个家具图样，集合墓葬、壁画、塑像、文献等资料，构建了以《宋画全集》为中心的宋画家具文献库，成为目前最具规模、样本最全的研究样式。从作者所掌握的画作图像看，这些家具呈现出由床榻类、坐具类、桌案类、其他类构成的宋代家具形制体系。此体系构建的核心作用在于揭示宋人高座生活方式与家具系统的映照关系，从而证明了宋代家具体系是中国高型家具体系的基础。这是本书作者最重要的学术贡献。

第二，本书定名和证实了"中国高型家具体系""宋代家具体系""宋画家具体系"等几个重要的命题结论。其中，宋代家具体系的构建既与当时的文化传统及社会生活紧密相连，又开启了明清家具的辉煌成就。其影响因子深深植根在中华文化源远流长、博大精深的文脉之中，如同江河奔流，生生不息。

第三，通过研究，作者进一步证实了宋代是标志中国起居方式转型完成的特殊历史阶段，从图像学与家具学结合的角度论证了中国高型家具体系在宋代定型。

最后，作者更力图从分门别类与综合研究中，深度透视宋画家具中蕴含的人文心灵，探求画作背后潜藏的一种人心与人文、人性之美，方能与宋人古今相接、心心相印。这既是艺术中一种核心共通的价值，更是理解中国文化的正途。这一部分作者将结合自身家具创作进行鲜活的讨论和践行，此类研究后续将陆续出版。

作为中国美术学院从事工业设计及研究的一名教师，彭喆在读博期间，将教学与科研相结合，注重研究以人文为核心的生活美学设计和传统家具，主持《明式家具赏析》浙江省一流课程，并出版教学专著。作为中国古典哲学与艺术专业的博士，在选定"中国古典哲学及艺术思想与传统家具设计制造的生态关系"选题后，他勤奋钻研，将中国传统文化、中国文学与中国传统家具研究相结合，不止于家具工艺本身，更力图在研究中融入历史与文学等内容，这无疑为本书的撰写奠定了良好的理论与实践基础。

本书的写作与出版，对宋代家具以及中国古代家具史具有较为重要的推动作用，对宋代家具设计界也具有一定的应用和参考价值。"百尺竿头须进步，十方世界是全身"，希望彭喆能在该书的基础上再接再厉，为传统家具的研究与传承发展做出更大的贡献。

胡晓明

2023 年 5 月 3 日

推 荐

　　近几十年来的家具史研究，凭借考古学的发现而打开了研究的新视野，刷新了人们对相关问题的各种认识，因以新材料、新方法、新视角而呈现一种渐趋繁荣的局面。我在二十年前曾经提出：由席坐而转为高坐具上的垂足坐是中国家具发展史中的一次大变革，虽只是家具的增高，但在社会生活中引起的变化却很大，比如观念，比如生活习俗乃至礼俗种种，甚至可以说牵一发而动全身，但这一番变革并非成于一朝一夕，而是经过了一个持久的过渡。魏晋南北朝时代，随着佛教东传而为席坐时代稳定成熟的家具形制带来了若干变革的因素。唐代是低型家具与高型家具并行、也是跪坐、盘腿坐与垂足坐并行的时代。五代与宋相衔，成为低型家具向高型家具转变的接近完成的过渡期。两宋一个重要的改变是垂足坐的通行，它并且进入一向保守的礼制系统。重要的是，宋代家具式样、特别是士人居室陈设的品味更深入影响到后世，其中所蕴涵的对雅的定义，被诗和画携带着浸入新的时代，而为明代家具奠定了继承与创新的基础，使它在一个很高的起点上走向中国家具史中的发展高峰。二十年后，彭喆博士的《变革与开端》问世，为我的观点提供了更加详实、更加完备和系统的图像资料。虽然宋代家具实物不多，但考古发现中这一时期的墓室砖雕、壁画以及传世画作中却保存了众多的图像资料。作者以宋画为主线，以古代文献为媒介，用理论与实证相结合的方式完成了细致的考索，成就为逻辑清晰细节丰满的叙事。又依凭自身特别具有的创制家具的优势，而以一己的艺术创作去感受和体验古代匠心与工艺，因使得诸多论述更为扎实可靠。

扬之水

扬之水

中国社会科学院文学研究所研究员，文学与名物研究专家。

目　录

绪　论

　　中国古典家具及其所营造的生活世界是中国人文精华的重要内容，更成为世界各地生活方式的创作源泉。中国家具历史中的明清家具辉煌成就是从何而来，是谁开创乾坤，继而达到鼎盛，又延续千年。由此，鞭策我们辩章学术、考镜源流，从根源处探究生活方式的乾元滋始，由隐至显，认识中国家具基因工程及其重要的历史创建。

　　本文站在历史大变革的视野中：首次提出了"宋代家具体系"的概念，发现宋代家具体系及其所营造的生活世界是中国生活方式转型成功的历史性创构，并揭示了中国垂足高座起居系统在宋代成型与奠基。由此得出，宋代家具体系是中国高座家具体系的开端。

　　固本培元，守正创新，宋代家具体系滋生的过程，很好地揭示了中国家具基因的发展规律。外化的内在动因是一个激活和孕育的过程，中国古典家具及其辉煌成就是一脉相承的。

　　本文研究的对象是"宋画中的家具"，通过以《宋画全集》为中心的宋画文献库，构建宋代家具形制体系，论证宋画中家具体系与宋代家具体系、中国高型家具体系三者同构，以此去认识宋代家具及其历史地位，完善中国家具的视觉与历史谱系。不同于考古学的研究方式，本文并非以实物形态为研究对象，而是用宋画中的家具图样构建宋代家具形制体系，强调对总体面貌的反映，观察形制特征、结体规律、分类体系、审美特征、文化内涵。通过本文的研究，笔者探索并认证宋代家具体系与中国高型家具体系的映照关联，由此还原其面貌和特征；并分析家具是如何直接参与和构建画中展现的生活美境，进而阐发其中蕴含的宋人生活美学情趣与思想，力图对宋代家具史和两宋美术史研究提供有益的补充。

一、文献综述

中国古典家具从上个世纪初就吸引了许多中外学者和收藏家的关注，受到很高的评价。有诸多研究成果问世，并且具有明显的阶段性，主要以明代和清代的家具为研究热点（相关的文献调研和梳理此处不再呈现，完整内容可以参看本人博士论文原文内容）。明代以前的研究关注屈指可数，对明清家具辉煌历史的前序因果缺乏深入探究，而中国历史的延续性告诉我们，中国家具也应该与其他物质文明发展的规律一致，在漫长朝代更迭中保持着一脉相承的延续，唐宋历史的辉煌成就必然与明清家具的繁荣有着来因去果的关系。然而，由于宋元家具的实物留存非常少，考古考证的研究资料不足，因此这一时期的家具，在历史观的研究和认知上形成空白点。

有少数国外的研究者也曾关注到这点。日本学者藤田丰八（1869—1929），在其所著的《中国南海古代交通业考》[1]中，对中国汉地使用的榻进行了源流考证，认为榻非中国汉人的自觉发明而是由波斯传入；还有一篇《胡床考》收录于其《东南交涉史西域篇》[2]中，考证了胡床由游牧民族带入汉地，到宋后改称为交椅。从现在看这个研究非常独到，观点也引申出很多深思。榻和交椅是最具有中国文化精神内涵的家具，《汉书》的"下榻之礼，悬榻遗风"，《水浒传》中的"第一把交椅"，其研究结果反映它们溯源都为外来文明，都被当时的"蛮夷"所用，那么被奉为文明至高点的唐宋帝国是如何对待它们，并使之在汉地生根发芽继而发扬光大，成为代表中国的象征之一呢？

令人费解的是，在中国古代的文献中，较少有关于家具工艺和美学的论著，特别是宋前，涉及家具的文献也很罕见。笔者经过梳理，发现中国古代家具的论著按时间顺序排列主要有：

先秦的《考工记》。《考工记》出于《周礼》，是中国春秋战国时期记述官营手工业各工种规范和制造工艺的文献。这部著作记述了齐国关于手工业各个工种的设计规范和制造工艺。据学者考证，书中记载了先秦时期一系列手工业的生产管理和营建制度，以及生产技术、工艺美术的资料，一定程度上反映了当时的制器思想观念，但其中几乎没有具体记载家具工艺、形制、美学方面的内容。

宋代的《营造法式》。《营造法式》是宋崇宁二年（1103 年）出版的图书，作者是李诫，李诫在两浙工匠喻皓《木经》的基础上编成，是北宋官方颁布的关于建筑设计、施工的规范书。其中也有记载建筑中小木作的制作规范和样式的内容，但没有直接涉及家具制作有关的文献记载。

明代开始出现记载有家具内容的著作。《鲁班经匠家镜》[3] 是非常重要的记载家具样式和尺寸的书，出自方南，"匠家镜"意为营造房屋和生活用家具的指南，里面叙述了明代部分家具的制作规范和样式。《天工开物》，为明代宋应星编写，初刊于 1637 年（明崇祯十年丁丑），共三卷十八篇，全书收录了农业、手工业，诸如机械、砖瓦、陶瓷、硫磺、烛、纸、兵器、火药、纺织、染色、制盐、采煤、榨油等生产技术。文震亨撰《长物志》，[4] 分室庐、花木、水石、禽鱼、书画、几榻、器具、位置、衣饰、舟车、蔬果、香茗十二类。涉及园之营造、器物之选用摆放，都纤悉毕具；其中所言的收藏赏鉴诸法，亦具有条理，书中短短的几句文字从鉴赏的角度谈及几榻的雅俗之辨。

清代的《闲情偶寄》。《闲情偶寄》是清初文人李渔撰写的一部包含词曲、演习、声容、居室、器玩、饮馔、种植、颐养等内容的"寓庄论于闲情"的随笔。但也没有论及家具的独立章节和内容，只有在"居室"篇中间接地表现了一些对家具陈设的主张及关注的情趣方向。

这一文学史现象也引出了一个深思：与其他物质文化品类比较，为什么关于"家具"的思考和文论宋代及其之前鲜见？实物考古的途径缺乏，文献记载也难见，如何开展研究？通过训诂学的查找，笔者发现"家具"这个名词概念的真正成熟和广泛使用比较晚。"家"与"具"的概念形成和发展由来已久，内涵也不断地转变发展，兼具"器物"的功能和"场域"的构筑，在礼教社会赋予了很强社会性和规律性。"家""具"文字组合的名称，搜索到最早的文献记载是北魏贾思勰《齐民要术·槐柳楸梓梧柞第五十》："凡为家具者，前件木皆所宜种。"意为"家用器具"。但"家具"这个词在宋代的文献中才被大量检索到，而且家具的概念逐渐聚焦到与家用相关的器具上，也延展到平民生产的用具上，意义发展层次丰富，含义转为更多世俗化和生活化的内容。根据训诂的内容可以意识到，"家具"这一名称和其"家用器具"概念的普及使用是在宋代，并且沿用至今。

家具的名物概念在宋代的广泛运用，也意味着与家具对应的宋人生活内容广泛存在。这引申出重要的思考："家具"在宋代经历着一个怎样的特殊发展阶段呢？

联系上文家具溯源的多个疑问深思，家具的文献内容在宋代形成了一个分野，这种分野对应着中国家具历史上怎样的局面？这个时期的特殊性又将疑问延伸到与家具紧密联系的另一个重要领域，中国起居方式的变革。

中国的起居生活历史独特之处在于经历了席地而坐和垂足高坐两个阶段。其中核心的因素是坐姿的转变，涉及到礼教、文化、民俗的方方面面。李济先生发表的论文《跪坐蹲踞与箕踞》，[5] 朱大渭《中古汉人由跪坐到垂脚高坐》[6] 等，阐释了从魏晋到唐宋中国坐姿转变的各个阶段和历程。家具则直接对应坐姿的变化，起居方式与古代家具体系是相呼应的，因此起居方式的变革必然导致整个家具体系的巨大变化，即低矮家具体系向高型家具体系转变，起居方式的变革是家具体系演变和创新最为直接和重要的推动力。

21世纪初以来，中国古典家具的研究应该说已经由国外转移到国内，各方面成果丰硕，角度多元，其中研究成果的共识表明"家具发展到两宋时期，已经基本完成了由席地而坐到垂足而坐的社会变革，高足家具在日常生活中逐渐占据了统治地位"[7]"国人从席地低坐逐渐去适应，最终改为垂足高坐，至宋定型。"[8]由此可看出，当代的学者认为起居方式在宋代定型，并且认定高足家具在宋代普及。起居方式定型对应高足家具的普及，同时"家具"一词在宋代文献中大量检索到，因此形成了一个重要的推理，中国高型家具在宋代普及，这意味着形成了高型家具营造的社会生活，那么宋代必然形成了对应的高型家具体系。

综合逐层的深思和追问，也聚焦于对起居方式转型完成、中国高型家具的形成和宋代家具体系三者关系的梳理。基于此，目前宋代家具研究的最终焦点在于——围绕宋代家具体系的研究。

同时也反映出目前研究存在四个盲点：一是关于宋代家具的研究，以往缺乏系统的参照对象；二是国内外学术界缺乏对宋代家具体系形成的研究；三是对家具革命性转变历史和意义认识不够；四是对中国高型家具形成的基础理论缺乏。伴随着问题的深入和聚焦，本研究也将逐步展开具体问题的解题思路的路径探讨。

二、选题缘起

（一）问题与解题

宋代家具一度成为显学，但没有实物的留存使其无法像明清家具的研究方式一样，获得有规模的实物为研究对象，因此必须另辟蹊径。2008年浙江大学出版了《宋画全集》，随后不久《元画全集》相继出版，借此我们收集了近1000个家具图样，集合墓葬、壁画、塑像、文献，形成以《宋画全集》为中心的宋画文献库，这也成为目前最具有规模、最好的宋代家具研究对象。

《宋画全集》为中心的宋画文献库的研究路径和方法。名物论证是第一步，《周礼·春官·宗伯》述及小宗伯的职务："辨六粢之名物与其用，使六宫之人共奉之。"回归家具的核心特点，是具有功能属性，必须服务于当时的生活需求。因此，对画中家具的名物论证，首先依据这一点，从宋画反映的生活场景信息中获取名物的功能信息，以此拟名。宋画中生活场景的描绘，具有人文性、写实性、场景化的特点，而且描绘精细，有家具和器物的画都呈现出比较清晰的叙事内容，这些叙事场景恰恰很好地反映出家具的形态特征和使用功能，我们由此对其中家具进行甄别和拟定名字。再将具有同特征家具的样本聚类，形成一个"个类"，继而如法炮制形成多个子类，子类相形聚类分析形成大类。第二步，追根溯源，考辨源流。这是名物论证的基本方法，一方面从纵向上深究每个图样名称对应的得名由来、名实关系、客体渊源流变及其文化涵义，获得家具定名的理据。另一方面，从图样辨识到定名分类。在聚类的过程中，形成了一个宋画中家具形制分类体系的模型。分类体系并非参照某个已有的家具体系，而是完全依据画中名物的探究而来，聚类的过程是一边分析图画中的家具功能鉴别，另一边结合溯源厘清每件家具的渊源流变去对应验证而来，自然形成了宋画中的家具体系。

在构建了这一庞大复杂的体系模型之余，紧接着追问，这个图像体系是不是体现宋代家具体系，如何去界定宋代家具体系呢？由此，笔者着手探究宋代家具的特征。

（1）宋代是中国生活方式转型中特殊的历史阶段，从"中国家具体系"发展的历史脉络中探究宋代家具的时代特征，这些特征可作为综合定位宋代家具的基础。通过宋代家具的考辨源流，可知宋代处于中国由席地而坐向垂足高坐转型的末端，经由坐姿、坐具、文化观念三者关系的论证，发现宋代是中国高型家具体系的定型期，提出并论证宋代家具体系是中国高型家具体系的开端。

（2）依据这一重要历史拐点的特征，从宋画中的图像去对照中国高型家具体系对宋人生活系统的满足情况，它是否能对应时代特征反映的宏大叙事。对照宋画中描绘的生活场景所反映的家具名物信息去细致解读宋画中的生活状态。从画面叙事主题到场景陈设，从生活方式到家具功用，再从同类功能家具去收集更丰富的生活场景，甄别聚类；实则由画的语境到分析家具名实，再由家具认识更多的宋人生活状态，由此构成了丰富的宋人高坐生活方式系统，从而进一步验证宋画中家具形制体系对宋代生活体系的匹配和满足，证明了宋画中家具体系正是反映宋代家具体系这一判断结果的合理性和正确性。

从文中构建的宋画中家具体系可见，其着实由高型家具形制构成且具其特征，同时由家具营造了宋人的生活美学状态，所以这个条件也是题中应有之充分且必要。[9]

这里有两层意思：第一，从宋画中的家具体系，可以看出宋代家具所具有的核心要素，即满足宋人生活对家具的需求，反映宋代高型家具的形制特征，那么前者是后者的充分条件。第二，反之，前者是后者的必要条件。值此，核心要素的达成，是构建宋画中家具体系与宋代家具体系"同构"的充分且必要条件，亦是充要条件。

因此，经过多个路径的交叉研究，问题层层解剖，鞭辟入里，水落石出：

本研究的核心命题为：宋代家具体系是中国高型家具体系的开端，宋画中家具体系全面反映了宋代家具基本面貌和整体体系构架。

核心成果为：构建了宋画中高型家具形制体系。

研究路径为：1. 以宋画中家具为研究对象探索建构宋代家具形制体系；2. 以生活方式转型为导向的中国高型家具体系在宋代定型，即宋代高型家具体系；3. 以高型家具为线索营造的宋人生活系统呈现。

从以画去研究家具的方法中认识到：宋画中家具体系下的每个家具图样不是孤立的形式，它代表这一名物相续形成某种特定之物的独特区别性特征，家具名物具有历史性的整体构成，画中的图像是其特定时代背景下的一个具体显现，它们一脉相承，并承前启后。

（二）以宋画研究宋代家具的可行性

1. 对宋画中家具客观性和虚构性的分析。

"'写实主义'和'宏伟'，即通常与宋画有关的两个主要特质"，[10]

著名宋代绘画研究学者加州大学石慢先生在《2017宋画国际学术回忆论文集》中这样写道。在大的原则上利用宋画以图证史和图文结合证史在宋代家具和宋代器物研究方面有很多论文和专著的先例，并得到学术界的普遍认同，如胡德生著《中国古代家具》，李中山著《中国家具史图说》，扬之水著《唐宋家具寻微》，邵晓峰著《中国宋代家具（研究与图像集成）》。在此问题上本文也借鉴这样大的原则和方法进行宋画中家具的研究，并针对具体的画作中的图样具体讨论，使内容不断优化。

宋画的写实性对于本文的研究目标有非常大的支撑。本文主命题论证的宋代家具体系是中国高型家具的开端，并用宋画中的家具图样构建宋代家具形制体系，以说明宋代家具形制的存在和揭示其中的开创性特征。宋画中形制体系与宋代家具体系的同构关系，强调"形制体系"，反映视觉谱系的整体面貌、归纳形制特征和类型结构、总结规律性，而对这些特征的呈现实物并非唯一的途径，依靠大样本的支撑，画中的图像的信息可以很好地揭示这些规律，这归结于宋代绘画强调写生，同时更在于贯穿与绘画中的多重写实性特征。

宋画在技法上细致描绘，对物象规律的真实表现，观察方法的科学客观，评价体系强调客观真实和精微还原。同理，由宋画这些多重写实性的特征可以判断：画中家具的描绘，对图样中形制规律性、功能的现实性、生活使用的合理性、装饰的艺术性等特征应具有非常准确和客观的表达，可以作为反映宋代家具形制分类体系和特征分析的素材和对象。

对形制的讨论是基于科学的聚类分析方法，大样本的聚类中能以多个图样来反映一个形制，对于表达不足的细节可以相互对照和互补，由此说明了形制在当时的现实性的普遍性，这样对形制的判断更具有科学性。

2. 宋画为研究对象的优势。

（1）本文的样本采集是以《宋画全集》为基础，《宋画全集》的编存具有科学性、权威性。《宋画全集》是一部具有工具书性质的大型宋画资料总集，反映存世宋画总貌，展示有宋一代绘画之盛，全面汇集了古今中外具备较高学术研究价值的宋画文献资料。绘画收录范围为两宋，五代，辽、金，卷帙分列故宫博物院藏品、上海博物馆藏品，以及辽宁省博物馆藏品、台北"故宫博物院"藏品、中国其他文化机构藏品、欧美国家藏品、日本藏品、宋画文献汇编，总八卷。其中，"欧美国家藏品"卷和"日本藏品"卷先期出版。[11]

《宋画全集》提供了系统学术资源和理论支持的优势。《宋画全集》提供系统的卷轴画大样本。《宋画全集》共八卷 31 册，"广泛联系海内外宋画收藏机构，普查资源、商兑体例、捃集图片、梳理文献，全集收编了海内外 100 多家博物馆、美术馆等递藏有绪、著录详明的宋人绘画作品 1000 多件""目前，已经入编存世宋画的 98% 以上""《宋画全集》填补了宋画整理汇编的历史空白"。[12]

《宋画全集》具有丰富的家具图样，为宋代家具的研究提供了很全面的基础资料。本文普查的宋代画作图像有 1000 多幅，其中有家具的画作 202 幅，单个家具的图样约 800 个。利用《宋画全集》的家具图像是目前研究宋代家具体系最好、最重要的途径。

《宋画全集》对"有宋一代"时空范畴的界定也成为本文对宋代家具时空范畴界定的重要参考。绘画收录范围为两宋，五代，辽、金的卷帙，基于这样的定义下"宋代家具"的概念，与宋画的定义一样，本身具有复杂性，因为"历史上的宋代（960—1279）长达三个世纪之久，其间因外族入侵的而中断，并且根本地改变了其文化生产的模式与格局"。[13] 在共有的历史环境和局限中，探究历史时空所凝聚成的共识。参考学界对宋画的定义，来建立宋代家具的时空范畴，非常符合本文总命题的背景，将宋代家具联系于"起居方式转型完成"和"中国高型家具开端"的研究语境中，进一步明确宋代家具的体系构建的文化背景，全面地科学地反映起居方式转型的成果和中国高型家具开端的特征。

（2）宋画研究以卷轴画为主的优势。目前存世的史料中，相对而言，宋画中卷轴画的信息最具宋代家具系统研究的针对性。卷轴画更利于解读宋代文人画家寄于家具中的艺术追求和文化传统。卷轴画绘画主体多是文人士大夫，其具有很好的知识涵养和绘画技能，对表达主体和画面信息会比较准确，画师往往能够真实地再现人物对象和生活时态，有条件做到所画即所见，是反映中国古典家具美学形态特征和文化内涵最为重要的资料。

（3）宋画中家具具有实现的可行性。宋代的家具制作工具和技术具备实现画中家具的可能性。从宋代的木作技术上看是可以实现画中相应的家具的。宋朝小木作工艺发展迅速，对于木制加工工具有关键的提升，出现了精细处理木材的平木器：铇。[14] 铇是实现精细木作最重要的工具。再结合制作玉石等器的工艺，可推测，当时木作技艺的发展状况，具备实现宋画中的家具形式的工艺基础。另外，日本正仓院唐宋留存的木作实物更直接说明宋代工艺的实现能力。

（4）宋画呈现出家具在宋人生活场景中的使用状况。从宋画的角度观察家具，更有利于理解家具在"场景"这一层面上的信息。相较于单个实物而言，宋画中对家具的使用环境的表达更完美，这更有利于我们了解家具在生活中的使用状况和家具对美学场景构建的作用。

（5）家具与画在艺术审美意义上的同构。家具与画在艺术审美意义上的同构，能反映家具的艺术设计水平和解读出其中的设计思想和内涵。图绘中，家具图像注重与画面的整体审美基调一致，家具在形态美、结构美、装饰美、意境美上都完全符合画家的意图，也都具有宋代绘画的艺术审美特征。

利用《宋画全集》为中心的宋画文献库以图证史、以图论史是反映宋代形成的中国高型家具体系及其与宋人生活关联性特征的最佳途径。内在的成因在于：一、《宋画全集》为宋代画中家具的研究提供了权威的学术支撑。二、宋画中家具所体现的美学形式和丰富形制，为研究中国高型家具开端的家具体系，提供丰富素材和样本资源的保障。三、宋画形成了家具与宋人生活相关联的研究语境，为展开中国高型家具开端时期物质文化和精神文化特征的研究，提供文化背景与资源。

综上所述，鉴于研究宋画中的家具具有重要的意义和价值；通过宋画研究宋代家具体系具有可行性、科学性。

三、研究方法

1. 历史观察法。宋代家具是中国家具史上的一个至关重要的历史阶段。从家具体系的角度观察宋代家具，实现整体系统上的认知，宏观论证宋代家具的历史地位。

2. 演绎推理法。对起居方式转型，中国高型家具的开端，宋代家具的统一性进行演绎推理。三条脉络结穴于宋画中的家具形制体系，因而宋画中的家具形制体系诠释了宋代家具体系和中国高型家具体系的开端，三者同构。

3. 文献研究法。对国内外现有的与宋画和家具相关的文献、图片资料进行收集、梳理和分析。

4. 聚类分析法。对绘画样本和家具图例进行归类分析和系统构建等基础工作。中国古代家具的溯源和分类涉及大量的文字和图片的整理，目前收集到的宋画中有家具图样约 800 个，通过聚类分析理清其中的主要类型；联系宋代及宋前的家具类别进行聚类分析，以形制和功能为线索，进行聚类分类，梳理各类别的演变脉络；对宋画中宋人生活场景进行聚类梳理，理清高型家具在宋人不同场景中的应用情况。

5. 样本对比法。将宋画中的样本与元画、敦煌壁画、明式家具，以及其他典籍中的家具样本进行对比研究。

6. 设计学结合美学分析法。分析家具的结体特征和美学特征；分析家具与美学场景营造的关系。用设计学的人、事、场、物的整体观察和分析思路，揭示家具在画中的整体思维的设计理念，在美学场景营造中起到线索作用。

注释

1. ［日］藤田丰八:《中国南海古代交通通业考——近代海外汉学名著业刊》，何建民译，太原：山西人民出版社，2015年。

2. ［日］藤田丰八:《东南交涉史西域篇——近代海外汉学名著业刊》，何建民译，太原：山西人民出版社，2015年。

3. 陈耀东:《鲁班经匠家镜研究》，上海：中国建筑工业出版社，2004年。

4. ［英］柯律格:《长物——早期现代中国的物质文化与社会结构》，高昕丹、陈恒译，洪再新校，北京：三联书店，2019年。

5. 李济:《历史语言研究所集刊》第二十四本，1945年7月。

6. 朱大渭:《中古汉人由跪坐到垂脚高坐》，《中国史研究》1994年第4期。

7. 李中山:《中国家具史图说》，武汉：湖北美术出版社，2001年，第263页。

8. 马未都编著:《坐具的文明》，北京：紫禁城出版社，2009年，第13页。

9. 在此对宋画中家具体系与宋代家具体系的逻辑关系的理解，可以用数学中充分条件和必要条件这一个关系形式来梳理。如果A能推出B，那么A就是B的充分条件。如果没有事物情况A，则必然没有事物情况B，也就是说如果有事物情况B，则一定有事物情况A，那么A就是B的必要条件。此处两个事物情况：A为"宋画中家具体系（宋画中家具图像显示，及其所对应宋人生活系统，反映高型家具的形制特征），B为宋代家具体系所需要的特征（满足宋人生活对家具的需求，反映宋代高型家具的形制特征）。

10. 浙江大学艺术与考古研究中心编:《宋画国际回忆论文集》，杭州：浙江大学出版社，2017年，序言。

11. 浙江大学中国古代书画研究中心:《宋画全集》，杭州：浙江大学出版社，2008年，参见目录。

12. 浙江大学中国古代书画研究中心:《宋画全集》，杭州：浙江大学出版社，2008年，目录。《宋画全集》是一部具有工具书性质的大型宋画资料总集，反映存世宋画总貌，展示有宋一代绘画之盛，全面汇集了古今中外具备较高学术、研究价值的宋画文献资料。绘画收录范围为两宋，五代、辽、金，卷帙分列故宫博物院藏品、上海博物馆藏品、辽宁省博物馆藏品、台北"故宫博物院"藏品、中国其他文化机构藏品、欧美国家藏品、日本藏品、宋画文献汇编，总八卷。其中，"欧美国家藏品"卷和"日本藏品"卷先期出版。

13. 石慢:《宋画的挑战（代序）》，浙江大学艺术与考古中心编:《宋画国际回忆论文集》，杭州：浙江大学出版社，2017年。

14. 李浈:《中国传统建筑——木作工具》，上海：同济大学出版社，2015年，第148页。

第一章
宋代坐具、坐姿与起居观念的嬗变

新的生活起居方式的定型，是中国古代高型家具的开端。家具是展现起居方式变革的线索，也促进了社会生活的开展。古代家具演变和创新缘于什么动因？家具与起居方式的变革有哪些重要关联？起居方式转型导致家具有怎样的演变？多元文化的冲突与高型家具形成的关联有哪些？这是文中研究宋画中的家具和宋代家具形成之先导性议题。

第一节　家具与起居方式

家具与人的生活、社会物质文化、精神文化有着密切的关系。本文研究宋画中的家具，以及宋代家具进步发展的重要观点在于，起居方式的变革是中国古代家具演变创新最为直接和重要的推动力。

一、"家具"释义

家具有文化传承功能，在人们生活中扮演着重要的角色，它是一个能直接反映当时的民生状况和文化传统的线索。特别是在社会起居方式和文化的大变革融合时期，家具直接促成了生活方式的改变，同时承担了物质和文化传承与创新的重要内容。

《说文》：“家：居也。从宀从豭省声。宀，交覆深屋也，象形。豭，牡豕（公猪）。”表明家是生命得以孕育生长之处。徐锴说：“《尔雅》牖户之间谓之扆。其内谓之家。引伸之，天子诸侯曰国，大夫曰家。凡古曰家人者，犹今曰人家也。”[1]表明家有物理空间概念，也有社会关系概念。

具，陈设和存放物品。具，甲骨文字形，𦥑上面是“鼎”，下面是双手，表示双手捧着盛有食物的鼎器（餐具）。金文𦥑具，供置也。从廾，从贝省。[2]双手捧物，这个字本身表达其能托承物，即为陈设和存放物品。家具是与其所承载的物品联系在一起的。《广韵》记载：“具：备也，办也，器具也。”“具”作名词是指有功用的器物，与其针对的事物相关；作动词时指筹备，置办。“具”也可以写作“俱”。俱，《说文》云：“偕也。”[3]也就是一并、全的意思，所以“俱”也有全的意思。

“家具”与“傢俱”同。“傢”是后起字，器具一类，和“俱”相近或相通。由“家”“具”二字组成词“家具”，又有家俱，比对可知，家具偏重于指特定的器具，家俱偏重于指整体性的器物组合。根据文献记载，“家具”一词在北魏贾思勰《齐民要术·槐柳楸梓梧柞》中已见：“凡为家具者，前件木皆所宜种。”意为“家用器具”。较早的记载还有《晋书·王述传》：“初，述家贫，求试宛陵令，颇受赠遗，而修家具，为州司所检，有一千三百条。”家具有代表家中物品及器具齐备的意思，其关联字“穷”，从穴，躬声。躬，身体，身在穴下，孤身很窘困，[4]反知家具能代表家的殷实，完整齐备，有人有物的完整关系。

器物具有其礼仪和规则属性。从文字的训诂中可以理解到家具对于古人的生活有多重的作用。

（1）家具作为单个的器物，它的设计对应“对事物的承载”。家具作为器物本身完成具体的物理功能，如依、坐、承、储藏等，同时也被赋予与其承载的特定事物一致的社会属性。古代是礼仪社会，参看《仪礼》中的记载可知，在日常生活习俗中器物有其礼仪上的意义和使用规则，家具具有功能性和社会性。

（2）家具还包括器物与器物之间构成的"场"的概念，相互间达成有意义的共置；家具给场景中各个事物安排位置，完成"场"的空间组织。《尔雅》云："户牖之间谓之扆。天子设扆于庙堂户牖之间，见诸侯则扆而立之，而南面以对诸侯也。"天子专用的礼器"黼扆"，是在庙堂中为君王而设立的屏风，君王扆而立之，就形成君臣关系的场，在这里能各司其位共处一室，商议政事。

（3）家具以物化的方式成为连接人、事、物之间的媒介。从以上两个层面的意义可以引申到第三层的作用，在日常的起居生活中，家具作为媒介完成了具体的功能器具的配置，同时构建了符合事理的场，人贯穿其中，伴随着礼的顺利运转，筹措和完成具体的事情，使之实现"礼也者，合于天时，设于地财，顺于鬼神，合于人心，理万物者也"。[5] 因此，家具名称之始具有丰富的内涵。

"家具"一词搜索到最早的文献记载是贾思勰《齐民要术·槐柳楸梓梧柞第五十》，宋代的文献中沿用此义的较多。《大理正广东运判曾君墓誌铭》云："岁在壬申，楮禁方严，部使者按行，课产停楮，违者有罪，民听惶惑，至鬻家具以易之，价为之踊。"[6] 梅尧臣《江邻几迁居》诗："闻君迁新居，应比旧居好。复此假布囊，家具何草草。"宋史浩《诸暨湖田为民害奏〔一〕》中记载："民间禾稻皆以淹没，至有拆毁屋宇，出卖家具，欲为逃亡之计者。"[7] "倾覆我室庐，漂荡我家具，沦没我稼穑，阙绝我民命。"[8] "君生事薄，莱田不足支丰岁，然酷嗜书，质衣货家具，购书至几千卷，名帖亦数千卷。"[9] 还有陆游《寓居小庵才袤丈戏作》"颇疑渔庵结，又类土室款，家具止囊衣，弛担着亦满"。这些文献中的家具的含义指"家用器具"，与现代家具的概念已比较相近。从宋代的文献中可以看到家具的含义转为更多世俗化和生活化的内容。

"家具"在宋代也有表达家之完整的意思，如《乞免移屯与执政答宣谕子》："皆经四五十年，老身长了，各已成家，婚姻盘错，填垄相望，揆之常情，恐未免安土重迁。必先为之经画措置，曲尽其宜，使盘挈之初，免家具破散之忧，既到之后，无暴露羁旅之戚，人忘其徙，家安其旧。然后有利无害。"有时表示家财的意思，如王柏《赈济利害书》："然高价之利不归於旱歉之乡，实归於丰稔之地。彼歉者既歉矣，而又尽索其家具，积数倍而仅可易常年之一。"[10] 也有表达工具的意思："丞旧兼造船场，宪台初与荐削之，久而欲役船工造家具，公不可，即却其荐。"[11]

宋代家具的概念逐渐聚焦到与家用相关的器具上。宋代是农业经济、生产与生活结合紧密，很多情况下家用器具的范围也可延展到与生产相关的工具，在宋画《蚕织图》中我们可以看到，纺织工具与桌椅柜架都融合在生产生活中，处在同一屋檐下，这样的生产方式一直延续，这种家用器物的观念也一直被广泛认同，并沿用至今。因此可以意识到，家具指"家用器具"的概念，是在宋代高型家具的形成过程中得以明晰和确立，但是随着高坐起居方式的发展和生产、生活分离的过程中家具的概念还在不断地分化和聚焦。如《圣泉岳公真赞》："金刚圈，栗棘蓬，不用闲家具。排圆悟，斥妙喜，不傍人门户。"[12] 由"闲家具"可见，宋代家具已经超越了单一的功能范畴，具备多重含义。

家具概念的演变体现着丰富的文化内涵，到宋代后趋于明确和稳定，这根植于中国历史文化的沉淀，在经历文化交融和碰撞的转折中，与时俱进地发展。

二、家具与起居方式的关系

"起居"这个词语泛指日常生活。《尚书·囧命》云："出入起居，罔有不钦。"《汉书·哀帝纪》："臣愿且得留国邸，旦夕奉问起居。"也作"兴寝"，指向尊长问候、请安。[13] 第二个含义与中国历史上的一种特定制度有关，即"起居制度"，对此意义的详述可参看杜文玉《五代起居制度的变化及其特点》。[14] 本文论及的"起居方式"指人们日常生活中的动作行为方式和生活状态，这里特指中国席地而坐的生活方式和垂足高坐的生活方式。

起居方式决定了家具总的面貌和形态，中国历史上具有两个不同起居方式的阶段，形成截然不同的两个家具形态类别和生活面貌。起居方式的变化也导致了古代家具艺术的独特性。魏晋之际开始，经汉唐、五代到两宋时期，正是我国传统起居方式、坐姿和家具形制发生根本变革的时期。先秦两汉至魏晋南北朝是传统的席地坐起居方式和矮型家具占统治地位时期，北宋初到南宋及以后是垂足坐的起居方式和高型家具占统治地位时期，唐、五代和宋初正是这两种起居方式和家具形制发生变革的过渡时期。值此说明一个结论：起居方式与古代家具体系是相呼应的，因此起居方式的变革是家具体系演变和创新最为直接和重要的推动力。

在起居方式的变革中，我们观察到几个重要的关联。即为：1. 起居方式革命性的变化，坐姿是重要线索，也是引起思想观念冲突的重要焦点；2. 家具是坐姿冲突和变化的重要因素，也是革新的关键物质因素；3. 从起居方式变革的角度审视两种家具系统中一脉相承的文化内涵。这些关联能够更清晰地了解高型家具体系的成因和实现中国家具历高型家具体系开端的核心因素。我们要从以下几点入手：1. 起居方式转型的成因；2. 转型生活在家具上表现；3. 生活方式与观念对家具的影响。

第二节　中国起居方式的转型及其核心原因

"起居"指日常生活作息，中国起居方式的转变是缓慢渐变的过程。

夏商周时期主要流行"席地而坐"的方式，并以礼仪文化为主导；春秋战国时期至秦汉时期，人们的起居方式仍然是席地而坐。魏晋南北朝，多民族、多文化的人群交融在汉地出现了新的起居习惯，使席地而坐不再是唯一的起居方式。隋唐五代时期，人们的起居习惯呈现席地跪坐、伸足平坐、侧身斜坐、盘足趺坐和垂足箕坐、垂足高坐同时并存的景象。在唐代人们的生活方式的变革发展较快，人们开始倾向坐高，双足悬起，中国的垂足家具才逐渐兴起，而后经五代十国至宋代，高坐的起居方式才真正实现，从而完全取代席地的起居方式。

归结中古汉人的起居，可划分为三个阶段。一是，汉代及其以前都是席地而坐；二是，南北朝到宋元代是集中的转型期；三是，宋明代及其以后为垂足高坐生活的时期。这三个阶段的特征集中在坐姿习惯的变换过程上。坐姿及起居方式受礼制文化和儒家思想的影响，带有多种社会文化符号。"席地而坐"和"垂足而坐"具有深厚的民族文化意蕴，其转变彰显着人类在起居生活上留下的文化痕迹，传承着人类在起居生活上的文明。

一、中国早期"席地而坐"的起居方式

在漫长的历史长河中，原始人类居住于洞穴之中，正像《礼记·礼运》中所描述的，"食草木之实，鸟兽之肉，饮其血，茹其毛，未有麻丝，衣其羽皮。"人们白天将羽皮穿于身上，晚上将其用作铺盖。这些草叶羽皮就是人类室内起居生活的第一步。在旧石器时代晚期（五万年到一万年前左右），人类逐渐掌握了结草成席。[15]

中古汉人在魏晋南北朝之前的席居生活，人们的主流坐姿有礼仪规范，《礼记·曲礼上》："坐而迁之。"《疏》曰："坐，跪也"。跪坐，当时称之为正坐，作为规范坐姿。《后汉书·儒林传》云："缮射礼毕，帝正坐自讲。诸儒执经，问难于前。"[16]朱子云："跪有危义，故双膝著地，伸腰及股而势危者为跪。双膝著地，以尻著蹠而稍安者为坐。"[17]从而可知跪坐就是臀部放于脚掌上，上身挺直，双手规矩的放于膝上，身体气质端庄，目不斜视。有时为了表达说话的郑重，臀部离开脚跟，叫做跪。

殷周时期，人们跪坐在席子上。目前较早的跪坐坐姿的实证是河南安阳妇好墓出土的商代玉人，此玉人现藏于中国社会科学院考古研究所，玉人的坐姿是小腿贴地，臀部放在足跟之上。这样被称为踞坐，即双膝跪地、脚背贴地、臀落踝上，这时手放膝上。这件玉人呈现的是一位踞坐贵族，所穿的窄长袖的有花纹的短衣是商代贵族的流行服饰。头顶中心梳小辫，辫上似缚有发绳，"辫发"也是商代玉人常见发型，头顶有左右相通的小孔。两腿之间有一较大圆孔，可供插嵌。可见在商代

跽坐是正式的跪坐坐姿。

《唐雎不辱使命》中"秦王长跪而谢之曰"[18]的"长跪"改变坐姿为伸直腰股，以示尊敬。《周书》卷二三《苏绰传》载西魏权臣宇文泰初见绰，"整衣危坐，不觉膝之前席"。[19]这是指两人跪坐论国事，绰言深为泰所重，泰不觉膝往前移。西魏王思政为向宇文泰表忠心，"乃敛容跪坐"，以挽蒲为誓。"膝行"指古人跪坐时用膝前行，这里指众官僚在宴会上，由跪坐而变为膝行跪拜，谄媚奉承。

席地而坐的起居方式有许多礼俗，处处讲求规范，不光谓坐姿正襟危坐，在席子的铺设上也非常讲究。《论语》卷十《乡党》："席不正不坐。"[20]《晏子春秋》卷五《内篇·杂上》："退，晏子直席而坐。"[21]这里的正、直，是指席子的四边要与房屋墙平行，以表示合乎礼节。人进入室内要先脱掉鞋子，方能进席跪坐。古人在跪坐时，前面或两侧放置几案，案上既可放置东西，几可凭依身体。席地跪坐有许多礼俗，首先，座席要讲席次（席位），即座位的顺序，尊长和贵宾坐首席，称"席尊""席首"，余者依身份和等级依次而坐，不得错乱。《礼记·曲礼上》曰："坐毋箕"。[22]箕即箕坐，像簸箕一样张开腿的坐姿。坐时两腿平伸向前，上身与腿成直角，形如箕，这种箕坐（或称箕踞）在当时是一种不尊礼节的，在正式的场合非常忌讳。

在几千年席地而坐的起居方式中，与跪坐相关的故事和史实，表达着人与人之间的关系，彰显着人类生活的文化痕迹，体现了起居生活的文明。唐·田颖《揽云台记》："即有友人，不过十余知音之侣，来则促膝谈心，率皆圣贤之道，不敢稍涉异言。"成语"促膝谈心"，是说两个人跪坐在地上的席子上谈话交流，共识越来越多，越谈越亲密，不知不觉地越来越近，膝盖都碰到一起了。汉代画像中两人合坐一席的形象比较常见，其中有的是主人夫妇，有的是同辈朋友。如沂南画像石墓"收租图"、四川成都画像砖"讲学图""宴饮图""夫妇朝拜西王母图"等，都有这样的合席并坐形象。若两人关系不好，也有割席别居的例子。如《世说新语·德行》篇叙述了"管宁割席"，管宁用割断席子、分开坐，表示断交。

古时席居的政治生活中器物遵循制度规范，有专设的官吏，名司几筵，《周礼春官宗伯》记载："司几筵掌五几五席之名物，辨其用，与其位。"[23]宫廷、官员和普通人家铺的席质地和制作工艺不同，有各自的礼仪规范适用，从荐席、竹席到象牙席之类，种类繁多。可见席地而坐的生活方式有其系统的家具配置和使用规则，并且配合礼教以制度化的方式执行于生活中。

跪坐的礼仪和习俗是席居生活方式最重要的部分，贯通于当时人们的生活和文化思想之中。

魏晋南北朝是中国历史上一个大变革时期。大约4个世纪的漫长历史时期，长期的封建割据、连绵不断的战争与政权更迭，引发了不同地区不同民族的文化流动、碰撞和融合。这一时期，处在中外文化的互动交锋期，特别伴随着域外文化的传入和扩散，对中国产生了深远的影响。其突出表现则是玄学的兴起、佛教的输入、道教的勃兴及波斯、希腊文化的羼入。在内因和外因的共同作用下，交相渗透的结果是：在魏晋南北朝这一中国历史大的裂变和过渡时期，随之引发了起居方式上的变革。

起居方式中核心的变化是：人们席居中坐姿的开放，表现在以跪坐为礼仪规范的坐姿地位受到冲击，由双膝跪地向垂足而坐的趋势转变。跪坐作为席地而坐的礼仪规范自商代以来在中国历史上有几千年的历史，是中国文明发展的重要部分，这一改变，不是简单的表面形态的变化，牵动着深厚的文化渊源，伴随着思想文化的冲突和转变。

二、魏晋玄学对儒家跪坐礼仪的冲击

魏晋时期，玄学家们抨击礼教，清谈名士"以玄虚宏放为夷达，以儒术清俭为鄙俗"[24]"指礼法为流俗，目纵诞以清高"。[25]《晋书·隐逸传》中记载一些隐士"自典午运开，旁求隐逸，杜绝人事，啸咏林薮"，"或移病去官，或著论而骄俗，或箕踞而对时人。或戈钓而栖衡泌，含和隐璞，乘道匿辉，不屈其志，激清风于来叶矣"。[26]从中可知，"去官""著论""箕踞"是魏晋时期文士反对世俗的标志行为。

"箕踞"是一种坐姿,段氏《说文解释注》第八篇上,"居"字条引曹宪说云:"古人有坐有跪有蹲有箕踞;跪与坐皆膝著于席,而跪耸其体,坐下其臀……若蹲,则足底著地而下其臀耸其膝曰蹲;原壤夷俟,谓蹲踞而待,不出迎也;若箕踞,则臀著席而伸其脚前,是曰箕踞。"[27]"箕踞"指足底着地而臀部下,耸其膝盖的蹲踞。从文字反映,古人对箕踞与跪坐是截然不同的态度,接待人时箕踞被士人认为是没有礼貌的表现,是东夷之地未有文明开化的习惯。对于夷人的解释,《论语》:"原壤夷俟,《集解》引马注,夷踞也,东夷之民,蹲踞无礼义,别其非中国之人……"[28]

竹林七贤是魏晋风流出众的士人群体,不拘泥于礼教,以我行我素的行为举止,挑衅世间俗礼,他们卷迹嚣氛之表,而介焉超俗,浩然养素。《世说新语·任诞》载阮籍的特立独行对当时礼教观念的冲击:"阮步兵丧母,裴令公往吊之。阮方醉,散发坐床,箕踞不哭。裴至,下席于地,哭;吊唁毕,便去。或问裴:'凡吊,主人哭,客乃为礼。阮既不哭,君何为哭?'裴曰:'阮方外之人,故不崇礼制;我辈俗中人,故以仪轨自居。'时人叹为两得其中。"[29]裴楷所谓阮籍"方外"与"我辈俗中人"道出了方外之音对俗礼的观念冲击,阮籍的"醉""散发坐床""箕踞不哭"是"任诞"的清淡家和隐士们在起居方式上挑战俗礼观念的具体典型。

这样不讲礼仪的行为在东晋也出现在达官贵族中。谢鲲、王澄、阮修诸人,"俱为放达""慕竹林诸人,散首披发,裸袒箕踞,谓之八达"。[30]温峤,字太真,东晋名将,司徒温羡之侄。出身太原温氏,官至骠骑将军、江州刺史,博学善文,尤擅清谈,而且被世人称赞凤仪俊美,颇有器量。《世说新语·任诞》记载"温公(峤)甚善之。每率尔捉酒脯就卫,箕踞相对弥日。卫往温许,亦尔"。文中以"箕踞"表现温太真不拘礼教,行为放荡,人格上的自然状态摆脱了汉代儒教的礼法束缚。

王长文字德携,三台人,西晋经学家。天资聪颖,钻研五经,博览群书，以才学知名，"州辟别驾，乃微服窃出，举州莫知所之，后于成都市中蹲踞啮胡饼"。[31] 又郭文隐于山林，不慕仕进，不娶妻妾。王导闻其名，遣人迎之。既至，王导将他置于西园，朝士"咸共观之，文颓然箕踞，傍若无人"。

王猛是十六国时期著名的政治家、军事家，在前秦官至丞相、大将军。王猛出身贫寒，隐居山中，贩鬻箕为业。王猛微时卖畚，被人引入山中，"见一父老，髭须悉白，踞胡床而坐，左右十许人，有一人引猛进拜之。父老曰：'王公何缘拜也！'乃十倍偿畚直，遣人送。猛既出，顾视，乃嵩高山也"。[32] 嵩山在今河南登封市北部，以其嵩高而大，故名。有汉武帝在此天人感应的故事，是神灵的象征。《史记·封禅书》记载汉武帝元封元年，登嵩高山，闻三呼"万岁"声，诏改为崇高山。文中写道王猛有缘遇见踞坐胡床的隐者，超然绝俗以"箕踞而对时人"，事后回顾发现恰恰发生在嵩高山，使人恍然大悟似乎得了仙缘。这些文人轶事充分说明，对垂足而坐的观念，由夷踞之无礼行为转变成为魏晋士人们表达超俗姿态和别具一格的行为方式。

三、外来少数民族踞坐方式与汉地跪坐礼俗的冲突

汉地与外来起居方式在礼仪文化之间的冲突和碰撞体现在坐姿规范上。

尽管魏晋至南北朝时期汉人或汉化的少数民族仍恪守跪坐，尤其在尊重礼仪的场合下更是如此。然而国内未汉化的各少数民族，坚持自身蹲踞坐姿的生活习惯，在生活方式上被汉的各个阶层吸纳，这些因素在汉人由跪坐向垂脚坐的发展过程中，都起着重要的推动作用。

沮渠蒙逊是匈奴人，十六国时期北凉君主。北魏高平公李顺出使北凉，见到蒙逊拜见上使"箕坐隐几，无动起之状"，大声斥蒙逊："不谓此叟无礼乃至于是！今则覆亡之不恤，而敢凌侮天地。魂神逝矣，何用见之？"[33] 行礼后而去。"箕坐"即伸两脚臀部坐在矮小的几案上，也为垂脚坐。李顺认为蒙逊不尊礼教，见上使不行汉地的跪礼，乃是对大国

使臣不恭，因而提出抗议。汉代王充《论衡》卷二《率性篇》说南越王赵他"背畔（叛）王制，椎髻箕坐"。这是指责南越王赵他染蛮夷习俗，违背汉族风俗礼仪。汉末三国时东胡乌丸"父子男女，相对蹲踞"。[34]西晋东北少数民族肃慎氏，巢居穴处，坐则箕踞。

少数民族乱华，更直接将本族的起居习惯输入汉地宫廷生活中。鲜卑化羯人侯景，于大宝二年（551），在杀死梁武帝、简文帝和豫章王后，篡位自立，自称大汉皇帝，建立伪汉，"侯景乱梁以后，在宫中"床上常设胡床及筌蹄，著靴垂脚坐"。[35]胡床是游牧民族起居习惯的坐具，胡床的图像可见宋画《北齐校书图》（图1），属于垂足坐具，这样坐着有利于解决穿高帮的马靴不便屈膝的困难。胡床由八根木棍结合而成，可以折叠，携带方便，胡床两边横木穿绳，人坐在绳条上，这种坐具又较高，汉人用它显然无法保持传统的跪坐法，只能改变坐姿，学"胡坐"。因此，有关汉人使用胡床的记载，多用"踞胡床"，"踞"或作"据"，也通"倨"。

少数民族的生活用具受到了汉地人民的青睐，其中胡床是最具代表的用具之一。《后汉书·五行志》记载，东汉末期汉灵帝刘宏"好胡服、胡帐、胡床、胡坐"。

萧梁度支尚书、诗人庾肩吾有赞胡床的诗，《咏胡床应教诗》："传名乃域外，入用信中京。足敧形已正，文斜体自平。临堂对远客，命旅誓初征。何如淄馆下，淹留奉盛明。"这是古人以诗歌的形式对胡床进行了追踪溯源，简明扼要地讲述了胡床从西域传入中原，被中原人使用，而且还把胡床的样子形制进行了仔细描写，胡床形正体平，非常周正。诗歌最后两句描写与远道而来的客人坐在胡床上谈笑风生，享受着宽松的政治气氛，人生自有一番和谐快意。

魏晋以后胡床较为普遍，使用的范围和领域较多。主要被军中将帅用于行军和战事指挥过程中。汉、晋皇宫中常用，官府也使用，此外用于处理政事、狩猎、演奏音乐、竞射、出游等等。

公元211年，魏武帝曹操西征，大军至潼关北渡，曹操即坐在胡床上指挥大军渡河，据《三国志·魏书·武帝纪》注引《曹瞒传》："公

（曹操）将渡河，前队适渡，（马）超等奄至，公犹坐胡床不起。张郃等见事急，共引公入船。"[36] 隋代郑善果，其母贤明，"每善果出听事，母恒坐胡床，于郭后察之"。[37] 有士族官僚登楼聚会坐胡床的。庚亮镇武昌，登城楼，据胡床与殷浩等僚佐"淡咏竟日明"。坐胡床演奏音乐，如《语林》云，谢尚"着紫罗襦，据胡床，在大市佛图门楼上，弹琵琶，作大道曲"。[38] 王徽之路遇桓伊，请其吹笛，"桓时已显贵，素闻王名，即便回下车，踞胡床，为作三调"。[39]

南北朝时期，胡床已为家居日用器具，一般人等皆可使用。因为便于携带和随时存放，所以多于庭院中随意安放，更是登高出行的便携坐具，也可以在车、船中使用。如《北堂书钞》引《郭子》："谢万尝诣王恬，既至，坐少时，恬便入内，沐头散发而出，既给复坐，乃踞坐于胡床，在中庭晒头，神色傲上，了无惭怍相对，于是而还。"[40] 魏末尔朱氏被镇压时，尔朱敞出逃，《隋书》记载"遂入一村，见长孙氏温踞胡床而坐，敞再拜求哀，长孙氏愍之，藏于复壁"。

从上述文献可知，胡床作为一件家具在汉地，无论在使用人群，还是在使用范围上，都受到青睐和广为普及。使用胡床的人群有皇帝、权臣、官僚、将帅、讲学者、反叛者、行劫者、村妇等，其中包括汉人和少数民族在内，胡床作为人们进行各种活动的常用坐具，也说明从日常生活喜好角度，垂足踞坐的姿势确实已经被汉地人民广泛的接受。

四、佛教徒结跏趺和垂脚坐对汉地跪坐礼俗的渗透

魏晋南北朝佛教在汉地大发展，佛教徒结跏趺和垂脚坐，在我国寺院中广泛流传。法显《佛国记》，是研究中国与印度、巴基斯坦等国的交通和历史的重要史料。伴随佛教而来的西域、印度文化，在语言、艺术、天文、医学等许多方面，对我国文化产生了积极影响，同时在信仰上的渗透，伴随着对汉地礼教观念和生活礼仪的冲击。其中有说："菩萨入中，西向结跏趺坐，心念若我成道，当有神念。"[41] 所谓结跏趺，为佛教徒坐禅的一种姿势，即交叠左右脚于左右股上坐，脚面朝上，指明

由坐姿开始身心得神。

佛教徒的坐姿非常多，超脱于世俗礼教约束，尊重自身仪轨，这在敦煌壁画中表现得淋漓尽致。有垂足高坐，如：敦煌莫高窟第 268 窟窟顶北凉图、[42]第 259 窟西壁西魏壁画；[43]敦煌莫高窟第 438 窟西壁北周壁画；[44]敦煌莫高窟第 438 窟西壁南侧胁侍菩萨（部分）北周壁画；[45]敦煌莫高窟第 428 窟中心北向龛坛沿北周壁画，皆为垂足高坐。[46]

结跏趺有全结也有半结，单以左足压右股之上，或以右足压左股之上，称之为半跏趺。敦煌壁画中为结跏趺的坐姿有：第 275 窟北壁上层交脚菩萨像龛，北凉壁画；[47]第 254 窟南壁前部上层交脚菩萨像龛，北魏壁画；[48]第 255 窟西壁坐佛，西魏壁画。[49]有许多半跏趺坐的姿态是一腿盘坐，一脚垂在台下：敦煌莫高窟第 275 窟北壁上层半跏菩萨像龛，北凉壁画。[50]

由于佛教徒在修行中的各种坐姿，同我国传统跪坐礼俗相悖，从而在南朝的反佛斗争中，曾引起了一场维护跪坐，反对蹲踞和踞坐的争论。南朝宋范泰《论沙门踞食表》云："禅师初至，诣阙求通，欲以故床入踞，理不可开，故不许其进。"文中说佛教徒求觐见皇帝时，欲垂脚坐小床，这是儒家礼教不容许的，故未获允。南齐顾欢《夷夏论》指责佛教徒说："擎跽磬折，侯甸之恭；狐蹲狗踞，荒流之肃。"他认为跪坐跪拜乃人臣之礼，痛骂蹲踞坐为边荒少数民族的落后习俗。袁粲伪托道人通公为佛教徒辩解说："西域之记，佛经之说，俗以膝行为礼，不慕蹲坐为恭，道以三绕为虔，不尚踞傲为肃。"袁粲的反驳，没有正面承认佛教徒的蹲踞坐是他们的戒律，辩解说他们并不崇尚蹲踞坐，实际上这是无视事实的诡辩。因此顾欢更是理直气壮地回应："夷俗长跽，法与华异，翘左跂右，全是蹲踞。故周公禁之于前，仲尼戒之于后。"顾欢最后举出周公、孔圣对夷族礼仪未开化的观点来反对佛教徒在华的蹲踞坐。[51]

北魏京都洛阳被视为"佛国"，从皇宰、贵族到一般庶民，从各级官僚到寻常人家，无论男女都尚佛陀。北魏孝文帝曾下《听诸法师一月三入殿诏》，宣武帝笃好佛理，每年常于禁中广集名僧，亲讲经纶。当时洛阳城"名僧德众，负锡为群；言徒法侣，持花成薮，车骑填咽，繁衍相倾。时有西域胡沙门见此，唱言佛国"。[52] 北朝后期，僧人达300万之多，约占全部人口的十分之一。佛教对礼教的冲击自上而下，由信仰到生活方式全面渗透。"三论成实，对立代起……南朝梁武帝萧衍时，仅京城建康一处，就有僧尼十余万人。""萧衍在位四十八年，几可谓为以佛化治国。"梁代"僧人之威力更出帝王之上。梁武帝为之给使洗濯烦秽，稍有不洽则可上正殿踞法座抗议"。[53] 前引范泰所说，僧徒见皇帝垂脚坐尚被拒绝，而梁代高僧居然能上宫阙恣其游践，甚至垂脚坐在正殿法座上了，可见当时佛法地位之高，在权贵中弘扬之盛，对他们而言此时中国儒家"跪坐礼仪"已经形同虚设。

综上可见，佛教僧人的结跏趺和垂脚坐，加之胡床踞坐的流行、清谈名士和隐者们遗弃跪坐礼俗、各少数民族箕踞而坐对汉地的影响，在内因与外因的综合作用下，尽管魏晋南北朝在汉地庄严场合跪坐仍占主流，但汉人由跪坐向垂脚坐发展已是一股无法抗拒的潮流。

第三节　起居方式转型在家具上的表现

一、胡床和小床的引入：从踞箕而坐到垂脚坐

1. 胡床

至东汉，受北方游牧民族对汉族生活的影响，胡人的胡床流传至中原，同时受到佛教的影响，坐姿逐步由低变高，人们的起居方式由席地而坐向垂足而坐转变。正如北齐杨子华《北齐校书图》卷首人物坐在胡床上一般。

胡床的传入渐渐开启了中古汉人垂足安坐的生活，见证了外来家具对中国人生活方式的重大影响。"汉武帝于陆地辟西域之道，于海上南海之路，在中国文化上，与以绝大之影响，是无可否认者。余当作一文，名曰胡床考（译者按：载于《东西交涉史研究·西域篇》），说明其后络绎不绝之交通，由前汉至后汉，于中国思想上，固不待言，即在

衣食住行之日常生活上，亦次第发生变化"。……后汉时代，始见坐具之榻，帮令人疑为与胡床同系外来者，苟考该字之意义，则令人益觉其然。……如上之述，……则余敢立刻断定此坐具来自波斯，或经由印度而与佛教同时传入中国者。[54]

胡床作为一种可以折叠的轻便坐具，自东汉末已传入中国，不仅成为皇帝喜好的稀有之物，还能在社会上被普遍使用。在汉代山东省长清孝石祠画像石上的胡床图像显示，此时胡床已经达到垂足踞坐的程度。北魏贾思勰《齐民要术》有记载"种柘十年，可以做……胡床（值百文）"，一百文在当时就可以买一个酒杯，可见对应胡床这样的坐具易于得到，在魏晋时期已普遍于民间。[55]魏晋时期，胡床主要作为军中将帅在行军中暂时休息的轻便用具。

胡床只是一种简单轻便的坐具，使汉人的生活增添了许多趣味和方便，但它不能代替正式的坐具床、榻。受佛教寺院所用小床的启发，东晋出现了一种称为"小床"的专门坐具，它随着佛教信仰的快速传播，普及开来。史书中小床的记载很多，例如：东晋中叶，奉祀晋太尉陶侃之孙陶淡好修道养性，"设小床常独坐，不与人共"。[56]十六国后赵石虎后宫"别坊中有小形玉床"，[57]为供休息坐。

2. 小床

小床是僧人重要的起居器具，为垂脚坐姿。在《南海寄归内法传》中出现很多次，明确讲述当地的僧人和汉地的寺院中小床的使用情况：

三食坐小床：西方僧众。将食之时。必须人人净洗手足各各别踞小床。高可七寸，方才一尺。藤绳织内脚圆且轻。卑幼之流小拖随事。双足踚地。前置盘盂。地以牛粪净涂。鲜叶布上。座云一肘互不相触。未曾见有于大床上跏坐食者。且如圣制。床量长佛八指。以三倍之长中人二十四指。当笏尺尺半。东夏诸寺床高二尺已上。此则元不合坐。坐有高床之过时。众同此，欲如之何。护罪之流须观尺样。然灵岩四禅床高一尺。古德所制诚有来由。即如连坐跏趺排膝而食。斯非本法。幸可知之。闻夫佛法初来。僧食悉皆踞坐。至于晋代此事方讹。自兹已后，跏坐而食。然圣教东流，年垂七百。时经十代，代有其人。梵僧既继踵来仪。汉德乃排肩受业。亦有亲行西国。目击是非。虽还告言谁能见用。又经云。食已洗足。明非床上坐。菜食弃足边故。知垂脚而坐是。[58]

　　说明当时已经为垂脚而坐，这里床的种类由尺寸高低界定，唐初僧人义净反对当时僧人在"大床上跏坐食"时指出："西方僧众将食之时，必须人人净洗手足，各各别踞小床。"当佛教传入中国初期，"僧食悉皆踞坐"，即中国僧人吃饭已经都垂脚坐，完全与西方僧人同，这里的西方指印度。他还指出，西方僧人坐的小床，"高七寸方才一尺"。"东夏诸寺，床高二尺以上，此则无不合坐，坐有床高之过，时众同此，欲如之何！"我国诸寺普遍用二尺以上的小床，尽管"有床高之过"，但我国僧众却喜欢用它。当时二尺约合今市尺一尺五寸，约 50 厘米。这种小床的高低形制，似乎接近今之的四足机凳。义净虽然认为唐初的"跏坐食"是从晋代开始，佛像和菩萨造像皆有垂脚坐，"佛弟子宜应学佛。纵不能依勿生轻笑。良以敷巾方坐难为护净"。而各寺院又普遍使用高足小床，以垂脚坐小床吃饭和作息也势必已经存在。

　　不但在寺院，垂足高坐还以各种方式出现于汉地的日常生活中。在《北齐校书图》中绘制了在日常工作生活中胡床被使用的场景，还如张萱所绘《捣练图》中坐凳子的坐姿等。既有坐于席上的高人逸士，也有唐代《萧翼赚兰亭图》中坐在高背椅上的辩才和尚。唐《济渎庙北海坛祭器碑》碑阴有"绳床十，注内四个倚子"的文字，可知"椅"早先还称为"倚"。韩熙载盘腿坐于椅子上，另有宾客垂足而坐。综合文献图像可以得知，汉地的日常生活中垂足高坐的方式已然成为习惯。

二、汉地高型家具的涌现：多种坐姿并行和起居方式的转变

　　唐代家具对应多种坐姿，正规的坐姿仍是跪坐式，进入低矮和高型家具并行的时期。《梁书·萧渊藻传》："藻独处一室，床有膝痕，宗室衣冠，莫不楷则。"原来有的茵席、镇、几之类坐具，都可从地上搬到床上使用。而且席地而坐的习惯仍继续保持，并行不废。唐代的许多图像和唐俑中奏乐者仍是席地而坐。现藏于故宫博物院唐人周昉《挥扇侍女图》（图2）描绘了宫廷仕女日常生活的场景，属于唐代流行的画风和题材，其中身着华服的仕女坐在高坐的圈形扶手椅上，旁边正在刺绣的绣娘坐在有纹饰的席上，有踞箕，有踞坐，正在刺绣的绣娘似乎跪坐，从华服高坐的仕女可以看出，她身姿松弛懒散，必然为画中地位居高者。

隋唐以降，交床、椅子一类高坐坐具逐渐流行，古人认为不合礼法的垂脚踞坐式逐渐去除东夷蛮俗的性质，登入雅堂，但"箕"在正式礼交中仍往往被认为不雅。旧的习俗废去，席地跪坐向新的坐姿"垂足而坐"乃至"垂足高坐"演变。家具形态也伴随坐姿的转型推陈出新，演变开来。例如，魏晋南北朝时期的架子床、围屏榻床、独坐式小榻、大型带足六足或七足床榻等，五代《校书图》（摹本）中的大型板榻等。唐至五代时期，最典型的有椅、凳、墩等。这些都是向"垂足而坐"坐姿转变中并行使用的坐具。

三、席居方式的退出：宋代家具与高座起居方式的形成

唐代汉地是多种坐姿的混合并存的时期，发展到五代，跪坐的礼仪方式已经退出主流，垂足而坐的姿态为主流，其他的坐姿并存。在五代著名的《韩熙载夜宴图》中出现了以垂足高坐为主和在床上半跏趺坐的生活场景，这是当时达官贵人生活场景的写照。用的坐具形制，已接近明式四足座椅的式样。经过隋唐五代的激荡，至上而下全面形成了垂足高坐生活方式。

到了宋代，交椅、圈椅等高型坐具不仅完全普及而且形态多样。从宋太祖的宝座、《春游晚归图》太师椅，到《清明上河图》所描绘的高坐世俗生活全景，这些图像资料显示，宋代社会高型家具已经全面普及，品类比较齐全，相应的生活配套相当成熟。从《清明上河图》描绘的店铺情况我们就能看到，所有的店铺陈设都为高坐类型，作为北宋都

城的汴京，欧阳修《归田录》云："京师食店卖酸者，皆大出书牌牓于通衢，……饮食四方异宜，而名号亦随时俗言语不同，至或传者转失其本。"[59] 徽宗时期，汴京已成为当时世界上最大、最繁华的城市之一，也是中国有史以来较为可信的第一个人口超过百万的城市。北宋元丰（1078—1085 年）以后，汴京拥有 160 种商行约 6400 余家店铺，每年仅商税额就达到 55 万贯，成为东方最大的商业化城市。[60] 宋代日常生活形成了"垂足高坐"的坐姿习惯。"垂足高坐"起居方式定型，宋人除了一些特殊的礼制场合，跪坐已经不再以主流的坐姿出现于日常起居中。与"垂足而坐"相适应的"垂足高坐"的坐具不断涌现，椅、凳、墩的流行是两宋的突出特点之一，并且每个品类又都不断地演变发展，受到上至帝王将相，下至文人庶民的接受和喜爱，形成适应宋代各种日常生活的坐具系统。

第四节　转型中的观念冲突对家具的影响

一、礼仪文明的家具传统

《礼记·礼器》云："礼器是故大备。大备，盛德也。礼，释回，增美质；措则正，施则行。其在人也，如竹箭之有筠也；如松柏之有心也。二者居天下之大端矣。"[61] 中华民族自成一体的礼文化导致了中国古代"席地跪坐"的生活方式。席居时代的跪坐家具直接对应当时的礼教制度和礼俗习惯，也成为维护和传承礼制的媒介与工具。

汉地和外来文化在礼制上的冲突集中表现在跪坐作为正坐礼仪的维护和传承，儒家礼教的学者极力维护的是汉地礼仪作为先进文化地位，反对外来的不文明习惯，巩固中国历史根深蒂固的文化礼制。坐姿是外部规范，有礼制的生活方式能导致"大备"，即为大顺的局面，能去邪恶，增益人的本性之美，而这样的局面是德行完善的表现。中国古代对于外来民族生活习惯一直是开放包容的，但触及礼教仪轨必然会维护对应的礼仪规范。

二、身体解放的需求对家具革新的推动

从起居方式的角度看，高坐方式确实有利于居住文明的进步。人们由跪坐到垂脚坐，人体与地的距离升高，有利于抗地湿和提高日常清洁卫生。大小腿伸成直角，又有利于全身气血运行，对中华民族身体素质的提高或许有益。同时随着人重心的升高，视野更为扩展。为配合高足椅随之而来的各式高桌的出现，生活的多样性要求催生高型家具系统，使人们居室陈设美观，生活更舒适，这是古代文明的一种进步。

三、多元文化的冲突与融合酝酿汉地高型家具

对起居方式转变的需求带来礼教的冲突，表面上家具是批判和冲突焦点，但从变革的历史发展进程看，家具也是礼仪在新的局面中演变和转化的一个关键线索。胡床在汉地演变为交椅，佛教的小床演变为榻，绳床演变为禅椅，等等，可以看到，对外来家具的吸收，不是简单的全盘接受，坐姿成为礼仪冲突的焦点，家具正是这一冲突和交流重点，同时也是解决这一矛盾的重要工具，成为了实现融合的载体，最终的解决途径是在汉地文化和礼仪背景下滋生出高坐起居家具系统，形成新的礼俗习惯。

对中国起居方式的改变和提升，导致家具的演变与更新。不仅仅是涉及物质条件和物质文明，更和人们长期形成的思想观念、礼俗习惯纠葛在一起，文化观念不是完全被动地继承或被抛弃，而是在不断斗争中批判地前进。

仅仅具备家具改良和更新的客观条件，还难以改变人们的礼仪和与之紧密联系的传统生活习俗。（1）需要在政治、经济、文化、环境影响当时人们生活的方方面面，导致礼仪乃至生活习俗的变更才能为新型家具的出现提供条件；（2）改变席地而坐几千年的起居习惯绝非易事，魏晋时期汉地激进的玄学思想，清谈名士和隐者们弃礼改俗，尽管汉地跪坐仍占主流，但汉人由跪坐向垂脚坐发展的内在需求已是一股前进的潮

流；（3）实现这个改变，需要促使各民族文化和习俗不断碰撞出更新的力量。在西晋灭亡以后，许多古代民族从东北、北方、西北各地入居中原，促使各民族文化和习俗不断碰撞、互动乃至融合，并且不断接收自丝绸之路传入的域外新风，特别是佛教文化是对世间礼俗的深远影响和转型推力。因而在十六国至南北朝时期，突破了先秦时期以来的传统礼俗，从而焕发起居文化的新境遇。[62]

新礼俗的形成是一个缓慢的过程。这是一个对抗的过程，也是新思想新方式与汉地人文环境融合的过程，中国文化始终是一脉相承的。外来生活方式的交流和家具的汉化过程是中国新的起居方式及其家具系统自我滋生和形成的一部分，宋代定型的中国高座家具系统必然与当时的文化观念和礼俗习惯紧密相连。

本章小结

中国古代人们的起居方式，主要可先后分为席地坐和垂脚高坐两个阶段。人们日用家具形制及主要陈设方式根本上的变化乃是与上述两种起居方式相适应的，在改变中，坐姿与坐具互相促进，思想观念和礼仪习惯相互影响。

1. 坐姿的渐变。坐姿的转变分为三个阶段：跪坐、垂脚踞坐、垂足高坐。从魏晋南北朝开始，中古汉人传统的席地跪坐起居习俗逐渐被放弃，垂脚踞坐和结跏趺日益流行，至唐末五代垂脚高坐发展较为普遍，从而进入高足起居生活方式的新时代，迫使传统的席居退出历史舞台。

2. 生活的新需求。人们由跪坐到垂脚坐，人体重心升高，身体从儒家规范的传统跪坐礼仪中解脱出来，客观上大小腿伸成直角，有利于全身气血运行，能缓解地湿和提高日常起居的清洁卫生，对中华民族身体素质的提高有益。同时高坐的起居方式下，人的视线和动作发生很大的扩展，新的活动和需求产生，随之促成丰富多样的高型家具。人们居室陈设拓展出新的空间，这为古代居住文明带来了新的方向和活力。

3. 文明的借鉴和融合。跪坐在中国传统礼教文化中占有重要地位，与身体重心的变革同时发生的更为深远的变化，是本土思想观念的震动。在历史大变革中，魏晋到宋这个阶段，礼教思想是在经历外来冲击和激荡中的一个成果，体现在了起居方式上，汉地生成属于自己的高坐起居方式，这样的高坐起居方式与此时孕育的新文化思潮交相呼应。

中古汉人由跪坐发展为垂脚高坐，这种民族重大礼俗的改变是极其缓慢的，由魏晋到唐末大约经过了八百余年的漫长岁月。如果没有胡床踞箕坐，没有佛教徒跏趺坐和小床垂脚坐的广泛流传，没有国内各民族大融合，没有玄学兴起对礼教的抨击，没有文化思想上的开放浪潮，总之，没有汉末以后国内外物质和精神文化交流所引起的碰撞，从而唤起人们精神上的某种觉醒，便不可能由商周两汉的跪坐，发展为唐以后汉人普遍的垂脚高坐。从而可见，坐姿的转型牵动坐具的转型、文化思想的转型，最终实现文明的提升，证明我们的祖先在生活方式上的变革是沿着吸收消化外来文化、改进创新传统文明的轨道上前进的。

4.融合中滋生的新家具体系。从中国古代的起居方式转型，可以看到转型是内外因共同作用的结果，即汉地文化与外来文化、内地起居文明的发展需求和外来家具文明的借鉴，是一个在冲突和对抗、放弃和创新中融汇的过程，但是最终滋生出属于汉地独有的名物类型和家具体系。

家具是体现坐姿中的冲突和融合的重要载体，自然也承载了物质和思想观念的内容。古代垂足高坐的家具是物质形态与思想观念转变创新共同作用的成果。在中国两种起居方式的转型中，坐姿的改变与坐具的成熟是判断起居方式转型完成的重要标志。垂足高坐的生活起居方式的定型，也必然需要与之适应的家具系统，家具对人们生活系统化的满足是起居方式完成的标志，这也导致了中国古代高型家具体系的建立。反之新家具的体系的形成，促进了起居方式定型和新社会生活的发展。

图1 交杌胡床,
[宋] 佚名《北齐校书图》

图 2
《挥扇侍女图》
[唐] 周昉
故宫博物院藏

注释

1.　夏征农主编：《辞海》，上海：上海辞书出版社，2002 年，第 1320 页。

2.　[汉] 许慎：《说文解字》，[宋] 徐铉校定，北京：中华书局，2015 年，第 53 页。

3.　[汉] 许慎：《说文解字》，[宋] 徐铉校定，北京：中华书局，2015 年，第 161 页。

4.　[汉] 许慎：《说文解字》，[宋] 徐铉校定，北京：中华书局，2015 年，第 105 页。

5.　胡平生、张萌译注：《礼记》，北京：中华书局，2017 年。

6.　《全宋文》卷六九六九《陈宓一六·大理正广东运判曾君墓志铭》，上海：上海辞书出版社，2006 年，第 302 页。

7.　《全宋文》卷四四九《史浩一三·诸暨湖田为民害奏〔一〕》，上海：上海辞书出版社，2006 年，第 70 页。

8.　《全宋文》卷七七八八《王柏一·水灾后劄子》，上海：上海辞书出版社，2006 年，第 40 页。

9.　《全宋文》卷七八六四《吴子良二·四朝布衣竹村林君墓表》，上海：上海辞书出版社，2006 年，第 39 页。

10.　《全宋文》卷七七八九《王柏二·赈济利害书〔一〕》，上海：上海辞书出版社，2006 年，第 90 页。

11.　《全宋文》卷四九八〇《樊成大六·乞免移屯与执政答宣谕子》，上海：上海辞书出版社，2006 年，第 321 页。

12.　《全宋文》卷三九五六《李弥逊一·三圣泉岳公真赞》，上海：上海辞书出版社，2006 年，第 353 页。

13.　夏征农主编：《辞海》，上海：上海辞书出版社，2002 年，第 779 页。

14. 杜文玉：《五代起居制度的变化及其特点》，《陕西师范大学学报》2005 年 3 月。根据《宋史·礼志十九·常朝之仪》的记载，说"宋代依唐明宗制，每五日群臣随宰相见，谓之起居"。《汉书》卷七六《赵广汉传》载："广汉尽知其计议，主名起居。"颜师古解释说："起居，谓居止之处，及欲发起之状。"可见这里所谓"起居"，是指住所和将有所举动。如《辞源》说宋代沿袭唐明宗之制，建立了起居制度，似乎这一制度始于后唐，就不准确。以上诠释只是从语词的角度出发的，作为一种制度，其含义并没有如此复杂，它实际上仅是一种探视、问候的制度，但是其所包涵的内容却要丰富得多。

15. 李宗山：《家具史话》，北京：中国社会科学出版社，2012 年，第 2 页。

16. ［南朝宋］范晔：《后汉书》，北京：中华书局，2012 年，第 2545 页。

17. ［明］张自烈、［清］廖文英：《正字通》，北京：中国工人出版社，1996 年，第 376 页。

18. 缪文远、缪伟、罗永莲译注：《战国策》，北京：中华书局，2012 年，第 272 页。

19. ［唐］令狐德棻：《周书》，北京：中华书局，1971 年，第 381 页。

20. 陈晓芬译注：《论语》，北京：中华书局，2016 年，第 123 页。

21. 汤化译注：《晏子春秋》，北京：中华书局，2015 年，第 79 页。

22. 胡平生、张萌译注：《礼记》，北京：中华书局，2017 年，第 236 页。

23. ［汉］郑玄注，［唐］陆德明音义：《周礼》卷五，四部丛刊明翻宋岳氏本。

24. ［唐］房玄龄：《晋书》，北京：中华书局，2014 年，第 1858 页。

25. ［唐］房玄龄：《晋书》，北京：中华书局，2014 年，第 2346 页。

26. ［唐］房玄龄：《晋书》，北京：中华书

27. ［东汉］许慎撰，［清］段玉裁注：《说文解字注》，上海：上海古籍出版社，1981 年，第 1596 页。

28. ［清］吴大澂：《说文古籀补》，清光绪七年（1881）刻本。

29. ［南朝宋］刘义庆撰，［南朝梁］刘孝标注，余嘉锡笺疏：《世说新语笺疏》，北京：中华书局，2016 年，第 808 页。

30. ［清］吴士鉴、刘承干：《晋书斠注》卷四九，民国嘉业堂刻本。

31. ［宋］李昉：《太平御览》卷六〇一《文部十七》，宋刻本。

32. ［唐］房玄龄：《晋书》，北京：中华书局，2014 年，第 2933 页。

33. ［北齐］魏收：《魏书》，北京：中华书局，2017 年，第 830 页。

34. ［晋］陈寿：《三国志》，北京：中华书局，2011 年，第 832 页。

35. ［唐］姚思廉：《梁书》，北京：中华书局，1973 年，第 865 页。

36. 中国社会科学院考古研究所编著：《中国考古学·三国两晋南北朝卷》，北京：中国社会科学出版社，2018 年，第 353 页。

37. 中国社会科学院考古研究所编著：《中国考古学·三国两晋南北朝卷》，北京：中国社会科学出版社，2018 年，第 354 页。

38. ［宋］李昉：《太平御览》卷五八三《乐部二十一》，四部丛刊三编景宋本。

39. ［南朝宋］刘义庆著，［南朝梁］刘孝标注，余嘉锡笺疏：《世说新语笺疏》，北京：中华书局，2016 年，第 839 页。

40. ［唐］虞世南：《北堂书钞》卷一三五《服饰部四》，清光绪十四年（1888）万卷堂刻本。

41. ［东晋］法显著，田川校注：《佛国记》，重庆：重庆出版社，2008 年，第 338 页。

42. 敦煌文物研究所编：《中国石窟敦煌莫

高窟》，北京：文物出版社，1982 年，
第 8 页。

43. 敦煌文物研究所编：《中国石窟敦煌莫
高窟》，北京：文物出版社，1982 年，
第 89 页。

44. 敦煌文物研究所编：《中国石窟敦煌莫
高窟》，北京：文物出版社，1982 年，
第 156 页。

45. 敦煌文物研究所编：《中国石窟敦煌莫
高窟》，北京：文物出版社，1982 年，
第 158 页。

46. 敦煌文物研究所编：《中国石窟敦煌莫
高窟》，北京：文物出版社，1982 年，
第 174 页。

47. 敦煌文物研究所编：《中国石窟敦煌莫
高窟》，北京：文物出版社，1982 年，
第 18 页。

48. 敦煌文物研究所编：《中国石窟敦煌莫
高窟》，北京：文物出版社，1982 年，
第 34 页。

49. 敦煌文物研究所编：《中国石窟敦煌莫
高窟》，北京：文物出版社，1982 年，
第 88 页。

50. 敦煌文物研究所编：《中国石窟敦煌莫
高窟》，北京：文物出版社，1982 年，
第 19 页。

51. 朱大渭：《中古汉人由跪坐到垂脚高
坐》，《中国史研究》1994 年第 4 期，第
102—114 页。

52. ［北魏］杨衒之著，杨勇校笺：《洛阳伽
蓝记》，北京：中华书局，2008 年，
第 155 页。

53. 汤用彤：《汉魏两晋南北朝史》，北京：
北京大学出版社，2011 年，第 264—267
页。三论指三论宗，三论宗是印度中观
学派在中国的传播和发展过程中形成的
佛教宗派，南北朝中期以后，由于《成

实》《十地经论》《摄大乘论》等经典的
日益流行，中国大地上出现了诸师并起
的局面。

54. ［日］藤田丰八：《中国南海古代交通
业考》（下），太原：山西人民出版社，
2015 年，第 510—513 页。

55. 赵广超等：《国家艺术·一章木椅》，北
京：三联书店，2008 年，第 37 页。

56. ［宋］李昉：《太平御览》卷三九三《人事
部三十四》，宋刻本。

57. ［宋］李昉：《太平御览》卷八〇五《珍
宝部四》，宋刻本。

58. ［唐］义净著，王邦维校注：《南海寄
归内法传》卷一，北京：中华书局，
2000 年。

59. ［宋］欧阳修：《归田录》，北京：中华
书局，1981 年，第 26 页。

60. 李希凡：《中华艺术通史·第七卷》，北
京：北京师范大学出版社，2006 年，第
8 页。

61. 胡平生、张萌译注：《礼记》，北京：中
华书局，2017 年，第 350 页。

62. 中国社会科学院考古研究所编著：《中
国考古学·三国两晋南北朝卷》，北
京：中国社会科学出版社，2018 年，第
339 页。

第二章
宋代家具的分类及其源流

　　魏晋到唐宋是中国起居方式的转变时期，通过上一章的论述我们认识到，新的起居方式定型的需求，对应形成了高型家具体系，成为开启后世家具辉煌格局的开端。但值得关注的问题是，这是一个革新的体系，对席地而坐起居方式而言是一个革命性的转变，那么新的体系与此前的系统之间是怎样的关系呢？家具作为转变的线索，关键的家具都来自外来文明和文化的输入，本土家具作为革命的对象，我们汉地的新系统建立的基础是什么？本章带着这样的疑问，深入宋代家具之前的古代家具历史和背景，拓展研究宋代家具的视野，重点关注转变中家具类别的演化轨迹，理清宋代家具的形制根源和分类属性。

第一节　"从席到床榻"跪坐礼仪文化的延续

　　人类利用天然洞穴生活的历史至少有二三百万年。而人类能够靠自己的双手建造住所的时间却晚至一两万年前。居住于洞穴的原始人类已懂得用树叶、干草、鸟羽和兽皮御寒取暖，正像《礼记·礼运》中所描述的："食草木之实、鸟兽之肉，饮其血，茹其毛。未有麻丝，衣其羽皮。"人们白天将羽毛穿于身上，夜晚则用其铺盖，这些草叶羽毛便成为人类"室内"生活的依据。[1] 其中，这些草叶羽毛用具就是人类最早的家具——"席"。

一、"席"的隐退

（一）宋之前席的演变

"席"作为家具，从无到有，从生活用具的主体，到被床榻、座椅凳等高型家具所替代，经历了从辉煌到弱化的过程。

人们因为生存和居住的需要，趋利避害，努力发明创造工具以改善自身的生存条件。我国最古老的居住方式分为两种，北方以穴居为主，南方以巢居主，《博物志》有云："南越巢居，北朔穴居，以避寒暑也。"[2] 又《礼记·礼运》云："昔者先王未有宫室，冬则居营窟，夏则居橧巢。"[3] 先祖冬天避寒居住在洞窟之中，夏天筑起木屋栖息以求凉爽，在坐卧休养生息时以草木鸟兽的毛皮垫在地上，以取其干燥和温暖，在长期的生产劳作中，人们开始编草为席，铺木为床。

席的最原始形态。旧石器时代用于坐卧的毛皮、草垫等，可谓是席的最原始形态。席作为家具是针对它的坐、卧功能而言的。它是人类最早使用的铺垫用具，在卧具发展史上历时最长、最古老。在距今7000年前后的浙江余姚河姆渡遗址中，曾发现不少编织席的实物。继新时器时代早期文化后，编织席的实物和席纹陶片等已屡见不鲜。[4] 席的发明有"神龙作席荐"之说。《说文》云："荐，荐席也。"有资料显示，到了大禹时代出现丝麻包边和边缘花纹装饰的席，在文献中有这样的记载："至禹作讲席，颇缘此弥侈矣，而国不服者三十三。"可见丝麻编织的讲席是当时非常奢侈的物品。"席，藉也。《礼》天子、诸侯席，有黼绣纯饰。"[5] 其中也显示出特制的"席"作为社会地位的象征。席不仅仅是一个工具的范畴，还被赋予更多的社会意义。

商周制席工艺有很大的发展。在商周时期，古人席地而坐的起居方式，决定了席这一用具在我们祖先的日常生活和礼仪文化中占有重要的地位。随着社会的进步和思想文化的发展，制席的工艺在周朝有了很大的改进，尤其到了西周时期，各种丝麻织成的毡、毯、茵、褥等用品已普遍应用。

伴随着手编工艺和织绣技艺的发展，其品种和纹饰不断增多。从制作工艺的角度看，席大体上可以分为编织席和纺织席。编织席有凉席和暖席之分，凉席多为竹、藤、苇、草编制而成，也有个别用丝麻，暖席多为棉、毛、兽皮作成。周朝有五席之说，在《周礼·春官》中记载的五席为编织席，即指"莞、藻、次、蒲、熊"。[6]

席与礼教尊位关联。周朝礼制对于席的使用有明确的规定，在朝廷中设有专司其职的官吏。《周礼·春官宗伯》记载："司几筵掌管五几、五席之名物，辨其用，与其位。"司几筵便是掌职的官吏，要识别和掌控在使用时几和席相对应的等级和地位。上文提到天子诸侯的坐席有"黼绣纯饰"，因此，有纹饰的席表达相对奢华的倾向，"藻"即是有文采、图案的意思，指席的纹饰。五席的材料不同，厚薄不同，既适合于春夏秋冬不同的季节，又能区分尊卑等级。可见，在周朝席的使用与上层阶级和政治统治紧密联系在一起，席已从生活中坐卧的用品上升成为阶级地位的象征。

春秋战国时期家具的状态。最主要的坐卧用具是席、床、榻。席和其他坐卧类家具、非坐卧类家具在这个时候正初具规模。春秋战国时期的家具以楚文化的髹漆家具为代表，多为皇朝贵族使用，以礼仪家具文化为导向。那时的人们通常在室内地面铺设筵，在筵上设席，一些低矮的家具放置在席上，随用随置，没有固定的位置，根据不同的场合、因地陈设。席的形状多种多样，质地多种。

秦汉时期，由于汉人席地而坐的生活方式，筵席类铺陈用具仍非常流行。汉代的席延续中国传统礼仪的习惯，席分有单个人独坐的席，两人合坐的席，此外还有一种坐多人的连席。[7]《礼记·曲礼上》还记载："为人子者，居不主奥，坐不中席，形不中道，立不中门。"再次体现，席在生活中也有维护伦理和道德规范的作用。

魏晋南北朝时期，用于"席地而坐"的起居方式的铺设用具比汉代有进一步发展。其中最流行的铺设用具有席、筵、茵、毡、毯、褥等几类，每一类又各有许多品种，相当齐备丰富。

唐与五代时期，民族大融合，胡床等高型家具传入，人们生活方式改变，使用场景增加，用具功能细分，高足家具在品种和类型方面已经基本齐全，各类增多，家具阵容初具规模，席的使用功能逐渐退化。

"家具发展到两宋时期，已经基本完成了由席地而坐到垂足而坐的社会变革，高型家具在日常生活中逐渐占据了统治地位。"[8]至宋朝，中国人的起居不再是席地低坐，席已不再作为居室的"家具"，而是作为家具的附件，离开地面而置于床、榻乃至炕上。

（二）"席"的文化特征

"席"早已退出主流家具的历史舞台，成为家具的附件，但是，"席"的历史文化及其传承价值意义重大。就当代来说，在于"席"的历史价值、文化价值、美学价值、艺术价值等。

1. 厚重的历史文化

据前所述，席经历了几个阶段的演变：一，最原始形态；二，各种丝麻织成的毡、毯、茵、褥等用品已普遍应用阶段；三，形状、质地和装饰纹样多种多样，并以礼仪文化为导向的阶段；四，全民流行的阶段；五，不再作为居室的主要"家具"看待，而是作为家具的附件，脱离地面而置于床、榻、炕上状态等。

"席"的前世与辉煌，有着悠久的历史与文化。从"栖巢居树"的生活方式开始，中国人用自己的智慧创作了席，发展成为多姿多彩的独特品种，它向我们展示了五千年文化的灿烂与辉煌，这是一份宝贵的遗产，值得我们中华儿女珍视。席发明之后，在上古时代，一是作为坐具和卧具，二是成为空间布局的工具，三是作为身份等级和伦理规范的象征，四是作为艺术创作的对象。在我国席地而坐的历史阶段，它以家具属性在居住、文化、艺术范畴承担了重要的载体作用。

2. "席"蕴涵着丰富的美学思想，孕育着设计文化

统治阶级在标榜身份等级象征的同时，促进了其工艺美术的艺术

创作。海昏侯墓葬中精美罕见的琉璃席，还有各种工艺复杂、材质特殊的席和席镇，[9] 足以说明其在美学方面的成就以及设计体系的完善。在文字领域，在商甲骨文中，就已有席的形象，并且文字涵义不断地发展演变。

"席"最初是为防潮取暖的杂乱铺设，到多用蒲草和竹、藤编织而成，延续万年。席作为家具，突出特点是具有独特的织造之美。如在河姆渡遗址中就发现不少编织的实物，席的编织方法已很成熟，采用了二经二纬的"人"字形和交互编织的艺术。同时代的山东北辛和内蒙古兴隆洼文化陶器上发现印有人字纹、十字纹等席纹，然而与余姚河姆渡遗址中编织工艺不同的是，部分席纹已采用了细篾式的辫子纹织法。而且在北辛文化、老官台文化和裴李岗文化遗址中还发现有类似粗麻布纹的压印图片，这说明当时的纺织技术很高。[10]

3. "席"蕴含的民族礼仪与文化传统

商周的礼教制度建设，促成了完备的"席礼"，是社会生活伦理规范的参照和标准之一。如《礼记·曲礼》中所说的"毋践履，毋错席"，以及"曾子换席"的典故。入席后，宾客要抚席而谢之。另外席有单席、连席、对席和专席之分。单席为尊者所设，以表示对他们的尊敬。连席，则是群居而坐方法。古时候铺在地上的席可容纳四人，让年长的人坐在席的端部，而且所坐之人还要尊卑相当。如果超过四人，则要推长者坐到另外的席子上。"对席"是为能互相讲学交流之人而专门设置的，《礼记·曲礼》云："若非饮食之客，则布席，席间函丈。""'专席'则是为病者或丧者所用。周代的席从材质、装饰到色彩，都严格按照等级与名分来行事，这个'坐具'不仅仅是其使用功能的实现，还逐渐有了身份、等级的差别，受到当时礼制文化的重要影响。"[11]

席是中国历史上最早的坐、卧之用的家具，具有悠久的历史沉淀。从新石器时代一直到汉代之前都作为席居生活方式的核心家具，覆盖了起居生活中"坐"和"卧"两个主要的状态，也可以说以"一席"横扫，具有一统天下的地位。随着起居方式的变革，其从魏晋到唐宋家具的发展过程中，席子的形态依然延续下来，但其功能和地位有了颠覆性的改变，由核心家具转变为家具的附属物，不再以独立的坐具和卧具功能出现。

二、床、榻的功能和文化的分野

床、榻类家具在古代家具史上历史悠久，蕴含着中华民族优秀灿烂的文化。我国早期的床包括两个含义，既是坐具，又是卧具。《说文解字》云："床，安身之坐者。"可见，床的主要功能是坐具。[12]《诗·小雅·斯干》："乃生男子，载寝之床。"古人亦指坐具，如胡床。古乐府《孔雀东南飞》："阿母得闻之，槌床便大怒。"[13]《现代汉语词典》解释为"供人们躺在上面睡觉的家具"。

榻，一般意义上是一种坐具，汉代以前是坐、卧兼有的家具。《释名·释床帐》："长狭而卑曰榻，言其体榻然近地也。"《世说新语·德行》刘孝标注引袁宏《后汉记》："蕃（陈蕃）在豫章为稚独设一榻，去则悬之。"[14]

1. 史前的"木床"。史前最简单的"木床"大约出现于新石器时代中期前后（距今 6000 年以前）。这时的许多房屋遗址中发现有用于睡卧的"土床""土台"，有的"土床"经过烧烤，表面十分光平、坚硬。有的在床面上铺有床垫类卧具。此外，在史前时期广泛使用的石制用具中有很多家具的性质，如"石床"等。在属于屈家岭文化早期的湖北黄冈市螺蛳山墓葬中（距今约 5000 年以前），还发现有与床相关的已知时代最早的"石枕"。

2. 最早的木床。距今 6000 年左右的山东大汶口文化部分大墓中，多数棺椁下铺有棺床，上有椁盖，棺床与椁盖多是用原木或木板排列捆扎而成的。这从另一方面证明，当时卧具很可能已出现最原始状态的"床"，即如同棺床一样，先将原木或木板排列捆扎成"床"的形状，有的在木排的两端再加以横木，从而使木排离开地面。因此，最早形态的床至少在大汶口文化阶段就已出现。

3. 夏商时期的床。夏商时期的编织类的坐卧具主要还是席褥。床的形体，结合甲骨文中"爿"（床）字形的写法，看似已有足，床与床足的结合方式已普遍采用简单榫卯，少数床面还髹漆绘彩或雕花等（这一点可从殷墟和湖北黄陂盘龙城商代大墓中所发现的雕花棺椁木板中得到证明）。

4. 西周至春秋战国时期的彩绘漆床。在木材加工方面，西周至春秋又有新的发展，彩绘漆床在当时已出现。

5. 先秦大床标本。考古中发现两件先秦大床标本，一出于河南信阳楚墓，床面长 225 厘米，宽 136 厘米，足高仅 17 厘米（图 1）。一出于湖北荆门包山二号楚墓，床长 220.8 厘米，宽 35.6 厘米，足高仅 18 厘米。由于床足低矮，坐于床上与坐于铺在地面席上的人高度差不多。床、席共用，形成席地起居时坐卧家具的基本组合，这一习俗一直延续到三国两晋南北朝时期。[15] 河南信阳楚墓出土的床，其形制与今相差无几。床的四周有可拆卸的方格形栏杆，两边栏杆留有上下床的地方。床的四周有纵三根、横六根的方形榫接而成的长方框，上面铺着竹条编排的床屉。床足透雕成对称的卷云纹托肩，上有斗式方托，中间以方柱状榫插入床身之下的孔眼中，有可拆卸的方格形栏杆，两边栏杆留有上下床的地方。[16]

包山二号楚墓在床体造型上，有床栏，床下均有六足支撑，床的主要构件基本上都采用榫卯形式结合，体现建筑工艺对家具的影响。在距今 2300 多年的战国中早期，木作技术如此精到，不得不令人为之惊叹。[17]

春秋战国时期，人口流动大，为适应生活方式的改变而出现了新型家具。以席地起居为特征的中国封建社会前期，最主要的坐卧用具是席、床、榻。其中席的种类非常多，床主要有架子床、折叠床、板床、屏床和带帐大床；榻则分为独坐、长榻、边榻和屏榻等。

从《诗经·小雅·斯干》"乃生男子，载寝之床，载衣之裳，载弄之璋"的描述中可知，文中所指的是卧床。床是继席之后出现的主要卧具，同时也兼可坐息。汉刘熙《释名·释床帐》亦曰："人所坐、卧曰床。床，装也，所以自装载也。"床的出现是对"席地而卧（坐）"生

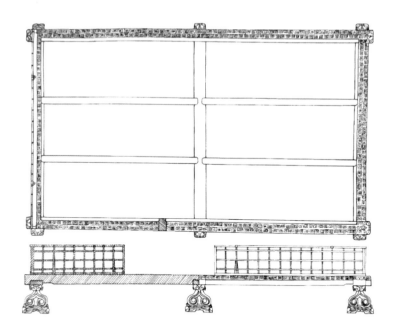

图 1
信阳长台关战国楚
墓出土的实物六腿
带围栏的复合式漆
木大床,扬之水《唐
宋家具寻微》

活方式的进一步改善。前面提到的河南信阳一号楚墓出土的战国彩绘木床长 225 厘米,宽 136 厘米,高 42.5 厘米,其形制与今天的一些形制工艺相比相差无几。床的四周有可拆卸的方格形栏杆,两边栏杆留有上下床的地方。床的四周有纵三根、横六根的方形榫接而成的长方框,上面铺着竹条编排的床屉,床隅有 4 个包角。床足透雕成对称的卷云纹托肩,上有斗式方托,中间以方柱状榫插入床身之下的孔眼中有可拆卸的方格形栏杆,两边栏杆留有上下床的地方,窗框四周有朱绘云雷纹。

湖北荆门包山 2 号楚墓所出土的漆木床,是现今记载时代最早的折叠床(图 2)。包山 2 号墓的年代应为战国中期前后,较长台一号墓的年代晚了一百多年(前者属于战国早中期)。这两个墓所出土的漆木床与折叠床尺寸相仿,都应该属于卧具,在床体造型上,两床皆有床栏,床下均有六组支撑,结构和大小尺寸相同的两个对称的部分都由榫卯勾连而成。每个部分各有床挡、床枋和可以拆卸的活动支撑,床的主要构件基本上都采用榫卯形式结合。折叠后的床一米多,宽仅十几厘米。"可以说这是当时木器制作的一项基本工艺,折叠床便有若集大成。"[18]

图 2
荆门包山 2 号楚墓
所出土的漆木床，
扬之水《唐宋家具
寻微》

图 3
望都汉墓壁画
"独坐榻"（枰）

图 4
陈后主坐榻，（传）
阎立本《历代帝王
图卷》李宗山《中
国家具史图说》

在距今 2300 多年的战国早、中期，木作技术达到了这样的高度，令人赞叹，可见中国木艺的深远。

6.魏晋南北朝至唐代床榻功能和特征的转变。这个时期，承托较大的床、榻类在南北朝以前，普遍施以低矮的矩形足（局脚）或板状足间流行的对称的曲边形托边，这种托边以实用型为基础，而不像晚期家具中的花牙子，多是为了装饰（图 3）。至于南北朝以后因佛教影响而流行的壶（音捆）门托泥式座足（足下有一圈托板，使足不直接着地，称"托泥"；腿足间围成亚形框，多以饰曲边，称"壶门"），也不失低矮平稳的特点（图 4）。

汉代画像中的独坐榻形象。床榻在汉代人的生活中扮演着十分重要的角色。汉代画像中的床榻形象格外引人注目，因为这类床榻通常绘于画面的显著位置。其周围还配以屏扆、帷帐和案几陈设等。汉代画像中的床榻形象包括有屏大床、有屏坐榻、无屏床榻等。有屏人床是当时屏床的常见形式，在床的背后常立有较高的屏风，屏风上装饰有美丽的纹饰花边，屏风中间装饰有别致的图案。床上加幄帐是床得以发展的一大特征。幄帐，即在床上施帐，以满足使用者对外遮蔽和审美的需求。幄帐，其形似覆斗，常常做成四角攒尖顶。床与帐的进一步发展便出现了架子床。[19]

汉唐床榻的主要形式。汉唐时期床榻类家具的形制和种类丰富多样。汉唐时期床榻的主要形式可见：《女史箴图》中东晋围屏式架子床；东汉画像石中的带屏榻床；汉画石中的合榻；郸城西汉石坐榻；北魏司马金龙墓屏画中的坐枰、床和斗帐等。

7. 两宋时期床、榻分野。宋代床的睡卧功能得以发挥。关于床、榻字意在宋代已渐明晰。在宋代，床仍可供人们垂足而坐，但主要的功能是睡觉，强调私密性。宋代文献中，涉及床的很多，例如宋邵雍有诗曰："梦中说梦重重妄，床上安床叠叠非。"[20] 两宋时期的床、榻形象在绘画和出土实物中均有发现，榻在文化涵义上与佛道思想结合，被赋予了更多的文化功能，受文人士大夫青睐。

宋时床、榻在形制上有大的变化。床的形象以有栏围者居多，即床的两侧和背后设有床栏或屏壁（床围），床上一般架设床帐，形成封闭式的专用卧具；榻的功能仍是坐、卧兼用，在当时多为上等家庭或文人雅士备之，造型上以仿古坐榻较多见，榻上放凭几、靠背和棋枰类。床、榻在唐代以后就具有比较高的特点，两宋时期的床榻前多设有足承（也就是现代人称的脚踏）。床榻的足座则以壶门托泥最为流行。例如：汾阳金墓中的内室帐床；解放营辽墓中的带围栏的方座床；大同金代阎德源墓中的小榻床；宋画《高僧观棋图》中的榻、屏、方桌组合；宋画《梧荫清暇图》中的带托泥束腰长榻、高方案、方座式榻、屏桌藤墩等组合。[21]

床的功能向就寝发展，与榻比较，床重私密性，在居住文化上床发展出许多与闺房相联系的内容。榻倾向开放，与文人雅士雅居生活相连，精神上与佛道相伴，如宋画《四景山水图》所绘的敞室中陈设有榻。

第二节 "从倚到椅"坐具的变革

坐姿的改变集中体现在坐具的变革中。坐具类的变革突出反映在外来家具对汉地的影响，每一件有影响力的外来家具其背后都有着自身的文化背景，在与汉地的跪坐礼仪一统天下的冲突中，游牧文化的胡床，佛教的小床、禅床这些优秀的文明产物对中国新型坐具的开启起到了巨大的作用。

一、"席几"组合的一统天下

席和几的组合使用是最为显著的家具组合。前面讲到，古时铺席规制严格，有专设的官吏，名司几筵，管五几五席，分辨用途和安排陈设，并与使用者的身份礼仪相匹配。《说文解字·几部》："几，踞几也，象形。"梅膺祚《字汇·几部》："几，古人凭坐者。"跪坐的几、案是席上的家具配置。古人在跪坐时，前面或两侧放置几案。跪坐时易致疲劳，很吃力，时间一长就要腿肚痛脚麻，几是供坐者凭倚以缓解疲劳用的。这种用途的几叫"凭几"，属于坐具的辅助用具。古书中谈到设席时往往同时提到几，如司几筵的官名，《诗经·公刘》"俾筵俾几，既登乃依"，许多画中也是如此，如宋画《闵予小子之什图》《洛神赋图》等。

席几的使用严格遵照礼仪制度实施并形成单独的管理制度，体现在其所包含的等级次序、伦常规范等文化传统中。

魏晋南北朝时期出现了更受欢迎的曲木抱腰式的三足凭几。安徽马鞍山市三国吴朱然墓发现的黑漆几（图5），甘肃丁家闸十六国墓壁画描绘的主人坐榻凭几（图7），也是曲木抱腰式的三足几，山东高唐县东魏房悦墓出土酱釉龙首凭几（图6），这样的弯曲造型形成的环包的效果，很符合人依靠的范围，更为舒适。这是几发展的新形式。几面平直的两足几和三足曲木几并行，波士顿艺术博物馆藏《历代帝王像》（图8）和《北齐校书图》（图9）中都是平板双足的凭几。唐代这样的

图 5
安徽马鞍山市三国吴主然墓发现的黑漆几

图 6
山东高唐县东魏悦墓出土酱釉龙首凭几，扬之水《唐宋家具寻微》

图 7
十六国墓壁画都描绘主人坐榻凭几

图 8
历代帝王像陈宣帝，扬之水《唐宋家具寻微》

图 9
北齐校书图《宋画全集》

图 10
唐物挟轼，日本正仓院藏，扬之水《唐宋家具寻微》

面板平直双足的凭几也称为夹轼、挟轼，《急就篇》颜师古注："家，伏几也，今谓之夹膝。"日本正仓院藏有唐物挟轼（图10）。几在宋代有丰富的设计和创造，功能极其丰富。除了传统的凭几外，还有"庋物几"，发挥承具的功能。

二、床与榻——席的立体化方向发展

床榻是席向立体化方向发展的成果，同时延续了"席几"组合的文化风尚和使用习惯。床榻功能的分野也受到佛教生活的影响，突出的家具是小床。

从立体结构上分析，较早出现的框架家具是俎，从虞至周的发展中已经有了日后的框架坐具的基本型制。即：虞梡（四足支撑）—夏橛（加上腿杖）—商槷（腿足外拖）—周房（出现托泥）。[22]

继席之后，另一种坐具是床，出现的时期在新石器时代中期前后。我国的甲骨文是象形文字，我们从甲骨文中可大致了解一二。例如，从甲骨文"床""疾""宿"等字的形态中，都可以会意到当时床的样子。[23]床与席都有坐卧功能，这也是早期家具一物多用的共同特征。专门用于坐的床大都体积较小，不能用于卧。匡床，就是指仅供一人坐的方形小床，即"独坐床"。

榻是中国传统家具的一大突破。榻的形制和文化内涵与商周时期的匡床有直接关联，到汉代已经是一种普及化的家具。汉代以前的榻，既是坐具，又是卧具。《释名·释床帐》说："人所坐卧曰床。床，装也，所以自装载也。长狭而卑曰榻。言其榻然近地也。小者曰独坐，主人无二，独所坐也。"《通俗文》说："三尺五曰榻，独坐曰枰，八尺曰床。"[24]也有学者藤田丰八考证，"榻是由汉代因与西域交通结果乃知比床小而便利之榻矣。于是彼等乃作为坐具，以补从来之缺憾"。榻是"从古波斯传来，或经由印度传入，其名来自外来名之对音"。[25]榻，保持了席上跪坐的正坐礼仪，也形成汉代时席居生活的中心内容。

宋代的榻，随着起居方式的变化，家具的演变呈现文人情怀和礼仪精神的传承。一方面向身体解放和性情脱俗方向发展，强调随性的坐卧，符合文人士大夫的雅逸情怀；另一方面延续了席地而坐的礼仪精神，继承跪坐式正坐的坐姿，同时也有结跏趺坐姿，以修身养德为业。《后汉书·向栩传》："常于灶北坐板床上，如是积久，板乃有膝、踝、足指之处。"《太平御览》卷706引《高士传》："（管宁）常坐一木榻，积五十余年，未尝箕股，榻上当膝处皆穿。"《梁书·长沙王业传》："独处一室，床有膝痕。"

三、胡床——汉地椅的开启

关于胡床传入中国，日本学者藤田丰八做了专题考证："后汉时代，始见坐具之榻，故令人疑为与胡床同系外来者，苟考该字之意义，则令人益觉其然……如上之述，则余敢立刻断定此坐具来自波斯，或经由印度而与佛教同时传入中国者。"[26]

胡床受到汉地人民喜爱和追捧，上至帝王将相，下至文人庶民都将其纳入自身的日常生活中，并以各种方式进入文化书写的主流。唐代李白、白居易的诗多有涉及胡床。白居易《池上有小舟》："池上有小舟，舟中有胡床。"李白在其诗文中多处直接描述"胡床"，如《经乱后将避地剡中留赠崔宣城》："崔子贤主人，欢娱每相召。胡床紫玉笛，却坐青云叫。"多么美妙的意境。在杜甫的诗中，亦有数处写胡床。《树间》："几回沾叶露，乘月坐胡床。"月下胡床，也是唐朝大诗人共同喜爱的题材。诗人们笔下的"胡床"，足以说明外来的家具已经融入汉地文化。

四、胡华并举，佛道相伴的坐具融和

中外文化碰撞高峰期的家具具备多元文化特征。魏晋南北朝的家具整体向高型化发展，形成胡华并举、佛道相伴的文明融合成果。这一时期，是中外文化交融的高峰期，佛教东传中国，是一种外来宗教向另一个文化高度发达国家的传入。这种文化的"融汇"，渗透到中国社会的各个领域，中国人的兼收并蓄，使其成为中国传统文化的一个重要组成部分。

这一时期的家具呈现典型的文化特征：一是科学技术成就突出，家具由平面发展到立体的结构和对应工艺技术升级。二是当时人们对社会的理解、认知的扩展。对纷繁事物的感观思想，有的茫然不知所措，有的亢奋，有的思索，即意识形态异常活跃。道教系统化，佛教和反佛斗争激烈，佛儒道三教开始出现合流的迹象，文化思潮和礼俗冲突频繁发生。三是生活方式体现民族融合的特色，各种生活形态和家具混合使

用。四是起居文明的变革发展带有分裂割据的烙印，文化和民俗接受打破传统和孕育新生。此时期中国社会处于分裂割据的状态下，不同的地域文化，带有不同的特点，尤其是南北文化差异很大。这也使得多元文化生活方式下的家具能齐聚一堂，形成冲突和相互影响。

坐具向高型化发展。在民族文化的融合过程中，原来适应低矮家具的习惯，更替引入了垂足而坐的高型家具，胡床、小床、筌蹄、隐囊等。这一时期，除了引入外来的家具，还发展出了许多新式的坐具。如扶手椅、束腰圆凳、方凳、墩、圆案、长几、橱等。高型家具的品种增多，促进了其他配套家具整体向高型化发展。[27]

五、高低并存的唐风坐具

唐至五代时期，桌、椅、凳、墩的兴起，桌子与凳子的配合使用是高足家具生活习惯形成的重点内容。以桌、椅、凳、墩为组合的新型家具在唐代以前并不占统治地位。这几类家具的兴起，正说明了起居方式的重要变革，坐姿的变革，伴随着由低矮型家具向高型家具的过渡。其中，五代时期，椅子已普遍为上层社会所习用，周文矩的《宫中图》和《琉璃堂人物图卷》中就有带托首的圈椅及曲搭脑靠背扶手椅等。直搭脑扶手椅曾见于王齐翰《勘书图》，而无扶手的曲搭脑靠背椅（即明清家具中常见的灯挂椅）则在顾闳中《韩熙载夜宴图》中绘有六件。五代时期各种榫卯技术比较成熟，家具一改唐代家具富丽饱满的风格，造型秀丽、装饰简化。

隋唐时期的交床、椅子一类坐具逐渐流行。适应"垂足而坐"坐姿的唐至五代时期，高型家具配套发展，例如五代《校书图》（摹本）中的大型板榻和最典型的椅、凳、墩等。其中，凳在唐至五代时期，有四种形式：一是低矮长条凳（板凳）；二是独坐式高方凳；三是鼓足圆凳和半圆凳（又叫月牙凳）；四是胡床。至于墩的形态，在唐至五代时期，也较多见。林林总总，都是因适应生活中"垂足而坐"坐姿的需求渐渐演变而成的。

六、系统的宋代椅类家具

根据宋画中的资料显示，在宋代垂足而坐已成为人们主要的生活方式，高型家具在这一时期快速发展。其中，椅、凳、墩的流行是两宋的突出特点之一。宋代椅的种类比较齐全，造型结构也相当成熟，主要包括无扶手靠背椅、有扶手靠背椅、"宝座"、有扶手低靠背椅、掮舆形椅、交椅、养和等。还有具宋代特性的凳、墩等种类。所有这些坐具无不彰显宋代高型家具丰富和完美的特征。其中，宋代的椅具形制已经相当完善，后腿直接升高，搭脑出头，整块的靠背板支撑起人体，形成背部依靠，从图像上看已经具备明代椅类家具丰富和完善的主要特征。圈椅安装有圆靠背，以适应人体曲线。胡床经改进后，便形成了交椅。

第三节 "从庙堂到日常"承具的更新

几、案、桌源流上相通，是人们生活中不可或缺的重要工具，也是中国礼仪之邦传承的产物，在古典家具中有着重要的地位。几、案、桌家具在中国古典家具的历史演变中有着非常紧密的内在联系。几、案，都是中国最早的承具，承具是承置物品的器具。[28] 案是狭长的承物用具，几为凭靠、支撑用具，几的长、宽比例比案要大，几面窄而修长，在多个历史时期从功能上看它们是互通的，在名称上也时常并称。桌是一种高型家具，出现得较晚，常跟椅或凳配套使用，在以桌案为陈设中心的生活方式中，桌与案的发展互为相长。

一、几——根植传统、多方互通

在高足家具流行之前，几是对形体呈"几"状的承置用具的泛称。尤其在秦汉时期，不论是断木为四足的"俎"，还是形体长短高矮不一的有足"案"，它们在广义上都归入了"几属"。从造型演化来说，无足"俎、案"的出现要比几和有足俎、案早，几应是俎、案进一步发展的产物。几、案、俎使用功能的分化是由夏至周逐渐完成的。[29]

俎　商、周两代的铜器里的"俎"，具有家具的基本形态。神秘宗教色彩的家具文化孕育了中国古典家具。殷人是一个崇尚武力的民族，同时也是一个敬祖崇神的民族。人们通过祭祀的方式，与神灵相通以此表达对自然力量和先祖的崇敬，久而久之便形成了一种礼仪文化。礼器成为这一时期最重要的器物，其中也有一部分器物可视为早期的日用功能家具，起到置物、储存等作用。从历史文献可知，在商、周两代的铜器里的"俎"，具有我国家具的基本形象。"俎"是一种专门用于祭祀的案子，并把宰杀完的祭品放在上面。如安阳大司空村殷墓出土的石俎（图11）。

西周青铜俎。1960 年泰安龙门口出土的西周青铜俎，约为公元前11 世纪—前 771 年。俎通高 12 厘米，边长 21 厘米，俎面正方形，中部下凹，浅斜直沿，凹弧形底，四足宽扁，略呈长方形板状；俎前后口沿均呈凹弧形，饰变形双龙纹，左右口沿直平，饰窃曲纹，四足外侧以云雷纹衬底，上饰双首夔龙纹（图12）。

从造型看，春秋战国的俎，已具备桌案的雏形，并且制作更为精美。俎在汉代以前的基本功能是放置供祭祀或食用的鱼肉，一般呈长方

图 11 安阳大司空村殷墓出土的石俎

形矮板凳状，也有几形、案形、台形和墩形的俎等等。

几　从几的具体使用方式来看，早期的几主要有"庋物几"和"凭几"，这里强调的是作为承具的"庋物几"。距今 7000 年前后的浙江余姚河姆渡遗址，出现较进步的榫卯结构。距今 6000 年前后的江苏常州圩墩遗址，曾发现这种文物，长 35 厘米、宽 18 厘米、厚 5 厘米，一侧凿出长 32 厘米、宽 3 厘米的槽，称之最原始的"俎"。关于俎案最集中、最典型的发现则是山西襄汾陶寺墓地。其中多处大墓中发现俎案，大多数都施有彩绘。俎的台面用木板制成，近两端各凿两个榫眼，下接板状足，一般长 50—70 厘米，宽 30—40 厘米，高 15—25 厘米。俎上放 V 字形石厨刀和猪骨。墓中彩绘案、俎的摆放有规律，其功用具有祭享性质。从中可以看出，几、案、俎的演化过程：一、几、案、俎最初是一种器物，由最简单的、最原始的木板或石板（可在上面用石刀等切割肉类或摆放食物等）制作这一器物；二、后发展为垫石块或木棍的俎、案雏形；三、继而发展为运用木作工艺的榫卯结构，从而产生了比较规范的原始木家具——俎、案。[30]

总之，纵观中国古典家具发展的历史，可以得出几个结论：一、俎、案比几早；二、从功能上几又是俎、案，功能互通；三、几是俎、案进一步发展的产物；四、几、案、俎具有同源关系。

几之形态演变　几、案、俎在商代以前功能上兼具礼器和实用器具，一物多用，在最初的使用中都与食物有关。使用功能的分化是由夏至商、由商至周逐渐完成的。有学者认为这几类承置用具的划分在商代后期基本定型，西周时期则形成制度化，标志是具有礼仪和祭祀性质的物品制度。"五几""五席"制度就是代表性的现象之一（图13）。

从使用功能分，几分为"庋物几"与"凭几"两大类。放置日用物品或陈设器的为"庋物几"，汉代刘熙《释名》曰："几，庋也，所以庋物也。"庋物几出现得更早一些。供人依靠支撑身体的是"凭几"。《说文解字》："几，踞几也，象形。"

先秦时期的庋物几出土文物有许多，这一时期几、案、俎有没有区分，尚无明确记载。湖北博物馆馆藏曾侯乙墓出土的文物中，有高足案（图14）、彤几（图15），信阳长台关1号墓出土小长几（图16），湖北荆州范家坡楚墓出土漆案（图17），都是庋物几。凭几的出现时间相对晚一些，中国国家博物馆馆藏有战国的一件黑漆朱绘花几（图18），凭几和席榻往往成为经常的组合，表示尊崇的意义，山东省石刻艺术博物馆藏嘉祥县五老洼出土画像石（图20），主人踞榻凭几，榜题曰"故

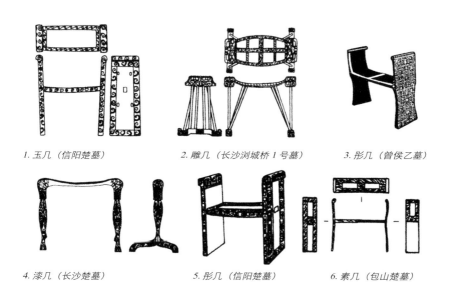

1. 玉几（信阳楚墓）　　　2. 雕几（长沙浏城桥1号墓）　　　3. 彤几（曾侯乙墓）

4. 漆几（长沙楚墓）　　　5. 彤几（信阳楚墓）　　　6. 素几（包山楚墓）

图13 五几，李中山《中国家具史图说》

太守"。湖北荆州凤凰山 168 号墓出土黑漆平板几，通体涂黑漆。几面平直，两端各绘一龙，龙四周用朱褐色彩绘云纹，几面中段有特制的洼陷，可推断是利于支撑凭靠之用（图 19）。

战国与春秋之几，没有太大的差异，但制作上更加精美。战国时期的几可分为三种式样：一是单足几；二是栅式足几；三是嵌玉几。

图 14 曾侯乙墓葬彩漆云纹高足禁，湖北省博物馆藏

图 15 曾侯乙幕彩漆云纹木几，湖北省博物馆藏

图 16 小长几，信阳长台关一号墓出土，扬之水《唐宋家具寻微》

图 17 战国漆案，荆州范家坡楚墓出土，湖北荆州博物馆藏

图 18 战国黑漆朱绘花几，中国国家博物馆馆藏

图 19 黑漆平板几，湖北荆州凤凰山 168 号墓出土，荆州博物馆藏

图 20 山东省石刻艺术博物馆藏嘉祥县五老洼出土画像石，扬之水《唐宋家具寻微》

上文"席几"组合的章节中详述了魏晋之际开始，几作为凭几的功能与席一起转移到床榻等家具上。在坐姿的改变中，几也向高型家具转变，由于桌、案的日常功能的普及，几作为日常承具的功能逐渐弱化，转变为配合居室中桌、案、榻、椅等高型家具的陈设，发展出了自身的新用途，宋代出现了独立的高足几的家具品类，发展成为极具文化属性和美学特色的陈设家具，如花几、香几、茶几等等，在宋画的图像中非常突出。

二、案——礼祭承置、底蕴深厚

几、案、俎同源，在历史的演变中功能得以分化。在马家浜文化遗址中，发现的原始木器应该是最早期的"木俎"。[31] 龙山文化时期，少量大墓的棺椁间还出现了边箱、脚箱等器物，其中山东临朐西朱封龙山文化 202 号特大棺墓中所出土的"边箱"，很可能是一种彩绘木案，其上放置饮酒、食肉用具等，正说明它是墓主生前的食案，死后随墓主一同入葬。[32] 在商周时期俎的形态亦似案。

春秋、战国时期，案是古人日常生活的承置用具，呈现低矮家具的诸多特征和种类。这个时期的案与俎是并行发展的。俎专作为切割和盛放食物而设，案作为承置用具主要为生者而设。既然漆木俎屡屡出现，这说明，当时的人们也已有用案的习惯。那么用于进食的案也不应在少数，只是不像俎多用于随葬而得以更多地保存下来。这个时期的案，在制作工艺上比以前有了很大的进步，材料上有陶、木、铜等多种质地。面板有正方形、长方形、圆形等多种形式，木案的局部位置有铜扣件作装饰。由于案、俎本身功能的不同，案在造型和装饰手法上比同一时期的俎要活泼得多，丰富得多。例如：前述中曾侯乙墓出土的浮雕髹漆案有面板、足和横趺三部分。面板平整，四周有兽面形浮雕，案全身髹满黑漆，并在面板、两侧和足上的阴刻纹饰之内施加朱彩。足的处理上同样采用透雕的动物（鸟）形。还如春秋漆俎、战国漆俎、湖北望山出土的栅形直足漆俎，是俎亦似案（图 21）。

几、案、俎是汉代画像中常见的日常生活用具。从大量的汉代画像中还可以看出案在当时起着举足轻重的作用。上至天子，下至百姓，都以案承载饮食用具，放置公文和竹简等物品。其中，按足的高低又分为高足案和矮中案。

秦朝统一后，南北家具大融合，楚式家具得以进一步传播到中原地区，家具形态在大一统的汉文化背景下，一些新形态在全国范围内普及，这个时期流行的家具也被认为有汉代的风格，这种风格可以从马王堆汉墓和山东临沂金雀山汉墓出土的家具中看出典型特征。

马王堆 3 号墓出土一高一矮两套足的案几，"几面长 90.5 厘米、宽 15.8 厘米、通高约 30 厘米至 40 厘米。高足适合长跪，适用于比较正式的礼仪、公共场合；矮足适合跪坐，适合日常室内闲居和批阅文木牍。高、矮足每端各两条，另有一条可随时加长或缩短的活动式中足。高足与几面和足座之间亦可随时拆卸，使用时将中足加长，置于两足之间，从而形成每端三栅足的结构形式，长足不用时可以收到下面"。[33] 这种可高可低的凭几在战国时期尚未发现，是当时西汉初期凭几发展的新样式。类似的还有湖北江陵龙桥河西汉一号墓出土的折叠案（图22）。

汉代形成了以床榻为中心的居室生活方式，古人习惯将长案置于帷幄、床榻之前，这种长案称作"桯"，在许多壁画中可见（图23）。如洛阳朱村东汉墓壁画所绘制，男女主人端坐在帷帐中，帐前设置桯，桯的一边设食案，另一边则是书案。

汉代的食案和庋物几名目不同而且形制区分明显，但后来几案常连称，概念互有交叉。魏晋南北朝时期，人们对几案名称并不刻意区分，

图 22 湖北江陵龙桥河西汉墓

图 23 桯与食案，洛阳东北郊朱村东汉墓壁画，扬之水《唐宋家具寻微》

或几案连称，或概称为案，如梁简文帝《书案铭》所云："刻香镂彩，纤银卷足。"按汉刘熙《释名》之规定，则该叫"书几"才是。因此进食的庋物家具，可概称为案，与床常组合使用，仍是日常不可缺少的家具。[34]

魏晋南北朝时期的案仍分长案和圆案两大类，第一类中有无足和有足两种。圆案在魏晋南北朝时期还多与樽、勺等配套使用，蹄足的肩部十分突出，造型更加浑厚。其中，细分为食案、奏案、香案等不同系列。例如：长沙赤峰山 3 号南朝墓瓷案、酒泉丁家闸 5 号墓曲足高案十六国、宜兴 1 号墓陶圆案（图 24）。当时在案的制作工艺上，出现了绿沉工艺、犀皮工艺和青釉工艺等一系列新特点。

隋唐五代时期案的特点。从这个时期的许多壁画中看到，案的发展

图 24 长沙赤峰山
3 号南朝墓瓷案；
酒泉丁家闸 5 号墓
曲足高案（十六
国）；宜兴 1 号晋
墓陶圆案 李宗山
《中国家具史图说》

特点也是形体普遍增高、加大，高足翘头案与宽面长体大案是当时的流行式样，前者多为书案、奏案（公文案）、香案等；后者以食案、画案为代表。或为壸门托泥式高座案，或为柱足（包括雕作云头状）长板案，形制与汉代以前的矮式案已有显著区别。

唐代的案华丽宝贵，造型端庄、浑厚，颇有气势，稳固耐用，纹饰厚重而不失精美，雕刻细致，独运匠心。唐代壁画中聚会场面的在唐代的敦煌壁画中经常有许多关于佛教经变的画作，其中常会见到案的陈设。说明案类家具在当时社会上广泛使用。唐代《宫乐图》中有一壸门大案，人们围坐大案四周，边宴饮，边弹唱。还有唐代敦煌壁画以及五代《韩熙载夜宴图》的案、桌、椅等家具，描绘并展示出了当时家具形态及家具搭配的方法。

案是变革中功能和文化涵义最为稳定的品类，到了宋代，几、案、桌种类多样，慢慢成占据生活和陈设的中心位置，富有深厚的礼仪文化和文人情怀。宋代的案可分为四类：一是箱型结构的案；二是梁架结构作为承具的案；三是框架结构的作为承具的案；四是有矮足、近于托盘的食案等。这些案可与宋画中的家具对应。

三、桌——后起之秀、卓然前者

桌形成较晚，是在变革后期出现的，"《敦煌唐代壁画——庖厨图》（图 25）有桌的图像。这是我们最早的方桌形象。高型桌子的逐渐普及使用，是从唐代开始的"。[35] 但是关于桌子的名称，宋人黄朝英在《靖康湘素杂记》"倚卓"一则中写道："今人用倚卓字，多从木旁，殊无

义理。字书从木从奇，乃椅字，于宜切。诗曰'其桐其椅'是也。从木从卓乃棹字，直教切，所谓'棹船为郎'是也。倚卓之字，虽不经见，以鄙意测之，盖人所倚者为倚，卓之在前者为卓，此言近之矣。何以明之？《淇奥》曰：'猗重较兮。'《新义》谓：'猗，倚也，重较者，所以为慎固也。'由是知人所倚者为倚。《论语》曰：'如有所立，卓尔。'说者谓圣人之道，如有所立，卓然在前也，由是知卓之在前者为卓。故杨文公《谈苑》有云：'咸平、景德中，主家造檀香倚卓一副。'未尝用椅棹字，始知前辈何尝谬用一字也。"他把"椅""桌"字的由来说得十分透彻，合乎情理地说明了中国家具名物有着丰富的本土文化内涵。

宋代的桌具有简洁实用的结构形态和清秀素雅的装饰风格。从图像中可以看到，桌的结构简单，并且符合日常的各种功用，很快成为承具的主要家具，在生活中扮演了不可或缺的角色。桌子制作手法丰富，结

图 25 桌，85 窟顶东披《楞伽经变》晚唐壁画《中国石窟敦煌莫高窟》

第二章　宋代家具的分类及其源流　　**63**

构合理，种类多样。两宋时期的家具中桌子的形象非常多，从宋画中清晰可见。

第四节 "多元转型"其他类型家具的发展

还有一些家具的功能，不同于以上三个大类，传世实物及形式变化均较少，不足以自成一大类者，合并成一个类，以其他类（或杂项类）相称。这里指屏风、架、台、柜、箱、盒等子类家具物品，其实每一子类内容较多，依然蕴含了丰富的家具文化和传统，并在时代转变中完成各自的转型。

一、屏风——从君王象征到文人风雅

屏风是中国人居住环境中一个非常活跃的元素，最初就富有极强的象征意义，在中国传统家具中扮演着非常重要的角色，有着非常悠久的历史，并在起居方式转变中特别受到文人士大夫的青睐。随着宋代绘画的兴起，文人崇尚观画卧游，屏风成为其新的载体。在高坐起居方式生活中，屏风的陈设功能多样发展，除了能够用来挡风或遮蔽，还能起到装饰居室与分隔空间的作用。

先秦经典中屏风为"扆"或者"依"。扆（古代宫殿内设在门和窗之间的大屏风），是背靠依之屏。斧依是古代庙堂户牖之间绣有斧形的屏风（图26），扆之表面装饰斧文以象威仪，斧，又作黼，便是云雷纹、勾连云纹等几何纹，此已由上海博物馆藏春成侯盉铭得到确证。林巳奈夫在《殷周时代青铜器纹样的研究》[36]一书"几何学纹"中列有"黼纹"，收录勾连雷纹等，他认为，勾连雷纹是从"T 字的横划两端以卷曲的涡纹为基本单位，T 的横划的一侧向别个 T 字的横划发展的纹样"（图27）。[37]

先秦时期屏风的记载可见于《周礼》《仪礼》《楚辞》和《战国策》等文献中，如《周礼·天官·掌次》："王大旅上帝，则张毡案，设皇

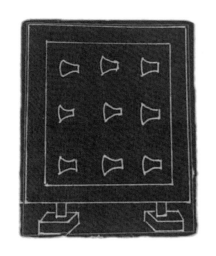

图 26《三礼图》中的斧依

图 27 黼纹主要纹例，林巳奈夫《殷周时代青铜器纹样的研究》

邸。"皇邸，即"染羽像凤凰以饰屏风"。屏风这个名字最早出现在《史记·孟尝君列传》中："孟尝君待客坐语，而屏风后常有侍史，主记君所与客语，问亲戚居处。"由此可知，屏风早在春秋时期已经出现，此处为屏障隔断之用。后期屏风的种类开始逐渐扩大，用途不断发展，到汉代，达官贵族家中几乎都有屏风。屏风甚至进入百姓之家，不断趋向日常化。东汉刘熙《释名·释床帐》谓"屏风"，"几言可以屏障风也"。从中我们可以看出屏风命名从身份象征转移到功能属性，"斧依之制"依然承袭先秦遗绪，不过屏风的名称更为通行。

汉代的屏风有附属于床榻的围屏、用于室内隔离的挡屏及独立使用的小座屏、插屏等形式，种类也变得更加丰富多彩。其品种已由单扇发展到四扇至六扇拼合的曲屏，而且经常与茵席镇、床榻结合使用，有两面围的，也有三面围的，可分可合，灵活多变。在装饰手法上，也由朴素大方的漆木、锦绢彩绘图画装饰发展为精美华丽的琉璃、杂玉装饰。流行品类有：一是小座屏。小座屏在汉代前后又称"画屏"，这也可看作小插屏的特有形式。小座屏历史悠久，种类繁多，早在战国早期就比较常见，两汉时期更为流行，《中国家具史图说》表明文献记载有"五色画屏""烈女画屏""文锦流黄彩画屏""云母屏""琉璃屏"等。[38] 二是插屏。插屏是一种形体较高的板屏，其功能不仅在于屏蔽和挡风，而且起到突出中心地位的作用。这种插屏除出土实物外，河南密县打虎亭2号壁画墓、内蒙古和林格尔壁画墓、山东金乡县朱鲔画像石墓及山东嘉祥武氏祠等画像中也都有其形象。

两汉至魏晋，文献中出现了屏风和小曲屏风之称，它不仅仅是背靠之屏。木画屏风之外，又有绣屏、雕屏、云母屏、琉璃屏等等，屏风使用的材质更加多样，并有至今可见的图像与实物。屏风使用的范围扩大，且又更多的深入日常生活。小曲屏风与床榻结合，在某种意义上促进了屏风画的发展，诸经史事图画屏风成为风气，并且后世一直沿用下来而成为传统。[39]

魏晋南北朝时期，屏风是流行家具之一。这个时期的屏风与汉代屏风相比又有一些新变化。除汉代已流行的床榻围屏（扆屏）、小座屏、板屏和插屏外，这一时期又出现了多达十余种的折叠屏和挂屏等。再则，屏风的绘画技法和制作工艺在魏晋南北朝时期又有较大发展：一是绘画题材由汉代的几何图案、云气瑞兽和孝行故事等发展成人物形象和生活实景；二是绘画技法突破了传统的勾填设色，形成了铁线绘画，风格线条刚劲有力，人物形象潇洒传神；三是屏风制作已普遍采用相对固定的板块连接形式，两侧均有榫卯，根据不同的要求和屏之大小，合理安排屏风结构。[40]

唐代以前与唐代以后的屏风在形体上主要有两点不同：一是唐代以前的屏风以床榻围屏为主，而唐代以后的屏风则是以插屏和多曲式的折叠屏为主；二是唐代以前的屏风在形体上普遍较矮，而唐代以后的屏风在形体上普遍较高。当然，屏风种类的增加以及屏风制作工艺的发展也是唐代屏风的一个重要特点。唐代与五代绘画中所表现出来的挂屏（吊屏）、花鸟屏、仕女屏、鉴戒屏、围屏（屏障）以及书画屏、诗铭屏、孔雀屏、水晶屏、翡翠屏等等，都是屏风艺术发展的新形式。

敦煌壁画中的家具图像。敦煌壁画中的家具形态多与中原无二，敦煌北朝壁画无屏风家具图像，而汉代至南北朝中原地区家具屏风图在出土文物中所见甚多。敦煌屏风家具图先是在隋代壁画中出现，到唐代才增多。[41]

屏风作为丰富敦煌壁画画面造型的重要元素，在画中出现的频率较高。主要体现在几个方面：一是敦煌石窟壁画中的"经变"，这一点，如同绘画中的题材一样，变化的内容较多；二是屏风家具图像出现的经变画，在收集到的资料中敦煌壁画中出现屏风家具图最多的当属《维摩诘经变》等；三是敦煌壁画早期的三折扇屏风，敦煌壁画上最早的屏风图像是隋代石窟，而且是联屏（三折扇）；四是《维摩诘经变》中的三折多扇屏风；五是房屋中的配置屏风，这样的实例很多；六是庭院中的围障（步障）和座障。此外，晚唐五代宋佛坛主尊后背屏，应属于插屏的一种变形。

两宋时期的屏风，伴随高型家具的发展，在使用功能和文化内涵上更为丰富。进入宋代，屏风的使用较前代更为普遍，不但居室陈设用屏风，日常使用的茵席、床榻等家具旁边也常附设小型屏风，一些室外环境中也可以看到屏风的使用。设置屏风能表达人们生活美的意境，让宋人钟情喜爱不已，歌咏不断。如宋代秦观词《浣溪沙》："漠漠轻寒上小楼，晓阴无赖似穷秋。淡烟流水画屏幽。自在飞花轻似梦，无边丝雨细如愁。宝帘闲挂小银钩。"[42] 该词描绘了一个精妙的艺术境界，让人在淡烟流水的屏风中神游，以至流连忘返。屏风上通常都绘有精美的图画，在客厅、卧室、书房乃至庭院中设一架屏风，起到室内装饰、美观的作用，同时也具备区隔空间的功能。

两宋时期的屏风以插屏最为常见，插屏足施以大的"抱鼓"，这种形式自唐代开始流行，是为了适应大屏发展的新工艺。宋代的插屏形象主要有雕花石屏、菱格花石叶屏、砖雕花鸟云座屏、木屏架嵌大理石屏面、砖雕双层壶门面心式高站牙插屏、大牡丹屏和题诗屏、衬面心式花屏、交椅后的花屏等等。它们的造型结构差别不大，但装饰内容和装饰工艺各具特色。此外，挂屏在宋代已有较大发展，它的兴起在一定程度上得益于诗词绘画的繁荣。挂屏形象在洛阳邙山宋墓壁画、白沙宋墓壁画、宣化下八里辽墓壁画及山西闻喜县金墓壁画等都有描绘。[43]

二、箱、橱、柜、架——从显贵到民间

箱、橱、柜、架属于庋藏家具类。这类家具渐渐从宫廷显贵普及于民间。在高坐生活方式的需求下，箱、橱、柜的功能大量扩展，多元发展，百花齐放。

箱、橱、柜之祖在于梐。梐是古代祭祀时放酒樽的长方形木盘，没有足。两周此前还没有关于箱、橱、柜的记载，但从形态角度观察，两周时期梐和禁中有相同的内空的形态。梐和禁都是主要用于放置酒器的器座，两者功用大致相同而形制稍有差别，即为禁有足，梐无足。这一区别可以作为分辨两周时代梐和禁的主要依据。从它们的形象可以看出以后箱、橱柜、桌案的影子。因此，也有学者认为称它们为箱、橱柜之祖。

禁流行于西周早期，呈正方形，是承载单件的礼器，禁面中央有凸起的圈足，四周有壁，侧壁上有两个孔，既便于移动又很美观（图28）。

梐和禁的外形与后来的箱、橱柜的外形有相似和可作借鉴的地方。

商周盒箱。随着木工、髹漆技术和青铜工艺的发展，到了西周末期，出现了精美的青铜盒和漆木盒，及其他相应的承置类家具。它们在使用和造型上已经趋于固定的模式，各器具的用途和分工也日趋明显。这些都为春秋战国的漆木家具的发展奠定了扎实的技术基础。

箱柜的使用大约在夏、商时期就开始，装的是重要、神秘的东西，如《国语·郑语》云："乃布币焉而策告之，龙亡而漦在，椟而藏之，传郊之。"其中"椟"即是柜，记叙的是夏王的占卜师把龙的唾液藏贮在里面，再《周书·金縢》篇有"纳册于金縢之匮中"的记载，谓用金属制的带子将收藏书契的柜封存。许慎《解文说字》谓："椟，匮也。"[44]"匮"即柜。此处的柜指内空的储物器。柜内之物是主人比较看重的东西。又如《楚辞·七谏》："玉与石其同匮兮。"言宝玉才能存柜，而《韩非子》所记郑人买椟而还珠的故事正说明当时的柜类制作是相当精美的。

图 28 陕西铜棜，陕西宝鸡石鼓山西周墓出土；西周铜棜，天津市历史博物馆藏

　　春秋战国时期家具演变过程中的主要品种有箱、盒、匣、柜、屏扆和台架等。箱盒类盛藏器具在造型和使用方式上已趋于固定，各种器具之间的用途和分工也日趋明显。储藏家具如同其他类家具一样，以木材为制作原料，大部分都以漆髹饰，对木材起保护作用，也为了美观，以显示出家具主人的身份和地位。为配合当时人们的起居习惯，这类家具具有小型化的特点。

　　西周以后到春秋的箱。西周以后到春秋战国盛藏家具发展状况为：一是漆木工艺术的改进；二是采用榫卯或包铜技巧的小型匣、盒类盛藏器具逐渐增多而形体较大的箱、柜等仍极少见；三是当时的箱主要指车箱，即车内可供人乘坐或装载物品的地方。

　　战国时期盛藏器具。当时的箱、柜（椟）、匣、盒、奁、樽等已经定型，制作工艺上普遍采用整木挖凿、雕磨或榫卯结合。此外，采用髹漆工艺的镟木胎、卷木胎、夹纻胎漆器等都也相继出现，器体内外多髹漆彩绘，有的还加以金银、铜扣，装饰工艺十分华丽。[45] 其功能在于盛放梳妆用具，还有磬匣、文具盒及珠宝盒等，以及用于存放食物或衣物等的专属器物。

　　常见的楚式盛藏器具的品种有：衣箱、食具箱（盒）、酒具（盒）、文具箱、工具箱、珠宝盒、剑盒（椟）、矢箙、小柜（椟）以及漆木奁盒、竹笥、竹箧和磬匣等十余种。[46]

　　春秋战国早期的盒工艺。在春秋战国早期的河南光山县黄君孟夫妇的合葬墓中，发现了两件包铜漆木胎长方形扁盒。这种古胎包铜工艺的特点：一是有多种纹饰，纹饰形象精妙，盒底和盒盖的铜面上分别施以连续重三角和三角柿蒂纹；二是纹饰技艺精妙，纹饰全系采用冲压、锤揲、铆合、胶粘工艺，古胎表面髹黑漆。

唐代的日用箱子实物发现不多，西安东郊唐天宝四年苏思勖墓壁画中有置于抬舆之上盝顶大方箱，陕西扶风法门寺地宫也出土有盝顶银函、大小漆盒、琉璃茶具、银茶碾、银粉盒及熏香器具等，惟箱底作平顶长方形。法门寺地宫所出土的物件最多、最精，也最典型。还有一些唐代墓壁画有关箱、盒、函等器具，每件均为稀世珍宝。到了五代箱子制作更加精细，如《重屏会棋图》的长榻上放有两个箱子，小者为盝顶盒体手提箱，两侧有鼻，鼻间穿有提梁。这两件箱子在唐代以前较少见，式样新颖。

唐代漆箱、柜、橱等家具以雍容华贵为特征，造型华美，宽大舒展，许多家具有新的结构。装饰常采用螺钿、金银平脱、金银绘、木雕、雕漆等高档装饰工艺。唐代家具用材讲究，家具上的漆饰光亮滑润。例如：唐刻花鎏金顶银盒、五代螺钿漆绘经盒、法门寺地宫供奉佛指舍利子的七重宝涵。

两宋时期的箱、柜、橱、盒等。箱盒形态常见，如武进南宋墓中便发现有用作梳妆的小巧"镜箱"和多件戗金、填漆、钩花彩绘的长方盒、多层奁等。除各类漆木箱、盒外，竹编箱、盒、笥、箧等在宋十分流行。柜与箱的差别在宋已趋于明显。柜的典型形态在河南洛阳涧西179号北宋墓等墓中均有发现。橱的形象主要见于宋代绘画，例如宋画《蚕织图》等画中有其图像。

器物架。器物架即放器物的架子，其种类又可分为放置盆、抬舆、悬挂车马器具的梁架及用于特殊场合的坐架。战国早期曾侯乙墓出土的彩漆木架（图29），考古推测为衣架。衣架的出现很早，伴随衣物的历史演变发展。与先秦时期的衣架相比，汉代的衣架结构较为复杂，造型更加合理，如山东沂南汉墓画像石中的衣架（图30），日本正仓院保存有唐代衣架（图31）。

汉代的架类等家具。汉代的架类等家具的种类比先秦更加丰富，功能也更加齐全。根据架的使用功能的不同可分为器具架、衣架、兵器架

图 29 战国早期曾侯乙墓出土的彩漆木架，湖北省博物馆藏

和乐器架等。宋代的架具种类繁多，按具体功用可分为灯架、巾架、盒架、瓶架、衣架、镜架、鼓架、炉架等许多种类。

架台类家具主要包括架与柜结合的家具。主要指衣架、巾帽架、盆架、花架以及乐器架、镜架、鸟架、柜格、博古架、多宝格等。架格，明式家具中立架空间被分隔成若干格层的一种家具，主要供存放物品用。亮格柜，亮格是指没有门的隔层；柜是指有门的隔层，故带有亮格层的立柜，统称"亮格柜"。

庋物架。庋物架品种较杂，除汉代已出现的衣架、座架、食品架、乐器架、兵器架和抬物架等以外，魏晋南北朝时期又出现了书架、盆架和仪仗架等。宋元时期架的常见形式有：衣架（巾架）、盆架、食物架、兵

图 30 山东济南汉墓画像石

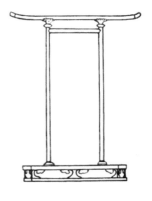

图 31 唐代衣架，日本正仓院藏《中国花梨家具图考》

栏（兵器架）和乐器架等。《蚕织图》中还有专门为养蚕而制作的蚕架、采桑架（三足或四足高梯）。大同金代阎德源墓出土有帽架。宋元衣架的变化表现为形体的变化、搭脑的变化、足座的变化、横杆的变化等。

盆架。宋元盆架的变化表现在盆架的造型及形制等方面。盆架的造型涉及盆架的高矮形状、几下足形、放盆的大小与深浅等。盆架形制涉及盆架的材质、座圈外侧、衬板、内侧盆座的形式、座圈下腿形状、座圈与腿的上部嵌纹饰的牙板置盆凹圈、座下柱足和横枨等。

宋代盛藏类家具与其他类家具种类一样，与前代相比，宋代家具种类更多，各类高形家具基本定型，有柜、衣架、巾架、曲足盆架、镜台等等，有的家具上面还有雕刻的饰件，从品类到形制都不断完善和演进。归纳起来说，宋代盛藏器具可分为庋具和架具。

三、台——由佛入俗、式样繁多

"台"在佛教中作为佛祖和菩萨的坐具出现，在敦煌壁画中有非常多的例子，在汉地的生活中，人们将这珠光宝气的美好圣物转移到生活中，逐渐演变为日常能够接触和拥有的用具。

魏晋南北朝时期的台座形式以灯台最常见。其造型之精巧，种类之丰富，较汉代有过之而无不及，体现在灯台的用料、造型、形制和品种变化等方面。

宋代的台座主要包括镜台、灯台、器物座架等。镜台有高矮之分，又有单独使用的镜台（架）和箱式镜台、架几（式）镜台（梳妆台）之别。高足镜台是流行的新式样，这种镜台下有高足（座），上有镜架，足与支架有的做成可折叠的交足形式。单独使用的矮足镜台在宋代已比较少见，这类镜台常与桌案配合使用，也就是组合式的梳妆台。高足镜台和组合式镜台适用于高足起居家具形式。

宋代的灯台也很常见，形体的普遍增高是一大特点。灯台的形体结构的变化涉及到灯台的座部、灯檠、灯盏、盏下安置等方面的改变。宋代的器物台座类较杂，常见形式如炉座、花座、鼓座及餐饮用具和古玩的托座等等。[47]

第五节 宋代家具的分类法

从宋代家具的溯源可以看出家具发展的源流，从起居方式的变革可以弄清古代家具在变革中的演变脉络，两方面结合理清宋代家具的形制根源及其文化属性，因此可以得出以下结论：

1. 宋代家具可以分为四类：席床榻类；坐具类；几案桌类；其他类。每一类的发展和演变具有内在历史文化根源的关联性。

2. 席地起居时代和宋代垂足高坐时代相比较，作为生活中心的主流家具产生了明显的变化。即唐以前，席居为主流家具一统天下的时代，唐五代以后，起居生活围绕席床榻为中心，向高型的椅、凳、桌、榻转移。

3. 席地起居时代和垂足高坐时代相比较，家具的主要类别在起居方式的转变过程中产生了各自明显的变化。但是家具源流上仍然一脉相承，在具体的品类上有转换也有创新。

中国家具文化的延续方式多种多样，席类在形式上转变为其他品类家具的附属品，不再属于独立的坐卧具，突出其材质特性和装饰的功能，但是其礼仪精神和文化风尚转移到榻和床家具上，依然延续和传承。

椅、凳类坐具不属于中国席地而坐时代的产物，这是由于与跪坐的礼仪决定的生活习俗不符，但这类家具的文化内涵对应了传统礼教观念和伦常规范，在长期使用中逐步实现了外来家具的汉化，在借鉴和吸纳中孕育出新的品种和新的使用礼俗。从形制上说，这类家具是中国起居方式转变中的新生品类，是在吸收外来家具的基础上演变而来的，并在汉地起居生活和文化礼俗的熏陶中渐渐滋生并完善。椅类家具是与人身体坐姿最为密切的家具类别，同时也是发展得最为丰富的一个品类，渐渐成为起居生活的主流家具。

桌案类家具的渊源是中国席居时代的庋物用具，随着坐姿的升高，以及新生的椅、凳类家具的出现，它的发展具有三个特点：（1）桌的最初形态和使用功能是在俎、禁、枱、案等家具的基础上，有所增高和优化发展而来的；（2）形态上以适应生活的需要作了合理化的改变，在唐宋期间为案与桌两者的区别定型提供了雏形，导致明代家具桌和案的分野；（3）配合椅凳类坐具的出现，渐渐形成桌椅组合的搭配形式，成为高坐起居生活的中心家具。

在杂项类中，与传统礼教文化联系紧密的类别在形制和功能上有明显的改变。其背后的礼仪属性向功能和装饰属性转移，在形式、品类上得到大幅度的扩展。

4. 从中古家具发展历程看，与人身体结合越近的家具越可能是起居方式中的核心家具品类，在转型时其发展动力和影响力越大。

5. 梳理四类家具的溯源，可以看出：高型家具的分类结构在唐五代转型完成，在宋代 300 年间形成旺盛的发展时期，最终定型，以至具备完整的高型家具体系。

注释

1. 李宗山:《家具史话》,北京:社会科学文献出版社,2012 年,第 2 页。

2. [晋]张华:《博物志》,郑晓峰译注,北京:中华书局,2019 年,第 35 页。

3. 徐正英、常佩雨译注:《周礼》,北京:中华书局,2014 年,第 75 页。

4. 李宗山:《家具史话》,北京:中国社会科学出版社,2012 年,第 3 页。

5. [汉]许慎:《说文解字》,[宋]徐铉校定,北京:中华书局,2015 年,第 156 页。

6. 于伸主编:《木样年华——中国古典家具》,天津:百花文艺出版社,2006 年,第 24 页。

7. 于伸主编:《木样年华——中国古典家具》,天津:百花文艺出版社,2006 年,第 52 页。

8. 李宗山:《中国家具史图说》,武汉:湖北美术出版社,2001 年,第 263 页。

9. 江西省文物考古研究所首都博物馆编:《五色炫曜——南昌汉代海昏侯国考古成果》,南昌:江西人民出版社,2016 年。

10. 于伸主编:《木样年华》,天津:百花文艺出版社,2006 年,第 4 页。

11. 陈志刚:《中国坐卧具小史》,北京:中国长安出版社,2015 年,第 14 页。

12. 邵晓峰:《宋代家具》,南京:东南大学出版社,2010 年,第 13 页。

13. 《辞海》,上海:上海辞书出版社,2002 年,第 236 页。

14. 《辞海》,上海:上海辞书出版社,2002 年,第 1623 页。

15. 中国社会科学院考古研究所编著:《中国考古学·三国两晋南北朝卷》,北京:中国社会科学出版社,2018 年,第 342 页。

16. 李宗山:《家具史话》,北京:中国社会科学出版社,2012 年,第 33 页。

17. 扬之水:《诗经名物新证》,香港:中和出版有限公司,2016 年,第 150 页。

18. 扬之水:《唐宋家具寻微》,北京:中国长安出版社,2015 年,第 7 页。

19. 于伸主编:《木样年华》,天津:百花文艺出版社,2006 年,第 52—53 页。

20. 邵晓峰:《中国宋代家具》,南京:东南大学出版社,2010 年,第 14 页。

21. 李宗山:《中国家具史图说》,武汉:湖北美术出版社,2001 年,第 279—280 页。

22. 赵广超主编:《国家艺术·一章木椅》,北京:三联书店,2008 年,第 20 页。

23. 陈志刚:《中国坐卧具小史》,北京:中国长安出版社,2015 年,第 17 页。

24. 陈志刚:《中国坐卧具小史》,北京:中国长安出版社,2015 年,第 29 页。

25. [日]藤田丰八:《中国南海古代交通业考》(下),太原:山西人民出版社,2015 年,第 510 页。

26. [日]藤田丰八:《中国南海古代交通业考》(下),太原:山西人民出版社,2015 年,第 513 页。

27. 陈志刚:《中国坐卧具小史》,北京:中国长安出版社,2015 年,第 50 页。

28. 承具的概念结合李中山《中国家具图说》中对几、案、俎的分类名称。

29. 李宗山:《中国家具史图说》,武汉:湖北美术出版社,2001 年,第 70 页。

30. 李宗山:《家具史话》,北京:社会科学出版社,2012 年,第 78 页。

31. 于伸主编:《木样年华》,天津:百花文艺出版社,2006 年,第 4 页。

32. 李宗山·《家具史话》,北京:社会科学出版社,2012 年,第 84 页。

33. 扬之水:《唐宋家具寻微》,北京:人民美术出版社,2015 年,第 174 页。

34. 中国社会科学院考古研究所编著：《中国考古学·三国两晋南北朝卷》，北京：中国社会科学出版社，2018年，第347页。

35. 顾杨编著：《传统家具》，合肥：时代出版传媒股份有限公司，2016年，第133页。

36. ［日］林巳奈夫：《殷周青铜器综览》，广濑薰雄译，郭永秉润文，上海：上海古籍出版社，2017年。

37. 唐友波：《春成侯盖舆畏子委综合研究》，《上海博物馆集刊》2000年第8期。

38. 李宗山：《中国家具史图说》，武汉：湖北美术出版社，2001年，165页。

39. 扬之水：《唐宋家具寻微》，北京：人民美术出版社，2015年，第69页。

40. 李宗山：《中国家具史图说》，武汉：湖北美术出版社，2001年，第201页。

41. 高左贤主编：《湖上12》，杭州：西泠印社出版社，2019年，第67页。

42. 夏于全主编：《唐诗·宋词·元曲》，呼和浩特：内蒙古人民出版社，2002年，第22页。

43. 李宗山：《中国家具史图说》，武汉：湖北美术出版社，2001年，第275页。

44. ［汉］许慎：《说文解字》，［宋］徐铉校定，北京：中华书局，2015年，第117页。

45. 李宗山：《中国家具史图说》，武汉：湖北美术出版社，2001年，第121页。

46. 李宗山：《中国家具史图说》，武汉：湖北美术出版社，2001年，第121页。

47. 李宗山：《中国家具史图说》，武汉：湖北美术出版社，2001年，第277页。

第三章
宋画中的家具形制体系

　　在上一章中总结了宋代家具的分类法，这一分类的观念源于宋之前家具的形制溯源，在流变积淀中自然形成。其中的源流在于，从魏晋起中古汉人起居方式的变革中，一方面低矮家具体系中的家具类型在功能上逐渐分野，另一方面外来家具融合于汉地礼俗中，创新演变出新的类别，在多种生活方式的并存中扩充了汉地起居生活的结构和内容，中国家具继承和延续了席地而坐家具的发展渊源和脉络，围绕坐的方式为核心继续发展，应对新的起居生活的需求，宋代最终形成更先进的家具体系以实现新起居方式的完成，即高型家具体系。

　　宋代高型家具体系的建立，也是中国高型家具的开端，本章借助宋画中宋代家具图样梳理宋代家具形制，尝试从形制体系来还原高型家具体系的整体面貌。本文以贴近上章宋代家具的分类思路，展开对宋画家具的体系研究。

第一节　床榻类家具

　　在宋代，床榻之含义是多变性的。例如南宋陆游《老学庵笔记》卷四引徐敦立言说:"梳洗床、火炉床家家有之,今犹有高镜台,盖施床则与人面适平也。"这里的"梳洗床""火炉床"应该均是榻、凳一类的家具。宋画中的席、床、榻家具图像较多,为我们研究宋代席、床、榻家具提供了大量的样本资源。

一、宋画中的席

宋画中有家具席的画作有 34 幅,显示出"席"的使用功能是三种,即坐席、躺席、半坐半卧席,其中坐席占多数。宋画中收录家具席的画,反映了当时社会政治经济文化与生活的一方面。虽然宋代席地而坐的矮型家具被高型家具取代,席只作为一种辅设用具,但是,宋画中有家具席的图像,反映出社会形态的文化艺术依然光彩照人,有其丰富的文化艺术价值。

(一)画中家具席所处年代考证甄例

宋画中家具席所处年代与画作反映的年代相关,亦与画所处的时代及背景相关。即从画的题材及描述生活的故事确认画作的时代,亦可确认家具席所处在的年代。以下择选其例。

宋马和之《闵予小子之什图》(图 1),依据《诗经·周颂·闵予小子之什》11 首诗的内容而作,右书左画,共 11 段。

画中图像有家具"匡床蒻席"。"匡床蒻席"是指君王所使用的坐具,即先秦时期的家具。宋佚名《女孝经图》以图解的形式分 9 段依次表现"开宗明义章"等唐代邓氏《女孝经》前九章的内容,每段图后均有墨题《女孝经》原文与之对应(图 2、图 3)。《女孝经图》卷反映唐末两宋时期社会流行孝悌思想的文化背景。画面以故事的形式来讲述孝行,更加生动,如小说文体形式一样,更加容易让人接受。画面中的家具席有独坐席、多人席等,以双人席居多,这些家具席为唐末两宋时期的家具。

图 1 匡牀蒻席，
[宋] 马和之《闵予
小子之什图》

图 2 双人席，[宋]
佚名《女孝经图》
《宋画全集》

图 3 独坐席、多人
席，[宋] 佚名《女
孝经图》《宋画全集》

（二）两种形制的席

1. 匡床蒻席

上文中提到的匡床蒻席是指君王所使用的坐具。"匡床"指方正的床，表明坐得安稳，睡得安稳的"床"。君王应努力施明政，这样使得社会有序，江山安稳。蒻是蒲蒻，"蒻谓蒲之柔弱者也。蔺，草名也，亦莞之类也。蒲蒻可以为荐，蔺草可以为席"。[1] 前文写到的五席制度中的莞席，莞和蒲分属莎草科和香蒲科，都是做席的材料，扬之水先生《诗经名物新证》中《小雅斯干篇》讲道："莞茎中空，蒲叶扁平，莞席，取莞之茎；蒲席，取蒲之页……《斯干》郑笺所释'莞'为小铺之席。"莞席是相对粗糙的，常常作为铺在下面的"筵"使用，又提到"下莞上簟，乃安斯寝"，簟有细的意思，《方言》卷五："簟，宋魏之间谓之笙。"又卷二："笙，细也。""凡细貌谓之笙。"[2]（图4）

西周古礼中，记载了席的铺设方式有"礼以多贵"的原则。《周礼·春官·司几筵》："天子之席五重，诸侯之席三重，大夫再重……大朝觐，大飨射，凡封国命诸侯，王位，设黼依，依前南乡，设莞筵纷纯，加缫席画纯，加次席黼纯，左右玉几。"郑玄注："斧谓之黼，其绣白黑采，以绛帛为质。依，其制如屏风然……缫席，削蒲蒻展之，编以五采，若今合欢矣。画，谓云气也。次席，桃枝席，有次列成文者。"[3] 画中马和之绘制成王所坐的席是重席，清晰可见有四重，最上面的席中间应是莞草编织，席外面有彩边。其他人物坐的是单层的莞席。

2. 日常所用的"席"

除去"匡床蒻席"这种特殊的席之外，其他用席，都可归入日常所用的"席"。宋画图绘中的席有独坐席、二人坐席、连坐席和多人坐席等。这些"坐具席"的形状，不外乎长方形席、方席、圆席等，例如前例宋佚名《女孝经图》中，每段章节故事中的家具席都在画中出现，其他绘画中的席即如此。在古代席上的坐姿有跪坐、踞坐、箕坐和跌坐四种，[4] 宋画中以跏跌坐、跪坐为主，说明这是按照宋代的生活习惯所绘制的，并非先秦的礼仪。

画中席的设置根据所在画的题材、内容及场景情节需要所绘，与主

図 4 长沙马王堆墓中的莞席，湖南省博物馆藏

题内容有其针对性和关联性，不同的场景用席各有异同。例如，有宣讲《诗经》《尚书》等题材各种礼仪规范情节相关用席；结社参禅、罗汉诵经等诸佛事用席；春宴图"贞观之治"等主题活动用席；告祭致政祀典用席；《晋文公复国图》场景用席；仕之隐居生活场景用席；横琴、书画、弄棋等雅集活动用席等。

二、宋画中的床

宋画中床和榻不易区分，当配备有屏风或隔障，方可断定它是床。宋画中的家具床的图像，主要集中在帐床、三面围子帐床、四足榻、架子床等，包括了床类家具的主要类型。

（一）帐床

帐床的突出特点是有"帷帐"。帐床是有"帷帐"的床，中国历史上的帐床也有坐、卧两种。有"帷帐"的床一般和几案配置在一起，例

夫出言如微而榮辱由茲勿謂幽昧靈

鑒無象勿謂玄漠神聽安響無孫尔榮

天道惡盈毋恃爾貴隆者墜鑒乎小

出其言善千里應之苟違斯義同衾

以疑

图5 帐床，[宋]
佚名《女史箴图》
《宋画全集》

如，宋佚名《女史箴图》画中的帐床（图5）。画中有平顶帷帐，前、左侧的帐幕由带捆扎，二人坐在有壸门的榻上，围在帐中的有前四扇、后四扇，左右各两扇的屏风，但屏风并未直抵帐顶。正面仅留一人能进出的门，前面为门的那两扇屏风似乎是开启活动的。紧挨着帐门前，放置与榻略低，等高等长的栅腿曲足条几。

帐床在形制上反映了对传统习惯的延续。在秦汉时期，贵族阶层有的在床上设屏风，有的则设有幔帐。这里帐幔以其作用、性质和位置等不同，分为帐、幄、幔、帷、幕等形式。刘熙《释名·释床帐》："帷，围也，所以自障围也；幔，漫漫相连缀之言也；帐，张也，张施于床上也；承尘，施于上承尘土。"《汉书·王莽传》："未央宫置酒，内者令为傅太后张幄。"[5]顾恺之以西晋张华《女史箴》文章内容为题材作《女史箴图》，就是这种理念派生出的床。

（二）架子床

所谓架子床，其基本式样是三面设矮围子，即为三围屏的屏风床。四角立柱，上承床顶，顶下周匝多有挂檐，后来明人称之为"飘檐"。若拔步床，则又前接一个小廊子，《明式家具研究》中有其实例。[6]

架子床（三围屏的屏风床）的特点是必须配置"围屏"，多是折扇屏风。五代顾闳中（传）《韩熙载夜宴图》则有一张背、左、右面三围屏的屏风床，

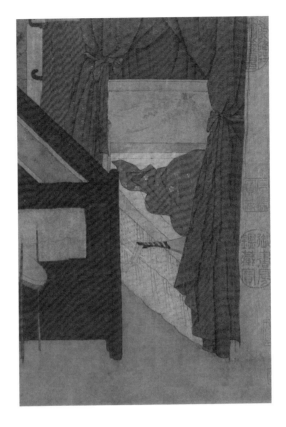

图6 架子床，[五代] 顾闳中（传）《韩熙载夜宴图》

其后有一张顶设灰色帷帐，内有围屏的高床，推测此为架子床，形式与《女史箴图》中的帐床相同，应内有四角立柱，以上承床顶（图6）。唐宋敦煌壁画流行的架子床的高度大大超过《女史箴图》上的床榻，可见这种组合式家具在唐宋时代已经增高。[7] 宋画中的架子床也延续这样的形态，印证了中国古典家具一脉相承的床榻文化。

（三）围栏床

帷帐可以加在架子床上，中国传统家具中帷帐也有施加在匡床上的情况。

匡床，商周后慢慢失去指代君王的专属床的意涵，指仅供一个人坐用的方形小床，即"独坐床"。[8] 在匡床的基础上，从"供一个人坐用的方形小床"拓展至"非一个人坐用"和"非方形小床"，加上围栏就等同于围栏床了。设置有屏风或在杠上加木板形成围屏的床，就成为围栏

床。宋画中典型的围栏床以《韩熙载夜宴图》中的最为清晰。这种形制的床在敦煌莫高窟等石窟中也较为多见，如须弥座上配有栏杆。例如壁画中夫妇二人共坐的床榻，左右设置有很短的护栏（图 7）。

三、宋画中的榻

宋画中榻与宋代家具的使用功能和起居方式的演变相关。宋画中榻的功能较多，有供人躺卧休息的，或有供人在上面活动的，或用来摆放东西的，与宋代人们的生活起居方式，以及垂足而坐坐姿的转变相一致。从宋画中的图像可看出，榻的图像比床要多，其形制要比床丰富。宋代文人很钟情于榻，通过诗词赋予榻中丰富的文化意涵。宋吕渭老词《水调歌头·送季修同希文去秀》："十年禅榻畔，风雨扬茶烟。"欧阳澈有词《蝶恋花·拉朝宗小饮》曰："解榻聚宾挥玉麈。"

宋画中家具榻在结构上分为两种，即箱型结构与框架结构。箱型结构为隋唐以来的传统形式，即有关束腰与托泥的形式。框架结构又称构架式结构。木作家具运用了房屋建筑梁和柱契合构架式原理。

两晋前后，在流行带壶门榻的同时，仍有四腿床式的榻。在两宋时期，榻在绘画和出土实物中均有发现。较卧床使用更为方便的榻，按座部区别可分为两种：一种是在榻下施足，另一种是在榻下施方座。[9] 宋画中的家具榻的图像甚多。

（一）四腿榻

四腿榻，四足着地，腿间不施围子（围板），榻下不施座，可施横枨。造型简练明快，是从传统坐式矮榻发展而来的。其形体比晚唐以前的矮榻明显增高。宋画中的家具四足榻的图像甚多，例如四足榻的形态分无横枨和有横枨两种。

1. 无横枨四足榻

宋画中四足榻的图像分布在不同题材的画中。不同主题思想的素材，不同的宋人生活事件或生活现象，也是绘画作品内容的不同要素，例如，宋画中图像的题材有山水画题材、草堂客话题材、表现士人恬适生活小景题材、描绘夏日凉亭孩子嬉戏的情景、《洛神赋》题材、《诗经·陈风》十篇图绘题材等等，其中有无横枨形态的四足榻。榻的形态有脚内翻、脚内翻（似内钩）、方直腿、四面无枨、足内钩、直腿内钩、腿间施花牙、矮榻（圆足）等等。例如，宋何荃《草堂客话图》（图8），四足榻图像形态为方直腿、四面无枨、足内钩。图绘松柳丛竹掩映下茅舍数间，舍后修苔含翠，溪流湍急，山石错落。门前一长者携小童来访，堂上二公坐藤墩对语，点出草堂客话之主题。右侧一人高卧亭中纳凉，其态悠闲。

2. 有横枨四足榻

有横枨四足榻形态图像，出现在不同主题、题材的画作中，画中图绘的意境各不相同。如宫廷生活的题材、诗经陈风十篇图绘题材、汉代隐士梁鸿和其妻孟光"相敬如宾，举案齐眉"的故事题材和春、夏、秋、冬四时景象题材等。

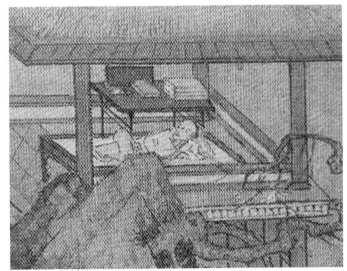

图 8 无横枨四足榻，[宋] 何筌《草堂客话图》

图 9 四足榻，[五代]卫贤《高士图》《宋画全集》

有横枨的四足榻特征为：方材直腿四足立柱造型榻，左右施横枨，前后无枨；方直腿、前后、左右施横枨；四面施横枨，枨子略高出地面的不同位置等形制。例如，五代卫贤《高士图》（图9），画中的家具为方直腿四足立柱造型榻，前后施横枨。

（二）带壸门和托泥的榻

带壸门和腿下加托泥的榻在宋画家具中的典型例子很多，它既可供人们躺卧休息，也可供人垂足而坐。

宋画中家具束腰托泥式榻的壸门、托泥、券口，及其使用状态等。

1. 壸门榻

壸门分左右和前后，以及壸门个数的讲究等。壸门的左右和前后，壸门个数分布的形态有相等的和不等的两种；箱型结构榻四周有的没呈现壸门，有的呈现壸门图案，例如宋佚名《洛神赋全图》，顾恺之的《洛神赋图》中出现的榻。第二部分曹植独坐于榻上，侍从立于四周，场景中同时展现"冯夷鸣鼓，女娲清歌"诸神游乐的神态，而男主人公面对神女心神不定。以反衬手法，在诸神载歌载舞、悠然自得的情态中，突出了洛神的满怀心事与曹植惊疑不定的心理状态，借助绘画语言

巧妙而形象地再现了诗歌中表达的复杂情感。《洛神赋图》所描绘的内容达到了形神兼备、气韵生动的完美效果。《洛神赋图》画中束腰托泥式榻为箱型结构，前后、左右均为三壶门，附加金属包角的装饰，配合的壶门形态有佛教台座的特征，显得庄重高贵，古意十足（图10）。宋李公麟（传）《维摩演教图》，以佛教维摩诘授教为题材。此图取材于佛教《维摩诘所说经》创作的人物故事画，描绘维摩诘向文殊师利以及僧侣、天女授教的场景。人物面部和衣纹纯用淡墨单线勾勒。维摩诘神态安详，盘坐于束腰托泥式榻上，此榻为框架结构，壶门的形态依附于框架结体之上，呈现方形，在方形顶端有卷口特征，壶门券口分布于前后左右，明显是宋代的框架结体形制（图11）。维摩诘头戴蒲帽，一手持羽扇，一手伸指，嘴唇微起，似在授理。对面的文殊师利神态从容，双手合十，耐心聆听。诸天女、神将、比丘和老叟皆恭敬而立，有作思考状，有作会意状，形态各异，生动传神。整幅线条明快简练，优美灵动而又不乏骨力。衣履服饰、长纱飘带、相互穿插疏密适当，场面宏大，繁而不乱。宋代释、道、儒三家并崇，佛或菩萨常被描绘成现实中的人物形象。此图中的维摩诘衣冠、眉须与精神状态非常接近于文士，衬托之下有一种超尘脱俗之感。所坐的这件榻结合了佛教的装饰元素。宋代家具的框架结体方式，具有理性简洁的美学特征，加之写实的表现手法，让观者有身临其境的感觉。

图 10 束腰托泥式榻前后左右均为三壶门，［宋］佚名《洛神赋图》《宋画全集》

图 11 束腰托泥式榻，［宋］李公麟（传）《维摩演教图》《宋画全集》

图 12 束腰托泥式榻，[五代]周文矩（传）《重屏会棋图》《宋画全集》

图 13 束腰托泥式榻，四足外撇着地[宋]李公麟《孝经图》《宋画全集》

图 14 须弥座，[宋]佚名《维摩诘经图》《宋画全集》

2. 榻的托泥

榻的托泥分"边框着地"和"托泥下面小足着地"两种。例如：五代周文矩（传）《重屏会棋图》，束腰托泥式榻边框着地（图12）；宋李公麟《孝经图》，束腰托泥式榻托泥下有雕花牙条，四足外撇着地（图13）；宋佚名《维摩诘经图》还有束腰托泥式须弥座坐榻等（图14）。

3. 束腰托泥式榻

从家具的形态看宋画中带壶门和腿下加托泥的榻，其下分为束腰和无束腰两种。束腰托泥式榻出现较多，其共性在于画中对应的人物都具有显贵的身份。图像列表（表1）：

表1 宋画中束腰托泥式榻家具选例简表

画名	壶门	托泥	座式
五代周文矩（传）《重屏会棋图》《宋画全集》第一卷第一册	左右两壶门（券口）	边框着地	独坐长榻
宋佚名《洛神赋全图》《宋画全集》第一卷第五册	前后左右均为三壶门	边框着地	独坐榻
宋李公麟（传）《维摩居士图》《宋画全集》第七卷第一册	箱型结构饰图案	边框着地	独坐榻
宋李公麟《孝经图》《宋画全集》第六卷第三册	箱型结构饰图案	托泥下有雕花牙条，四足外撇	独坐榻
宋佚名《维摩诘经图》《宋画全集》第六卷第四册	箱型结构饰图案	无托泥	独坐榻（宝座）三面装饰围有精美屏风等
宋李公麟（传）《维摩演教图》《宋画全集》第一卷第一册	前后四个券口	边框着地	独坐榻榻上锦纹

表2 宋画中有托泥无束腰式榻家具选例简表

画名	壶门	托泥	座式
五代周文矩（传）《重屏会棋图》《宋画全集》第一卷第一册	左右两壶门前后六壶门	边框着地	独坐长榻
宋刘松年《四景山水图》《宋画全集》第一卷第四册	券口（左右和前后均一券口）	边框着地	一人坐、卧榻
宋佚名《女孝经图》《宋画全集》第三卷第二册	前后六壶门和左右二壶门	边框着地	一人坐榻
宋马和之《闵予小子之什图》《宋画全集》第一卷第三册	云纹券口壶门（前后左右均为三壶门）	边框着地	独坐方形榻
宋佚名《槐荫消夏图》《宋画全集》第一卷第七册	左右一壶门，前后三壶门	托泥（八足点着地）	独坐榻
宋张激《白莲社图》《宋画全集》第三卷第一册	前后和左右均为三壶门	边框着地	独坐方榻
宋佚名《仿周文矩宫中图》	前后四壶门	边框着地	独坐榻

　　《宋画全集》画无束腰式榻的有宋张激《白莲社图》中的坐榻、五代周文矩《重屏会棋图》画屏中的榻、宋佚名《草堂消夏图》中的文人坐榻等等。有托泥无束腰式榻的托泥形态依然分"边框着地"和"托泥下面四足着地"两种。《宋画全集》画中有托泥无束腰式榻的画例很多。画中有托泥无束腰式榻家具选例简表（如表2）。

（三）其他形式的榻

其他形式的榻主要有坐枰、围子榻、须弥座榻、石榻等。

1. 坐枰

"枰"，四方独坐矮榻称为"枰"。

独坐的四圆腿矮方枰见于宋马和之《诗经陈风十篇图》中（图15），以《诗经·陈风》十篇为题材。从画面来看，这是一幅极其出彩的山水小品，画中人物独坐于枰上，这是一方形矮榻，圆腿，人物静静地观察自然界深秋一隅的景色，似乎思维放空，此处低矮的坐姿，特别能表现无所牵挂的安然神态。浏览画面，构图元素中草堂、溪流、山丘、小路、植物布局有序，让人感受到宋代画家营造景致的能力，驻足画前，仿佛有某种神秘的能量源源不断地浸入身心，让人心悦神畅，不愿离去。

壶门角牙独坐矮枰。宋佚名《女史箴图》之主旨在于以历史故事的画面展现儒家精神寓意下的古代妇女修养品德、理想化女性美之立身处世的操行。《女史箴图》在绘画技巧上，准确把握了各种人物的身份和特征，这一部分故事讲述汉元帝时冯婕妤护主救驾的故事。画中家具坐枰为独坐方形矮榻，腿足上的角牙形成内钩壶门，此榻为汉元帝独用，

图15 坐枰（独坐矮榻,四圆腿方榻）,[宋]马和之《诗经陈风十篇图》《宋画全集》

图16 坐枰（腿前
后足成内钩壸门
形榻），[宋]佚名
《女史箴图》《宋
画全集》

有运用匡床的象征意义（图16）。

2. 围子榻

有围子的榻有两种：一、围帐围成的榻；二、带围板或围栏的榻。

围帐榻。底部壸门榻，折叠围板，施幄帐，如宋佚名《女史箴图》的帐床，实际上，帐床底部是壸门榻，榻之上是折叠围板，顶上有幄帐。

浅围榻。宋李公麟《孝经图》（图17），图中所绘为"卿大夫章第四"。画中家具图像为君王的坐榻，为垂足坐的高型家具，并配有脚榻，这是宋代高坐起居方式完成的很好例证。此榻为浅围榻，两边低围板，后背高围栏，可以看出各个部分的结构逻辑，背板的铺作方式描画清晰。

围栏榻。床、榻以五代画家顾闳中《韩熙载夜宴图》为代表，呈封闭式，床上另加帷帐，榻前侧还有扶手式挡板，形体均以宽大为特点。画中的两件榻（图18），通体髹黑漆，色调沉着，框架结构，四角立有角柱，角柱下有牙头与牙条进行加固。榻的左、右、后三面设计了高度相同的围子，围子上均施以绘画。榻前部还在两边配置了高度约为围子

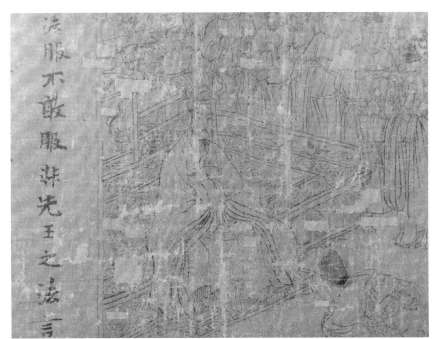

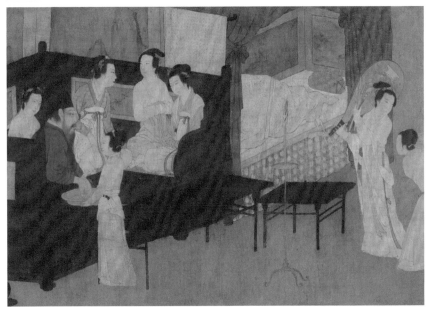

一半的挡板，中间留有空档供人上下，挡板兼具扶手功能。敦煌壁画中
还有较多的平顶帐中的榻、帷幕榻，也应属于有围子榻一类。

　　3. 须弥座榻

　　须弥座榻的式样在宋画中有两种：宝座式须弥座榻和莲花式须弥座

榻。宋李公麟（传）《维摩演教图》，以佛教维摩诘授教为题材。此图
取材于佛教《维摩诘所说经》创作的人物故事画，描绘维摩诘、文殊师
利以及僧侣、天女授教的场景。画中文殊师利坐在须弥座榻上，此榻为
方榻（图19），从装饰、制作手法上看，偏向石雕技法的效果，在木技
艺中也有实现的方法。宋画有另外的须弥座榻和须弥莲花座榻，敦煌壁
画中也有大量此类图像。

4.石榻

榻的制作，因材料所致，宋代的榻一般以木榻为主，还有竹榻和
石榻等。《宋朝事实类苑》载："王樵，字肩望，淄川人。性超逸……预
卜地为圹，名茧室，中置石榻。"（《宋朝事实类苑》，卷四一《王樵》）
汉刘向《列仙传·修羊公》："修羊公者，魏人也。在华阴山上石室中，
有悬石榻，卧其上，石尽穿陷。"隋江总《玄圃石室铭》："仙岩石榻，
仙宇石墙。"唐戴叔伦《寄赠翠岩奉上人》诗："挂衲云林净，翻经石榻
凉。"明徐渭《赠吕正宾长篇》："天姥中峰翠色微，石榻斜支读书处。"

五代周文矩《文苑图》有一天然形态的石头榻。此画的主题为琉璃
堂朋友宴集场景。据考证即唐玄宗时著名诗人王昌龄任江宁县丞期间，

在县衙旁琉璃堂与朋友宴集的故事，与会者可能有其诗友岑参兄弟、刘眘虚等人。《文苑图》绘四位文士围绕松树思索诗句，有倚垒石持笔觅句者，有靠松干构思者，有两人并坐石榻上展卷推敲改诗者，情态各异，形神俱备。此画中的家具都为天然石制，造型层层叠叠，天然中有秩序，画家特意塑造出案的翘头和石榻的腿足特征，有巧夺天工的创想，也展现了其高超的造型功力（图20）。

五代佚名《神骏图》，其中家具有石榻。《神骏图》描绘东晋时期名僧支遁爱马、爱鹰的故事。主人公支遁袒胸赤足侧坐在岸边石榻上（图21），视线集中在从水面奔腾而来的白色骏马之上，此石榻的造型与《文苑图》中的石榻造型一致，这里的石榻有一对，与人物飘洒柔顺的衣服相对比，显得更为健硕、强劲，巧妙地与画的主题相呼应。

本节重点内容为宋画中席、帐床、四足榻、壶门带托泥榻等家具类型的样本整理，对复杂的大样本实行聚类分类。

研究工作结果：

通过以上研究工作，可以说明宋画中的家具席床榻的种类和式样已经形成了一个以高型家具为生活方式的席床榻家具类别。宋画床榻类体系构建见附表。

席是发展时间最悠久，且最具有中国古文化特色的家具。"席"是中国古代席地而坐文化形态中重要的元素，作为家具具有丰富的物质文化与非物质文化的价值：一、直接作为坐具和卧具使用；二、成为空间布局的工具；三、成为身份等级和伦理规范的象征；四、成为艺术创作的对象。它以家具属性，在我国席地而坐的历史阶段中承担了重要的居住、文化、艺术范畴的作用和价值。随着起居方式的转变，这些功能都转移到床与榻上，床与榻的功能渐渐分野，床转变为私密的寝卧用具，榻展现出生活休闲和显示身份的多重社会功能。从功能上看，席的角色发生了彻底的变化，作为坐具的功能缺失，成为床榻的附件，但是其文化内涵使其成为宋人审美生活中的重要部件，渗透于床榻的使用中。

从家具功能发展演变的角度看，中国的起居生活曾以席为中心发展，后以床、榻为中心，这是中国家具史发展过程中的一个很独特的现象。

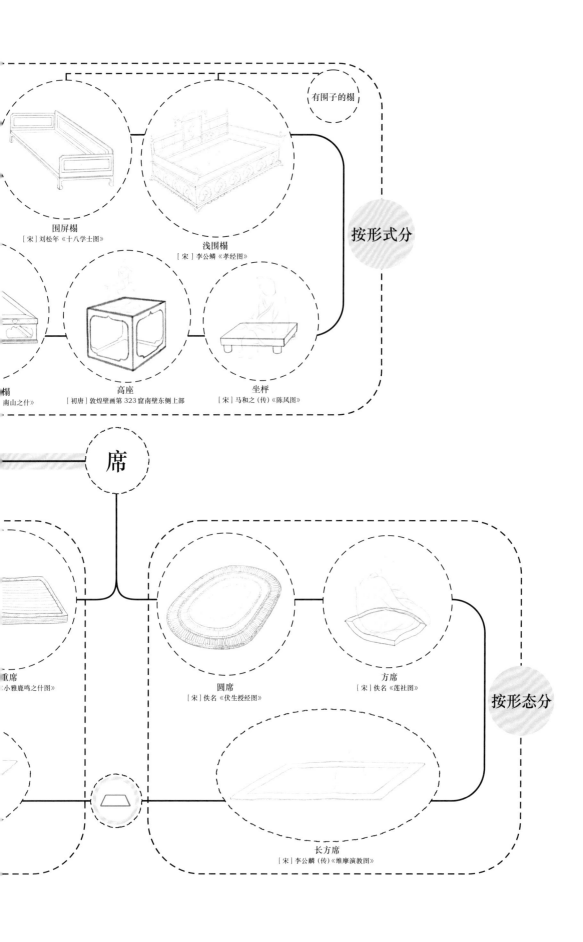

有围子的榻

按形式分

围屏榻
[宋]刘松年《十八学士图》

浅围榻
[宋]李公麟《孝经图》

榻
南山之什》

高座
[初唐]敦煌壁画第323窟南壁东侧上部

坐枰
[宋]马和之(传)《陈风图》

席

重席
小雅鹿鸣之什图》

圆席
[宋]佚名《伏生授经图》

方席
[宋]佚名《莲社图》

按形态分

长方席
[宋]李公麟(传)《维摩演教图》

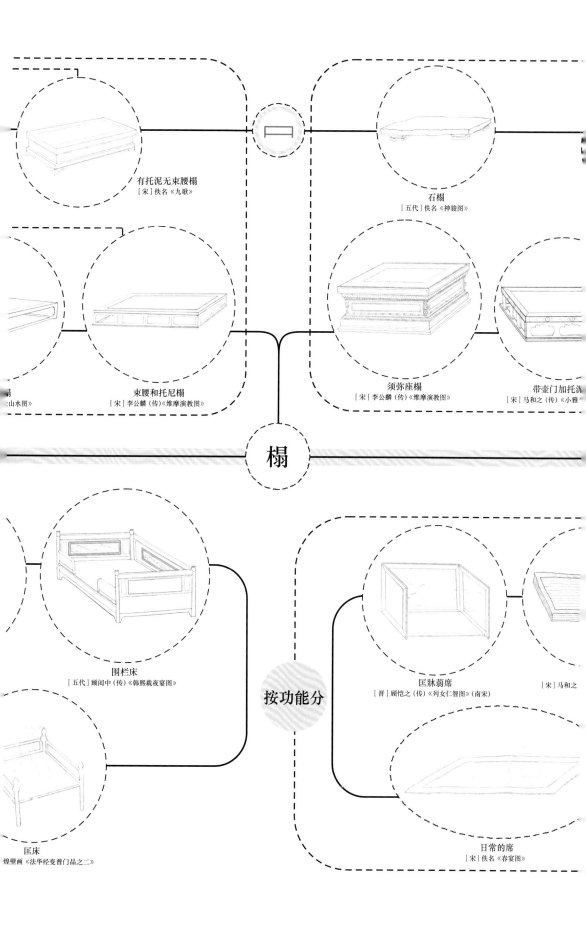

有托泥无束腰榻
[宋]佚名《九歌》

石榻
[五代]佚名《神骏图》

束腰和托尼榻
[宋]李公麟(传)《维摩演教图》

须弥座榻
[宋]李公麟(传)《维摩演教图》

带壶门加托泥
[宋]马和之(传)《小雅

榻

围栏床
[五代]顾闳中(传)《韩熙载夜宴图》

按功能分

匡牀翠席
[晋]顾恺之(传)《列女仁智图》(南宋)

[宋]马和之

匡床
煌壁画《法华经变普门品之二》

日常的席
[宋]佚名《春宴图》

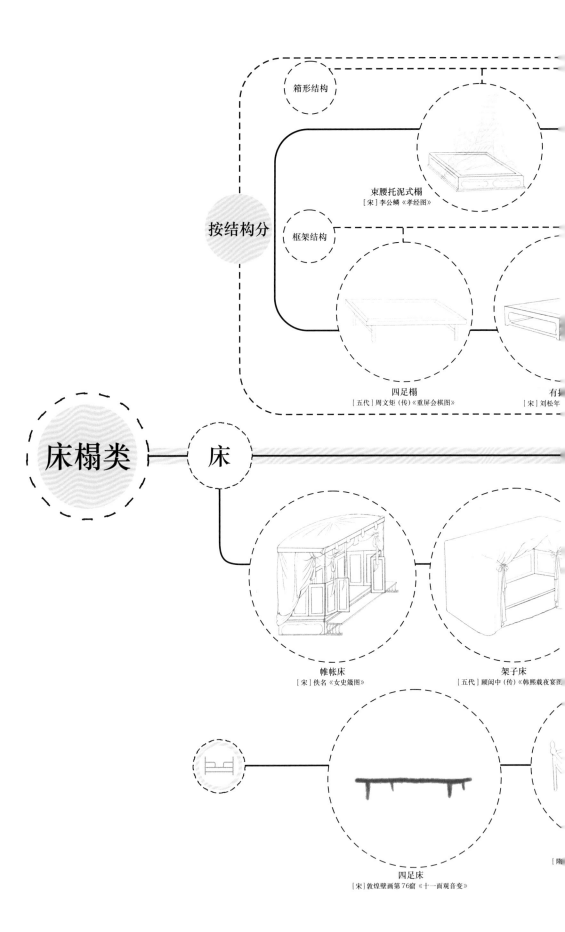

按结构分

箱形结构

束腰托泥式榻
［宋］李公麟《孝经图》

框架结构

四足榻
［五代］周文矩（传）《重屏会棋图》

有
［宋］刘松年

床榻类

床

帷帐床
［宋］佚名《女史箴图》

架子床
［五代］顾闳中（传）《韩熙载夜宴图》

四足床
［宋］敦煌壁画第76窟《十一面观音变》

隋

第二节　宋画中坐具类家具

起居方式的变革是古代家具演变和创新的一个最为直接和重要的推动力，其中，对于坐具来说，品类的更新变化最大。宋画的家具图像印证了这一走向。宋画中的家具坐具种类分为：胡床、凳、椅、筌蹄、宝座、墩、佛座等。宋画中显示了垂足而坐定型时期高型家具的形制特征，适应宋人丰富的文化生活对坐具的需求。

一、宋画中的胡床

青睐安逸的宋代人将胡床适当改动，加椅圈，加扶手，称之为交椅。"交"之处在于胡床的底座，"倚"则在上面的部分。此床非彼床，乃一种可折叠的轻便坐具，现在俗称的马扎是其源头。胡床的出现，是改变人们生活方式的一个重要节点。宋陶毅《清异录·逍遥座》中的胡床"胡床施旋转关以交足，穿便条以容坐，转缩须臾，重不数斤"。程大昌在《演繁露》中作了"敛之可挟，放之可坐"的说明。

宋画中最典型的胡床的例子是宋佚名《北齐校书图》（见第一章图1），画中家具为马扎。图卷所画的是北齐天保七年（556）文宣帝高洋命樊逊和文士高干和等 11 人负责刊定国家收藏的《五经》诸史的情景，以三组人物的图绘交代了画面内容。其中一人方脸宽额，满脸胡须，身着浅红衣袍，脚穿黑靴，坐胡床（马扎）上者，是中心人物。画中的胡床正如前述所说"敛之可挟，放之可坐"。

（一）宋画中交椅的种类

在胡床上加上了靠背，改称"交床"为"交椅"。按靠背的造型，宋画中的交椅可分为直搭脑型和圆搭脑型。

1 无扶手的靠背交椅

这种交椅在宋张择端《清明上河图》和南宋肖照《中兴瑞应图》等处均可见到。清明上河图有三件交椅（赵太丞家门厅、一结算处、画卷

图22 交椅（牛头
形），[宋]张择端
《清明上河图》《宋
画全集》

图23 交椅，圆搭
脑型交椅,[宋]《蕉
荫击球图》《宋画
全集》

末尾处的屋顶上，椅子的上部露出，推测为交椅）（图22）。按靠背的方向直型搭脑型交椅可分为横靠背型和竖靠背型。《清明上河图》中的赵太丞家门厅的交椅是直型搭脑横靠背型交椅，直型搭脑型竖靠背型交椅可见于南宋肖照的《中兴瑞应图》。

2. 圆搭脑型交椅

Ω 状形的搭脑和扶手也形成后来交椅的基本形制，等级相对高于没有扶手的直型搭脑型交椅。宋佚名《蕉荫击球图》，画以蕉荫下击球游戏为题材，图绘庭院一隅二人击球游戏，仕女伏案观赏之情景。画幅左下方一童俯身跪地，执拍一击；右下方一老者头戴一纱帽，右手握拍，左手前伸，双目紧盯稚童身前小球。人物各具神态，形象生动。画面上方芭蕉成荫，湖石矗立。整图用笔细劲，设色艳而不俗，神情刻画细致。画中家具图像为圆搭脑型交椅（图23）。

（二）宋代交椅发展和演变的状况

1. 三椅互称

交椅、绳床、胡床在宋代日常生活中是互称的。

绳床，是网状软屉坐面椅子。绳床是用麻和棕、藤绳等编织的软屉坐面，有靠背和扶手的椅子。秦汉史料记载中尚未见有绳床的名称，魏晋南北朝时期翻译的佛经中"绳床"则大量涌现。汉代至唐宋时期，人们已经有了将胡床和绳床相混淆的倾向。宋代陈与义《秋日客思》中有写:"南北东西俱我乡,聊从地主借绳床。诸公共得何侯力,远方新抄陆氏方。老去事多藜杖在,夜来秋到叶声长。蓬莱可托无因至,试觅人间千仞岗。"书末所附《校勘记》:绳作胡。还有其诗名为《陪粹翁举酒於君子亭下海棠方开》中曰:"世故驱人殊未央,聊从地主借绳床。春风浩浩吹游子,暮雨霏霏湿海棠。去国衣冠无态度,隔帘花叶有辉光。使君礼数能宽否,酒味撩人我欲狂。"文中的绳床也即为胡床。宋代还有将绳床当成交椅的记载,如宋《学林》说:"绳床者,以绳贯穿为坐物,即俗谓之交椅也。"交椅之前原本称胡床,隋高祖意在忌胡,器物涉胡言者,咸令改之,其胡床曰"交床",胡荽曰"香荽",胡瓜曰"黄瓜"。

2. 马扎"交叉斜足"的演变

交椅的下部折叠(交叉状),正是基于胡床"交叉斜足"的特征,下部折叠结构根据功能的需要不断随机应变,而上部形态随着文化生活的追求也在发展中演变出新的样式。

(1)挑箱。挑箱与"交叉斜足"是关联的。以交叉形成三角形为单元的支撑框架,并且都能折叠或是拆装,具有方便移动的特征。较为复杂的折叠面板的月牙形折叠器物,可在马扎叉状腿的基础上演变成挑桌。在宋张择端《清明上河图》中"孙茂店"的门前出现过挑桌。

(2)从胡床至太师椅。从椅的形制上说,"太师椅",可以看作由胡床(马扎)演变而来,"太师椅"的形成反映了的宋代家具特有的名物意义。

①交椅与"栲栳样"。交椅和"栲栳样"椅,从中华文化传统来说,是椅类家具中最具中华文化内涵的家具品类。从家具发源的历史脉络来说,"栲栳样"椅是家具文化中的典例。并且,"栲栳样"椅是从交椅演变而来,发源仍是在于胡床。

太师椅的名物由来。南宋张端义《贵耳集》:"今之校椅,古之胡床也,自来只有栲栳样,宰执侍从皆用之。因秦师垣在国忌所,堰仰片时坠巾。京尹吴渊奉承时相,出意撰制荷叶托首四十柄,载赴国忌所,遗匠者片刻添上,凡宰执侍从皆有之,遂号太师样。今诸郡守卒毕坐银交椅，此藩镇所用之物，今天改为太师椅非古制也。"所云"自来只有栲栳样"，是宋代才出现的交椅式样。这里的"秦师垣"指秦桧，官至北宋吏部尚书、宰相，后封为太师、魏国公。太师椅之名是从秦桧开始的，是古家具中唯一用官职来命名的椅子。

在王明清《挥麈录·第三录》"靠背交椅自梁仲谟始"一则曰："绍兴初，梁仲谟汝嘉尹临安。五鼓，往待漏院，从官皆在焉。有据胡床而假寐者，旁观笑之。又一人云：'近见一交椅，样甚佳，颇便于此。'仲谟请之，其说云：'用木为荷叶，且以一柄插于靠背之后，可以仰首而寝。'仲谟云：'当试为诸公制之。'又明日入朝，则凡在坐客，各一张易其旧者矣，其上所合施之物，悉备焉，莫不叹服而谢之。今达宦者皆用之，盖始於此。"文中这款太师样的椅子，描述的和《春游晚归图》中侍从扛在肩上的折叠椅很贴合，可推测当时太师椅的大约模样。

《金瓶梅词话》第七十七回写道："西门庆到了狮子街的房子内，吴二舅与来昭正挂着花栲栳儿，发卖绸绢绒线丝锦，挤一铺子人做买卖，打发不开。"这里的"花栲栳儿"的整体造型是个萧球纱灯，但组成灯笼的是弯成栲栳圆底样子的各色绒线。

《集韵》曰："屈竹为器呼为考老或栲栳……"屈曲竹木为圈形，栲栳即为屈木为器，"栲栳样"的交椅就是一种圆形椅圈的交椅，并加荷叶托首，张端义所谓非古制也，表明这是当时的一种新型家具。这些对栲栳样圈椅的名物描述反映出宋代家具来源于民间的现实生活，并在持续的改良和创新。

②宋画中的"太师椅"。太师椅是交椅的一种有趣味的形式。太师椅即栲栳，在宋代的绘画作品中已经很形象地显现出了它的完整形态。中国民间踏青习俗由来已久，传说远在先秦时已形成，也有说始于魏晋。到了宋代，踏青之风盛行。宋佚名《春游晚归图》（图24）描写图绘了一老臣骑马踏青回府，前后簇拥着10位侍从，或搬椅，或扛兀，或挑担，或牵马，忙忙碌碌。老臣持鞭回首，仿佛意犹未尽，表现了南宋官僚偏安江南时的悠闲生活，令人想起南宋林升《题临安邸》一诗："山外青山楼外楼，西湖歌舞几时休？暖风熏得游人醉，直把杭州

图 24 圆搭脑型交
椅（太师椅），[宋]
《春游晚归图》；
[宋]《水阁纳凉
图》；[宋]《南唐文
会图》《宋画全集》

作汴州！"

　　所绘景物十分优雅，柳林成浪，宫城巍峨，人马虽不盈寸，但须眉
毕现，姿态生动，线条流畅，色彩简洁明朗。人物安排错落有致，每个
人物的形象动作各不相同又互有呼应，画面空间感极强。画中一位高官
骑马游春归来，前后 11 名侍从中有一人肩扛折叠交椅最为写实。此椅
下部叉形支撑上部圆形椅盘，腿下置两横符子着地；椅圈扶手以"S"
弧探出；搭脑上有荷叶形枕托的竖向圈背，叶片向椅后卷，托枕上可见
荷叶叶径般的装饰；由图推测为靠背板以三竖枨（依人背弧微曲）攒边
打槽装板构成，三段式背板，中段平嵌饰木，上、下段开亮脚。

　　从形制特征来推断，这种太师椅在宋画中还可能出现于《南唐文会
图》《水阁纳凉图》。从荷叶托首和蜷曲扶手可以推断这两幅画中文士
使用的是太帅椅的形制，并都是使用于文人的日常生活中，可见这类椅
子与文人的生活非常密切。

二、宋画中的"椅"

垂足而坐的坐姿在宋代实现了定型，椅是古代家具坐具中的最重要一支。在宋代，椅子逐渐在社会生活中普及，人们在视觉和心理上普遍习惯了这种类型的坐具，这是宋前至宋文化与心理的演变过程。椅子作为高型家具的代表，在宋代已经有了很成熟的表现。宋画中的椅类家具可分为靠背椅、扶手椅、交椅、圈椅、宝座、连椅、玫瑰椅等。其中，靠背椅是宋代使用数量最多的椅子。

（一）靠背椅

靠背椅，指只有靠背，无扶手的椅子。椅面一般为方形，也有圆形的，有靠背，拱形搭脑。靠背椅的搭脑、靠背、椅盘，以及腿足可以有多种变化，亦可变化成多种式样。在靠背椅形制的基础上，衍生出俗称灯挂椅等多种椅的样式。

1. 靠背椅的形态特征

靠背椅在"搭脑"形式、"帐子"、牙子这些部件上显现多样的特征。

直搭脑　宋李公麟《孝经图》。图绘以《孝经》孝道主题，"感应章第十六"图绘题材。画中靠背椅，直搭脑，图中的图像大半被人物的身体遮挡，但从搭脑、坐面、柱腿来看，在细心的学者和匠师的磋商下还是能明确此为靠背椅子的典型形制，并且是靠背椅的最简形制（图25）。

牛头式靠背椅　五代顾闳中（传）《韩熙载夜宴图》中几幅述事作品。韩熙载（902—970）是皇帝李煜的宰相。为了证明他自己不想争权，韩熙载假装整天沉浸在酒色中，表明自己对政治没有兴趣，对皇位更没有兴趣。相传这幅画是作者奉南唐后主李煜之命，亲自到韩熙载家进行了深入细致的观察，经目识心记后，默画出来。在画中，韩熙载盘坐在榻上和牛头椅（有椅披）上，皇帝李煜被事实说服，消除了顾虑。画中有两种形态的靠背椅。牛头椅（有椅披）式样1，前后左右、椅下部施两横帐，底帐下素牙头，椅盘面下施素牙头，牛头搭脑两出头处

图25 靠背椅，直搭脑，靠背椅的最简形制，[宋]李公麟《孝经图》《宋画全集》

图26 牛头椅式样1，[宋]《韩熙载夜宴图》《宋画全集》

图27 牛头椅式样2，[宋]《韩熙载夜宴图》《宋画全集》

图28 靠背椅，[宋]佚名《女孝经图》《宋画全集》

向外转，中间拱弧（图26）；牛头椅（有椅披）式样2，"步步高"横枨，椅盘面下四腿间施素角牙，两竖枨加横竖形成靠背，椅盘扎铺坐垫（图27）。黑色的椅子有加长而弯曲的搭脑。靠背中部微微向后弯，呼应人的靠背结构。坐板比较宽，有坐垫。还配有搁脚凳。这组家具（椅子、榻、墩）最为明显的特征是结构的简洁和比例的协调。与之前具有宗教色彩的坐具相比，这组家具更为市俗化，充满了日常生活气息。它们反映了人们当时日常生活中对家具舒适度和审美的追求。画中的桌椅家具简练灵巧，床榻宽阔厚重，质感朴素，风格有明显的文人气象，与李公麟《维摩演教图》和《孝经图》中的榻比较，明显突出文人的审美特征。

另一个样式是《女孝经图》中搭脑附雕饰的靠背椅。宋佚名《女孝经图》第二章：后妃的画页，以"孝道"的为题材。画中靠背椅，搭脑弯头赋予装饰，靠背椅椅盘下饰角牙，有椅披，椅后有板屏（图28）。此画中的板屏为照壁屏风，设在室内靠后的两缝内柱之间。《营造法式》卷六有"造照壁屏风风骨之制"，这些都是传统的做法。屏风、靠背椅等组合延续了君王倚屏而立的尊贵礼仪，在垂足高型家具上重新再现，更为清晰的展现。可见宋佚名《宋高宗后坐像》

图 29 ［宋］佚名
《宋高宗后坐像》

（图29）中的靠背椅作为皇家坐具，通体朱色，表面满雕，椅脑两端上卷，下游壶门牙板，上铺绵绣椅披，下设同风格足承，也有壶门束腰，椅子整体与人物穿着互相映衬，尽显端庄华贵；从宋代的这几幅画作中可见，当时的靠背椅都与脚踏，也称足承并用，两者在形式和装饰上都彼此贯通，可谓是一体的组合。

"养和"是发挥倚靠功能的靠背，在床榻或可以躺卧的坐具上使用，是宋人用唐代已有的名称而制作出来的不同于隐几的另一种器具。南宋林洪《山家清事》"三房三益"条，曰"采松樛作曲几以靠背"，古名"养和"。仍用《新唐书·李泌传》中语，"……泌尝取松樛枝以隐背，名曰'养和'。""养和"的形态，类似无腿椅子，是由凭几、隐几、靠背椅的功能和趣意联想演变而来，主要用于地面或者席塌上背靠休息。"养和"的形制依然简朴，《听阮图》（图30）却把古意和野趣融入精致中。宋佚名《女孝经图》（图31）中的壶门带托泥榻宝座（独坐、有足承）上有一靠背椅的"养和"好似可以撑方的背托，与古称"养和"

图 30 养和，[宋]
李嵩《听阮图》
扬之水《唐宋家
具寻微》

图 31 宝座（足
承）上"养和"等，
[宋]佚名《女孝
经图》《宋画全集》

的形态相似，是为倚靠而创新的形式。宋陆信忠《十六罗汉图·迦理
迦尊者》（图 32），画以迦理迦尊者题材，画中宝座上配有卷口搭脑的
"养和"。

高靠背椅　宋画中多见佛教主题，画中人物坐于覆有法被的高靠背
椅上（有扶手）的图例较多，这里仅举一例。佛教造像题材画，如：宋
佚名《南山大师像》（图 33）靠背高出人的头顶，高耸宽阔，好似背屏。

（二）灯挂椅

一种椅面宽较窄，靠背比较高，靠背由木板造成的椅子的最常见形
式，现代北京匠师称为"灯挂椅"。在宋画中就有此种形制的灯挂椅。
其搭脑两端挑出，因其造型好似南方挂在灶壁上用以承托油灯灯盏的竹
制灯挂而得名。灯挂的座托平而提梁高，靠背椅中造型和它近似的即以
"灯挂椅"名之。

宋画中的"灯挂椅"。宋张先《十咏图》（图 34）画中，灯挂椅有
多件。画以棋盘和承桌为中心的家具组合，"南园"山水风景情景为题
材。灯挂式有多种多样的变化，杆杖或方材，或圆材。从部件构成元素
来说，如：在搭脑上，有一木而刻三段相接之状，还有一木直搭脑两出

图 32 宝座上 "养和"，[宋] 陆信忠《十六罗汉图·迦理迦尊者》《宋画全集》

图 33 高靠背椅，[宋] 佚名《南山大师像》泉涌寺藏《宋画全集》

图 34 灯挂椅多件等，[宋] 张先《十咏图》《宋画全集》

头等；靠背板从侧面来看，最下一段接近垂直，中间段渐渐向外弯曲，到上端又向内回转，弧度柔软和自然，适合人体的曲线；靠背立柱与后腿一木连做。椅盘的形状、四根管脚张的形态、椅盘以下各个式样的券口、牙条牙头、椅正面管脚杖下的牙板样式等部件构成元素会发生不同程度的变化。一个部件的变化，会衍生一个灯挂式的新形态。《十咏图》画中的灯挂式是最为简练和基本的形态。

（三）扶手椅

笔者纵览了宋画中的扶手椅。扶手椅的形态样式都较多，画涉及的题材也较多，相比之下，宋李公麟《孝经图》广至德章第十三中扶手椅的样式应该是众多扶手椅中的基础形态，结体简洁清晰，结构稳妥。北

图 35 四出头扶手椅，[宋]李公麟《孝经图》《宋画全集》

图36 扶手椅，[宋]刘松年《四景山水图》《宋画全集》

宋李公麟（传）《孝经图》中的扶手椅为四出头椅（图35）。读览王世襄先生相关《明式家具赏析》的书籍和《故宫博物院藏明清家具全集》明清家具的资料，也可将此椅定位为宋画中扶手椅的基本样式。

元佚名《孝经图》中家具为四出头扶手椅，与此例北宋李公麟（传）《孝经图》中的四出头扶手椅外形相似，但此例是圆材，元画《孝经图》是方材。

观察宋画中众多扶手椅图像，相对扶手椅的基本样式，不难看出，扶手椅一般在椅中搭脑、靠背、扶手以及椅盘上、中、下部位变化。扶手椅式样简单或复杂的例子很多。只列举三个方面，其例如下。

1. 搭脑与靠背

宋刘松年《四景山水图》，以春、夏、秋、冬四时景象为题材。画中家具为禅椅，也是扶手椅，此椅是在扶手椅的基本样式的基础上，靠背横枨上斜装架式靠背，亦形成躺椅的功能。横靠背，横平扶手，椅盘上下的前后腿一木连做，管脚枨为"赶枨"形式，椅前面下部有双枨（图36）。宋佚名仿周文矩《宫中图》等画中的扶手椅较此例更为复杂，在此基础上施加装饰，此处不列图例。

2. 搭脑与扶手

宋陆信忠《十六罗汉图·迦诺迦伐蹉尊者》（图37）此图为十六罗汉图的系列画，各图均有"庆元府车桥石板巷陆信忠笔"款。南宋宁宗

图 37 扶手椅宝座，
[宋]陆信忠《十六
罗汉图·迦诺迦
伐蹉尊者》《宋画
全集》

图 38 扶手椅，[宋]
佚名《玄沙接物利
生图》《宋画全集》

图 39 竹扶手椅施
加"赶枨"，[宋]
苏汉臣（传）《罗
汉图》《宋画全集》

庆元元年（1195）至恭帝德祐二年（1276），宁波称庆元府。"陆信忠"
很可能就是这一时期专画道释题材的作坊，绘制者可能是相当数量的一
个群体。此系列画描绘对象罗汉，让禅宗的思想与罗汉的形象成为一种
理想的融合，画家给了很大的想象空间。从画面看，作为背景的山泽、
栏杆、家具、织物等写实描绘更像是当时世俗生活的一种再现。家具扶
手宝座，搭脑、扶手三卷云四出头上翘，出头处装饰华丽，与明清的四
出头扶手椅比对，后者在形态上有明确的传承。

3. 椅盘下的部位

椅盘下，牙条、牙头、枨子。宋佚名《玄沙接物利生图》。描述禅
宗公案玄沙接物利生的禅宗题材。画中家具扶手椅为坐面下素牙条牙头、
两侧施双枨、前后各一枨、前枨枨下素牙条牙头，有足承（图38）。

4. 管脚枨

宋苏汉臣（传）《罗汉图》，佛教题材。画中家具"竹扶手椅"施
"赶枨"形式的管脚枨。椅披较高超出坐者头部很多。（图39）。

（四）折背样

宋代的"折背样"直搭脑扶手椅，可纳入现在的玫瑰椅范畴。"折
背样"这一说法较早见于唐末李匡乂《资暇录》。《古今图书集成·经
济汇编考工典》所收《资暇录》中有一段记载："近者绳床，皆短其倚

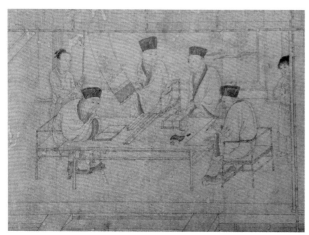

图40 玫瑰椅（折背椅）等，［宋］佚名《商山四皓会昌九老图》《宋画全集》

图41《补衮图》扬之水《物中看画》

衡，曰'折背样'。言高不过背之半，倚必将仰，脊不遑纵。亦由中贵人创意也。盖防至尊（帝王）赐坐，虽居私第，不敢傲逸其体，常习恭敬之仪。士人家不穷其意，往往取样而制，不亦乖乎！"可见折背样的意图在于正身，通过椅子规范自身的仪态礼仪，不要傲逸放纵，要有恭敬之仪，这也很好地说明了礼仪在高坐坐具中的体现，也说明中国家具形态设计中充分重视仪态的成分。到了明代的玫瑰椅常陈设于小姐闺房，应该也是继承和强调女性坐而有仪的规范。

宋佚名《商山四皓会昌九老图》，以商山四皓会昌九位老者聚会为题材。画中家具有折背样（图40）。此椅的形式简练，结构清晰，构件表现得多细瘦有劲，呈现出将框架结构发挥到极限程度的设计思想。画中9位著名文人和士大夫虽年事已高，依然坐在强调坐姿仪态的折背样椅上，画家此意为展现他们严于律己、修身养德的内心追求。

从画的"用典"来看，也可以发现若干造型的图式来源，比如"补衮图"中红烛下拈针补衮的美人（图41）。作品把握住了人物的面部和手部两处重点部位的刻画仪态放松，但坐姿很俏丽，恰到好处地塑造出一位端庄娴雅、秀外慧中的女子形象，富有浓厚的生活气息。

（五）官帽椅

官帽椅的演变主要经历了三个时期：隋唐的雏形期，宋代的成形期，明代的辉煌期。从家具的整体形态分析，官帽椅可分为"四出头"官帽椅和南官帽椅两种。官帽椅之所以称为官帽椅，是因为它的整体形状具有官帽的形象特征，而且官帽椅整体形象具有"考取功名、步入仕途的人生追求"的象征意义。官帽椅与椅的其他形态有内在的联系。

五代王齐翰的《勘书图》描绘了五代时期官帽椅的雏形。到了五代，这种"床"的形制已经与官帽椅基本一致了，这在南唐画家王齐翰的《勘书图》中依稀可见。画中人物端坐于矮桌之旁，座椅为如今四出头官帽椅的模样，虽由于历史久远，画作不堪风霜颇为斑驳，但仍能看出其对于家具描绘得很详尽。画中的坐具与后来明式官帽椅造型的最大区别在于器型较低矮，如扶手不出头颇有矮南官帽椅的风貌。

靠背椅形态有三种：一是，二出头椅子形态，即是两端搭脑出头；二是，四出头椅子形态，即是搭脑和扶手两端各出头；三是，搭脑和扶手都不出头椅子形态。依次来说，二出头椅子是靠背椅样式，四出头椅子是扶手椅样式，四不出头椅子是玫瑰椅样式。官帽椅与前两种形态椅子相似，南官帽椅则与第三种形态椅子相似。宋画图像的确凿例证，证实了一个命题：官帽椅的形制在宋代已经成形。

1. 四出头官帽椅形态

四出头，似官帽，官帽椅雏形形态。《勘书图》图中搭脑和扶手都探出头，其造型像古代官员帽翅形态（图42）。明代的官帽椅与此椅在结体上一致，可见四出头官帽椅子的基础形制在五代已有雏形。

四出头椅子形态。宋佚名《萧翼赚兰亭图》。唐御史萧翼为赚取王羲之名迹《兰亭序》，而与辩才和尚在寺庙中交往的情景题材。萧翼赚兰亭事初见于唐何延之《兰亭记》，

图42 四出头椅子形态，[五代]王齐翰《勘书图》《宋画全集》

图 43 四出头椅
子，[宋] 佚名《萧
翼赚兰亭图》《宋
画全集》

图 44 有曲搭脑和
出头曲扶手的椅
子，[宋] 佚名《琉
璃堂人物图》《宋
画全集》

并成为画家常绘的题材，如阎立本、顾德谦等就有此类作品著录，宋元
以后类见不鲜。唐代大画家阎立本根据这个故事，画出了《萧翼赚兰亭
图》。图中的三个主要人物，两个为佛门中人，一似为客人，好像刚刚
坐定，寒暄既毕，正待茶饮。烹茶之人物小于其他三人，但神态极妙。
老者手持火箸，边欲挑火，边仰面注视宾主；少者俯身执茶碗，正欲上
炉，炉火正红，茶香正浓。御史萧翼计赚辩才和尚，《兰亭序》终于来
到唐宫。当然了，"计赚"是对帝王行为委婉的说法，实质是设计瞒骗。
画中看出树根扶手椅，又名根结椅，座面与扶手间有二竖枨，靠背上覆
有椅披。座面以下：侧面有二横枨，且有二层矮老（第一层一个矮老，
第二层两个矮老），椅盘下椅前施四横枨，有足承。从形制判定此图亦
是四出头椅，但搭脑非官帽形式，按使用者的身份和用途可以定位成禅
椅（图 43）。同样的特殊情况还有宋《琉璃堂人物图》，应是五代南唐
画院待诏周文矩所创稿，其中画的是唐开元时江宁县承名诗人王昌龄和
他的朋友在县衙后厅琉璃堂下宴集的故事，画得极精，人物树石形象都
很生动。画中有僧法慎一人坐在用藤枝根结制成的有曲搭脑和出头曲形
扶手的椅子上。以上的例证从形制上和结体上判断，可看出四出头椅子
形态，为四出头官帽椅的雏形（图 44）。

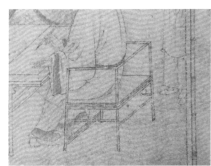

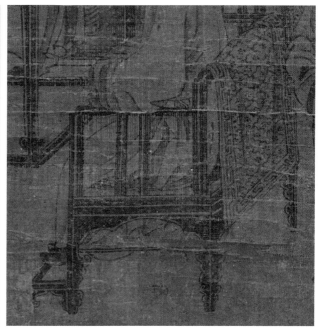

2. 无出头扶手椅形态（南官帽椅）

宋画中扶手和搭脑都"不出头"而向下弯扣其直交的枨子为特征的椅子，是官帽椅中的一个特例，我们将其称南官帽椅。例如，《商山四皓会昌九老图》（图45）画中的折背样，即搭脑和扶手都不出头的椅式家具，与南官帽椅形态有相似；《南唐文会图》（图46）中的椅子与搭脑和扶手不出头的南官帽椅相似；北宋李公麟《高会习琴图》中的两件玫瑰椅折背样（图47），椅背比扶手高一些，正是南官帽椅的形态。

（六）圈椅

圈椅之名是因圆靠背其状如圈而来。宋人称之为"栲栳样"。明《三才图会》则称之曰"圆椅"。"栲栳"，就是用柳条或竹篾编成的大圆筐。圈椅古名栲栳样，因其形似而得名，前文圈形交椅有相关讲述。它的后背和扶手形成一个圆弧形的整体的椅子，在唐代基本定型。不像官帽椅似的有梯级式高低之分，所以坐在其上，肘部和腋下一段臂膀有支撑可安放。明代《鲁班经》中记载圈椅的形制为"牙轿式"的轿椅，

图 48 桌四圈椅，
［宋］佚名《会
昌九老图》《宋
画全集》

图 49 圈椅，［宋］
佚名《十王像》
《宋画全集》

可能是因为圈椅的扶手更有助于在颠簸中保证安全。圈椅的椅背也多做成了与人体脊椎相适应的 S 型曲线，并和座面形成一定的斜面，人坐于其上，后背与靠背有较大的接触面，韧带和肌肉可以得到充分的休息，使享用者有相拥安然的体验。宋画中有圈椅图像的画卷较多，分处于不同体裁的画面中。

圈椅。与上例中的《商山四皓会昌九老图》不同，刊登于《宋画全集》第一卷第六册中，宋佚名《会昌九老图》的家具形制不同。同样以会昌九老相聚洛阳履道坊白居易居所聚会为题材。此画中有家具一桌四圈椅等。此圈椅，鹅脖较高位于坐者背之中部以上，与前腿一木连做；后腿与椅盘以上一木连做，且与椅圈榫接；椅圈与扶手相连，直靠背板接椅圈，椅圈的弧度是在扶手的部位，很舒缓，不像太师椅以卷曲的形态收尾，十分简洁，显得非常儒雅，平易近人（图48）。

宋佚名《十王像》，以地狱十殿阎罗为题材，画中有家具圈椅等。圈椅圈弧向外转出（图49）。宋代圈椅已经具备造型艺术的圆融美。从圈椅的功能看，人坐在其上，双臂支撑的舒适感油然而生。从形态上说，圈椅线型流畅，出现天圆地方的自然纯美。宋代圈椅的具体形象还可见于宋佚名《朱云折槛图》、宋佚名《无准师范像》等画中的圈椅。这类画中的圈椅，椅圈饱满，弧度张力强势，装饰繁盛，被用于表现神灵威严等题材，可见圈椅受到广泛的欢迎，备受宋代人民喜好和推崇。

（七）宝座

宝座，本指神佛或帝王的座位。后泛指尊贵的席位，即显赫的或重要的人物专用的椅子，亦指这种椅子所象征的尊位。也就是说，宝座不是一般家庭的用具，只有皇宫、府邸和寺院才有，而佛座和宝座各有不同。

在宋代，佛教传播发生了巨大的变化，从唐以前的贵族式的经院佛学开始深入社会生活，自上而下地走向民间，出现了佛教世俗化、平民化的趋势，而且也出现了具有中国近世佛教特色的居士佛教这一现象，说明佛教的中国化进一步发展。并且宋代社会推行儒、释、道三教并举，值此，宋代的佛道画得以有了大的推动。其中，家具宝座在宋画中的图像很多，为我们研究画中的家具提供了丰富的图像资源。宋画中的宝座，其数量和种类样式丰富。其中，一些扶手椅和圈椅体量较大，装饰华丽，供地位高贵的人使用，也被称为宝座。

宋画中家具宝座涉及的画的题材较多，是为宋代绘画艺术中的一道亮丽的风景。宋画中家具图像，呈现典型特征，有的富丽繁复，有的庄重肃穆，有的华丽高贵等，成为中国古典家具史料中的精粹和风景。作者对《宋画全集》中有这样特点的画类对比聚类，有楚辞类、孝道类、皇家出行类、佛教像类、释家类等等。例如，宋佚名《十王像》，宝座（圈椅，卷圈出头）；宋佚名《女孝经图》第十五章：谏诤中，壸门带托泥榻式宝座带有足承（图50）；宋金处士《十王图》第四幅（图51），宝座（搭脑和扶手向外转圈，靠背边沿亦是转圈，装饰华丽）；宋佚名《道子墨宝》第33页中（图52），扶手椅宝座（神座），搭脑伸出饰云朵，扶手向外转圈，扶手圈下与底座有钻石等饰件支撑，宝座底座为大壸门带托泥榻式底座，座牙头、牙条转云纹，装饰华丽，覆锦披，有足承。

宝座还有一典型款式，匡床上带有养和的形式。例如，宋佚名《女孝经图》（图53），匡床、养和式，形态多壸门券口托泥长榻，四足着地的匡床；匡床栏杆上置养和。

三、宋画中的凳子（杌）

（一）杌凳

方凳在古代称"杌"凳，杌字本义是"树无枝也"，故杌凳被用作无靠背坐具的名称，杌凳在宋代是高型家具的最基本一类，适用于人们的日常生活各个阶层的方方面面。其实，杌凳的使用最体现坐姿的改变，因为，人坐上去必定是垂足而坐。在宋画中有杌凳的画多，其画的题材亦广。在受众人群来说，老少皆宜。古典家具，凡结体作方形或长方形的，一般可以用"无束腰"或"有束腰"作为主要区分。小方凳亦有这两种形式，加上四面平的形式，有三种形制。宋画中几种方凳形态如下：

图 50 宝座（壶门带托泥榻式），[宋] 佚名《女孝经图》《宋画全集》

图 51 宝座（搭脑和扶手向外转圈），[宋] 金处士《十王图》《宋画全集》

图 52 宝座，[宋] 佚名《道子墨宝》《宋画全集》

图 53 匡床、养和式,[宋] 佚名《女孝经图》第十七章：母仪《宋画全集》

1. 基础形制

机凳中有相对简单的形式。如：例 1：方机凳，圆材，四枨（在同一高度上与腿子结合），无牙子等其他装饰。宋佚名《春游晚归图》画中（图 54），可作为方凳的基本形式之一。例 2：无束腰直足直枨方机凳。宋佚名《花坞醉归图》（图 55），画以醉士意态与小景山水人文意境为题材。宋人在写实的同时也追求诗意的表达，诗中有画，画中有诗。"屋角东风吹柳丝，杏花开在最高枝，春来陌上多尘土，此老醉眠浑不知。"陈旅此诗虽是题马远的作品，但《花坞醉归图》很贴切地传达了这首诗的意境。是绘依山傍水一茅屋村店，屋旁杏花遍开，屋前溪水通幽，一少妇溪边取水，前有爱犬相迎。两旁高山峻峰隔溪相望，桥上一醉士骑于驴上，童子托腋扶之，后随一人，户挑梅瓶、传肴，画面精巧和谐。曲桥流水、庭院深径、挑水妇女、醉士意态无不清切自然，是一幅人文意境很浓的小景山水。画中方凳无束腰、直足、直枨、圆腿，枨子非圆形，而作椭圆形接榫，它用断面为长方形直材倒棱后又将底面刨平造成的。在明式家具中这样的目的在于加大看面，使枨子和用材较大的边抹与腿分量相称。此形式可作为方凳的基本形式之一。

2. 脚内翻形态

宋佚名《小庭婴戏图》（图 56）。以小庭婴戏为题材，图绘竹栅栏围成的庭院中一假山，假山旁幽竹叶生，四个活泼可爱的孩童正在嬉戏，似在争抢糖食。地上有凳子、铙钹、小球等玩具。画家对孩童的表

情、心态、服饰等描绘传神，呼之欲出。画中方机凳与宋乔仲常《后赤壁赋图》中的四足榻（无横枨）腿足形态相似（图57）。例如《女孝经图》画中有四足方形机凳与《小庭婴戏图》中的机凳腿足形态相似，并且，方凳造型为"四面平式"（图58）。

3. 壶门形态

宋佚名《春宴图》。以十八学士集会宴饮情景为题材。南宋佚名《春宴图》（图59）卷（局部），故宫博物院藏。晚唐朱景玄《唐朝名画录·神品下》云："立本……图秦府十八学士、凌烟阁二十四功臣等，实亦辉映今古。"民间俗称为"十八学士登瀛洲"的治国人才遴选，为"贞观之治"打下了良好的基础，也顺理成章地成为此后历代屡图不厌的画题。画中多边形凳形态是各面壶门券口，凳为四面平式样。例2：宋马远《西园雅集图》（图60）画中，方凳形态是四面壶门四面平托泥案式凳，凳面饰软屉，托泥上四脚内翻，脚与与宋乔仲常《后赤壁赋图》（前有图）中的四足榻（无横枨）腿足形态相似。

4. 无束腰直足直枨形态

无束腰直足直枨长方凳。例如宋佚名《萧翼赚兰亭图》（图61）。画中方凳形态是无束腰、直腿、直足、直枨方木制作；凳面攒框装板，面芯以直条拼接而成；凳面大边两端有吊头伸出凳腿；四腿榫接在大边上。

宋画中有方凳的画，分布在许多不同的绘画题材中。如：儿童题材、士人题材、山水题材、人物题材、宫室题材、仕女题材、市肆风俗

图56 四面平（软屉）方凳，[宋]佚名《小庭婴戏图》《宋画全集》

图57 四足榻（无横枨），[宋]乔仲常《后赤壁赋图》《宋画全集》

图58 方凳，[宋]《女孝经图》《宋画全集》

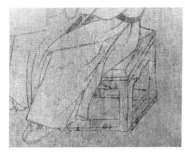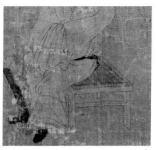

等，分处在宋人各种生活场景中，丰富的形式对应不同的审美和功能需求，其中也展示出方凳丰富的个性文化。

（二）条凳

条凳与方杌凳在形制上有许多相似之处，由上至下的透视图是一长方形与方形的区别。宋画中的条凳图像为最多，反映出的家具结体依然还是束腰与无束腰形态两类。就结构而言，条凳的结构变化规律上与方凳、桌案等结体变化有其相似之处。亦可以说，方凳、条凳为桌案等结体家具形制提供了某方面的参照。下面列举宋画中的条凳形态。

1. 无束腰直足直枨条凳

宋画图像中，无束腰直足直枨条凳的式样很多。反映出凳类家具与其他坐具等，都属于宋人日常生活中的通俗型家具，这正是说明，高型家具在宋代定型普及的状态。无束腰直足直枨条凳这一市井家具从造型和形式细节看，在部件横枨的变化上，衍生诸多不同。笔者归纳，枨子的前后左右变化在三个方面（亦是三组），即：

枨子变化在三个方面
- 前后：前后无枨　前后一枨　前后双枨
- 左右：左右无枨　左右一枨　左右双枨
- 四面：四面无枨　四面一枨　四面双枨

其中，条凳结体前后、左右有枨、无枨，一枨、双枨，这四个变化元素，两两组合成新的式样。

宋张择端《清明上河图》描绘的是清明时节北宋都城汴京（今河南开封）的繁华热闹景象，画中的条凳，这里对其形态，略举两种形式的则例：一，前后左右各一枨直足直枨的条凳（图62）；二，前后夹头榫素牙条牙头直足直枨的条凳，两侧施双枨，有侧角，板面明榫安装（图63）；画面中这种有横杖的桌子和长凳家具数量尤多，分布于整个画面，满满当当，突出街市中人声鼎沸和旺盛的消费，说明这个样式在当时的市民阶层中非常普及，可谓基本样式。

无束腰直枨四腿侧角板形条凳。宋苏汉臣（传）《罗汉图》，画中家具的形态为凳面整板，四腿方材，腿板宽度与面板厚度相同，左右各施一横枨，前后无枨，凳面板下施素牙条牙头，腿高只相当于凳面板长的四分之一左右，约与人的小腿相当（图64）。

这类画作题材的共性，在于北宋时期市肆风俗画所反映的当时古代人的生活风貌。[10]《清明上河图》曾是"一幅封建社会的社会生活的写实图"。长卷表现出如此丰富的社会生活，这是当时现实主义的历史渊源。宋朱锐（传）《盘车图》（图65）描写人力、畜力车辆行进出盘曲的山路间，或运粮、运货，或载人涉渡。此图描绘盘曲艰险的山间栈道上，脚夫们赶着黄牛驾车奋力上坡。向屋后眺望，林木尽头是无数的山峦烟岫。图中以苍浑粗括的笔墨勾勒山峰树石，风格沉郁，山石的画法受郭熙的影响，是宋人无款画中的杰作。这样的题材，代表了社会的层

图62 条凳直足直枨，［宋］张择端《清明上河图》《宋画全集》

图63 条凳夹头榫素牙条，［宋］张择端《清明上河图》《宋画全集》

图 64 条凳，[宋]
苏汉臣（传）《罗
汉图》《宋画全集》

图 65 条凳，[宋]
朱锐（传）《盘车
图》《宋画全集》

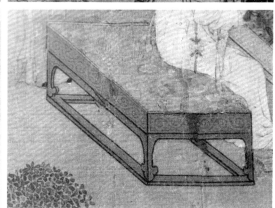

图 66 罗锅枨条凳，
[宋] 张择端《清
明上河图》

图 67 长方凳，[宋]
苏汉臣《靓妆仕
女图》

面，值此，中途驿站有人趴在桌上休息，苍浑粗括的条凳与素牙牙头清雅条凳的简洁、自然之美相映照。

5. 罗锅枨条凳

罗锅枨是坐具、桌案等家具结体中的一典型结构部件，也是一装饰件。宋张择端《清明上河图》中另一处，刘家上色沉檀店，店铺廊道内有罗锅枨条凳（图66）。

6. 长方形（带大壶门牙板线脚和托泥结构）凳

宋苏汉臣《靓妆仕女图》。画以正在梳妆打扮的仕女为题材，画面清丽，用色柔美，体现了作者敷色鲜润的特点。长方形凳、案等家具华丽雅致与靓妆仕女装扮，清丽婉约（图67）。家具图像有长方形（带大壶门牙板线脚和托泥结构）凳。

（三）圆凳

1.三足矮圆凳

宋乔仲常《后赤壁赋图》。山水画主题场景题材。此画卷是乔仲常根据苏轼的《后赤壁赋》绘制。后赋笔锋一转，江流有声，断岸千尺，山高月小，水落石出，湍流不息的江水拍打在断崖之上，气氛诡秘而阴森。画中家具图像有圆凳。

宋佚名《仿周文矩宫中图》，凳内侧有华丽的卷云纹装饰（图68）。

2."象鼻腿"圆凳

南宋佚名《盥手观花图》。画仕女数人，亭亭玉立，仕女题材。但就画风观之，乃宋人仕女面貌。此物左列湖石，上有细白花丛开，石根亦有卉草，石平处安金博山香炉。中设髹漆案，案头奁具一，镜台一，梳匣脂粉盒各一，又半截古瓶，插白花一枝，瓶下袭以罗巾，正见闺阁气味。案前朱方几，古铜觚中牡丹三朵，绯红、魏紫、玉楼春，花比拇指顶稍大，叶有向北，花若吸露。案后有朱方几一，置古盆拳石翠草，极有致。一仕女云鬟宫帔，拖地锦裙，晓妆初毕，却立盥手，回顾案前之花，容色浓艳，眉目妖冶，臂约双金，指纤脂玉。[11]画中圆杌，覆绣花团垫，彩杰陆离。圆凳腿肩上部有卷云纹牙头彩绘，并华丽装饰，圆凳凳盘上两圈鼓钉式的装饰，凳面饰有彩花，"外翻"转红色五腿，腿形"象鼻腿"，亦与"三弯腿"相似。此为仕女题材（图69）。

3.四腿鼓出足内翻圆凳

宋佚名《江妃玩月图》（图70）。[12]此画内容以皓月当空江妃与宫女

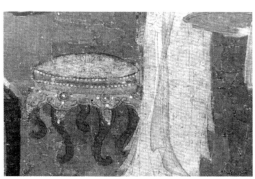

图68 圆凳，［宋］佚名《仿周文矩宫中图》《木画全集》

图69 圆凳，［南宋］佚名《盥手观花图》《宋画全集》

图 70 圆凳，[宋]
佚名《江妃玩月图》
《宋画全集》

图 71 圆凳（机凳），
[宋] 佚名《百子嬉
春图》《宋画全集》

图 72 壶门券口圆
凳，[宋] 佚名《春
宴图》《宋画全集》

空对月之情景为题材。此画又名《玩月图》，内容取自唐明皇时江妃的故事。中国古代宫廷的嫔妃制度造成了无数后宫悲剧，亦是后人吟咏、图绘的题材。相传江妃品性高洁，酷爱梅花，唐明皇一见而万般宠幸，称其为"梅妃"。其后杨贵妃为明皇新宠，江妃遭遇冷落。入夜皓月当空，后宫只空留美人对月枯坐，宫女二人，气氛幽寂清寒。画中家具图像为三足圆凳（机凳）。

4. 有束腰式圆凳

宋佚名《百子嬉春图》，此画以百子嬉春儿童题材。图绘楼阁亭院，古树翠竹，数十名孩童嬉戏其间，亭台之上，琴棋书画，台下则有舞狮、皮影、折桂等，刻画生动，笔法细腻，重在表达富贵吉祥之意。画中家具图像有束腰式圆凳，腿形弯弧有力好似明代俗称的鼓腿彭牙（图71）。另有壶门券口圆凳，出现在《春宴图》（图72）十八学士集会宴饮情景题材中。

四、宋画中的坐墩类家具

宋画中的坐墩类家具不仅用在室内，更常用于室外，有鼓墩、藤墩、高型家具等。

鼓墩。宋佚名《会昌九老图》，画面呈现既醉且欢之际赋诗画画的

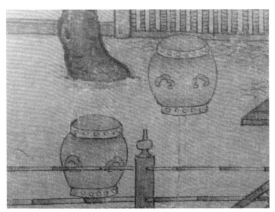

情景。本图分三个场景，鼓琴、对弈、吟诗作文。画中所绘环境雅致清幽、亭台楼榭、曲水行舟、古木修苔，体现了古文人闲情逸自的生活。图中人物造型准确、生动，建筑以界笔绘出，工隐谨严，人物及景致安排亦具匠心，是一幅精心之作，画中有一处放置着典型的鼓墩，似为石质，鼓腹彭出，并有开光，上下两端雕有周圈鼓钉，敦实可爱，份量十足（图 73）。

鼓墩（绣墩）。宋佚名《萧翼赚兰亭图》，画中有鼓墩（海棠式开光坐墩）（图 74）。此画以唐御史萧翼为赚取王羲之名迹《兰亭序》，而与辩才和尚在寺庙中交往的情景，图中萧翼坐锦墩之上，侧耳倾听，后有一仆人侍立。画作线条流畅，设色素雅，人物表情刻画生动。此锦墩较上例装饰华丽一些。

圆墩。宋赵葵《杜甫诗意图》（图 75），此画以江南竹林的恬静平远的景色为题材。全卷笔墨秀逸，画百竿修竹，林间小径、牵驴行人，以变幻多端的墨色，表现了临水竹林的郁郁葱葱和远近相叠。随之一塘清波，水面荷叶田田，临流水阁敞轩，屋后竹篱小桥，溪流潺潺。本幅后端，于墨竹掩映，荷塘环抱之中有一水阁，其中一人倚栏观赏，一童持扇，背后展一画屏。阁后又有柴门、小径、竹桥和小溪。画面典型展现文人简逸蕴藉的笔墨韵味。画中家具图像圆墩，并非鼓形的圆墩，表面柔软。在五代顾闳中《韩熙载夜宴图》（图 76）中家具圆墩，与此墩比较，形态相似。

图 75 圆墩，[宋]
赵葵《杜甫诗意图》
《宋画全集》

图 76 圆墩，[五
代]顾闳中（传）
《韩熙载夜宴图》

图 77 绣墩，[宋]
佚名《女孝经图》
《宋画全集》

绣墩。绣墩是中国传统凳具家族中最富有个性的坐具之一，由于它上面多覆盖一方丝绣织物而得名。宋代有鼓形、覆盂形等式样。宋佚名《女孝经图》（图 77）中圆墩的墩上覆盖锦绣似的织物，亦是绣墩。

藤墩。宋佚名《浴婴图》（图 78），此图展示了古人日常生活中最为常见的场景：为婴儿洗澡。画面设色淡雅明快，气氛温馨和谐，妇人的神情慈祥、婴儿的天真无邪，无不充满了浓郁的人情味和现实意义。画中的藤墩，形态座面下六圈下承托泥，墩面上绘饰花纹。宋佚名《写生四段图》（图 79），以四段写生小幅精品意境为题材。写生四段：第一段写牧马八匹、趴于古树牧童一人及古树数株；第二段绘杂树竹枝及孔雀四羽；第三段绘犬猫相戏；第四段绘怪石及戏闹黑白两犬。四段写生内容丰富，用笔精绝。画中家具图像藤墩，形态座面下四圈下承托泥，墩盘边沿似有织物饰边，底盘似有束腰，此更具墩的质感。卷绘四段写生内容丰富，用笔精绝，设色古雅，是不可多得的小幅精品。

筌蹄。筌蹄是古典家具中一种形似腰鼓的坐具。这些用具原本来自北方的胡族，以后又成为南朝士大夫阶层和玄学之士喜爱之物，从而追捧为魏晋风度的时尚用具。这一坐具在宋画中是一个小众类别，只发现了一例。宋李成《晴峦萧寺图》（图 80）中有这一例高型家具图像，原来，筌是一种捕鱼的器具，蹄是一种捕兽的工具，两者都是以竹藤编织而成，口小肚大，易进难出。后来人合称藤编的篮篓，也作家具之名，亦称筌台。从画中可见其模样，在敦煌壁画中为坐具，类似坐墩，从

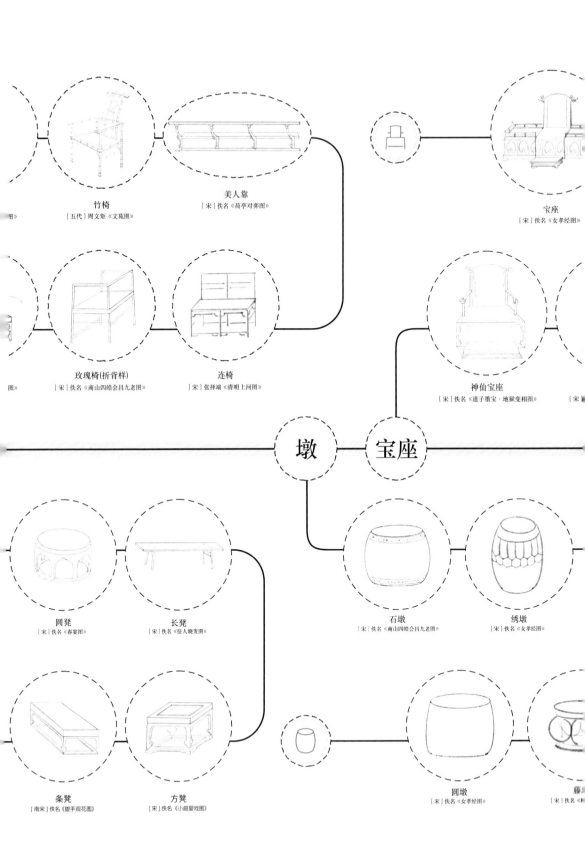

竹椅
[五代] 周文矩《文苑图》

美人靠
[宋] 佚名《荷亭对弈图》

宝座
[宋] 佚名《女孝经图》

玫瑰椅(折背样)
[宋] 佚名《商山四皓会昌九老图》

连椅
[宋] 张择端《清明上河图》

神仙宝座
[宋] 佚名《道子墨宝·地狱变相图》

墩　宝座

圆凳
[宋] 佚名《春宴图》

长凳
[宋] 佚名《征人晓发图》

石墩
[宋] 佚名《商山四皓会昌九老图》

绣墩
[宋] 佚名《女孝经图》

条凳
[南宋] 佚名《盥手观花图》

方凳
[宋] 佚名《小庭婴戏图》

圆墩
[宋] 佚名《女孝经图》

藤
[宋] 佚名

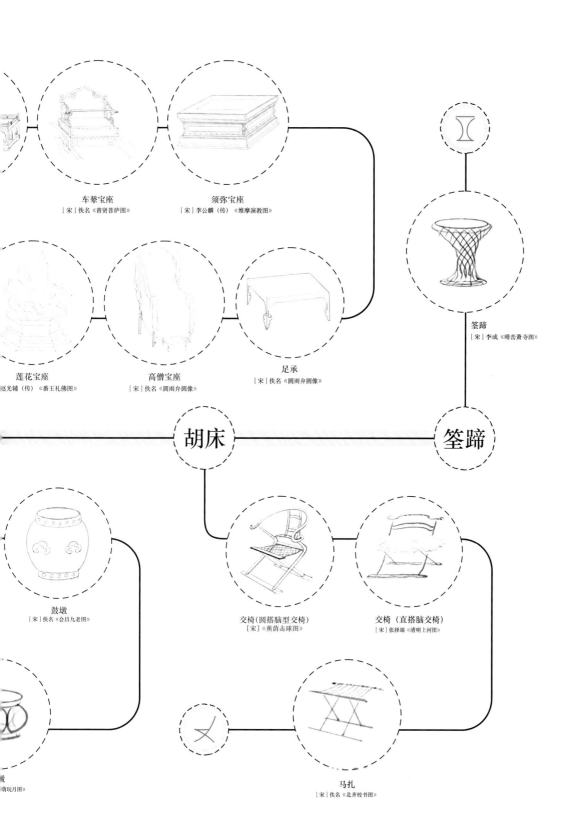

车辇宝座
[宋]佚名《普贤菩萨图》

须弥宝座
[宋]李公麟（传）《维摩演教图》

莲花宝座
迈光铺（传）《番王礼佛图》

高僧宝座
[宋]佚名《圆雨弁圆像》

足承
[宋]佚名《圆雨弁圆像》

筌蹄
[宋]李成《晴峦萧寺图》

胡床

筌蹄

鼓墩
[宋]佚名《会昌九老图》

交椅(圆搭脑型交椅)
[宋]《蕉荫击球图》

交椅（直搭脑交椅）
[宋]张择端《清明上河图》

荫玩月图》

马扎
[宋]佚名《北齐校书图》

《晴峦萧寺》中的图样可知茎台似乎可为桌子，此处可见高型家具有新发展。以此为坐具或者桌子，其原因应为编制结构非常轻，有较好的支撑力，易于搬动。

本节的重点内容：为宋画中椅类、墩类、凳类等家具类型的样本整理，并实行聚类分类。

工作研究结果：起居方式转型导致家具转型演变，最为突出的表现在坐具类，形成全新的坐具形制体系，这一命题的结论在宋画中被验证。体系中的形制，具有鲜明的汉文化特色，其子类类别覆盖了宋代家具坐具类的主要基本形制类型，且被明代家具坐具类的形制所传承。

椅类家具分为三支结体路线：一、借鉴胡床发展起来的交椅类型；二、本土营造方式发展的官帽椅类型路线；三、佛座等宝座路线。

凳类的发展与椅类的发展具有同样的规模。是民众日常生活中最普及的高型家具，子类丰富，形制齐全。

墩类形态是中国家具形制中非常特殊的一类，形成鼓的基本形制，是非常具有代表性的形态特征，成为明清家具中"鼓腿膨牙"的形制源形。

图 78 藤墩，[宋]佚名《浴婴图》《宋画全集》

图 79 藤墩，[宋]佚名《写生四段图》《宋画全集》

图 80 筌蹄，[宋]李成《晴峦萧寺图》《宋画全集》

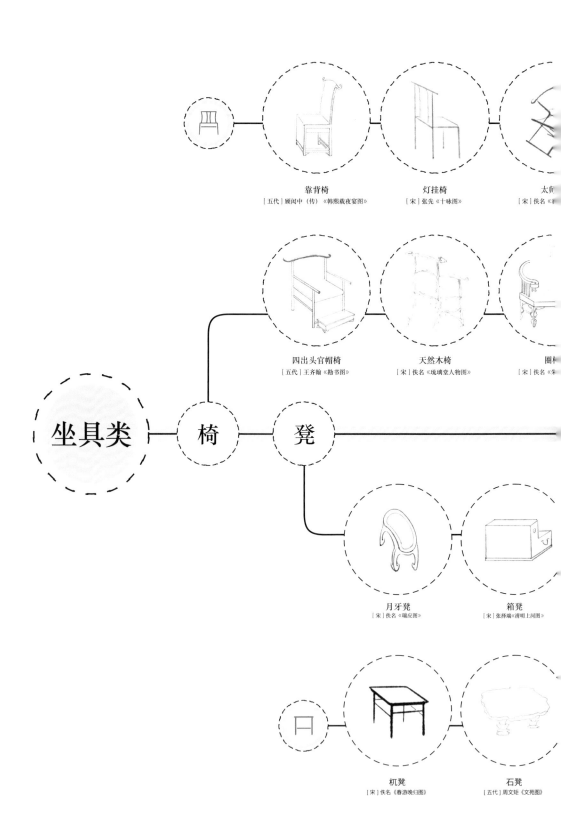

坐具类

椅

凳

靠背椅
[五代] 顾闳中（传）《韩熙载夜宴图》

灯挂椅
[宋] 张先《十咏图》

太师椅
[宋] 佚名《

四出头官帽椅
[五代] 王齐翰《勘书图》

天然木椅
[宋] 佚名《琉璃堂人物图》

圈椅
[宋] 佚名《朱

月牙凳
[宋] 佚名《瑞应图》

箱凳
[宋] 张择端《清明上河图》

机凳
[宋] 佚名《春游晚归图》

石凳
[五代] 周文矩《文苑图》

第三节　宋画中的几案桌类家具

宋画中的几案桌类家具图像样本丰富，家具齐全，品类繁多。两宋时期中国古典家具几案桌类分配格局发生了重大的变化。传统的低矮式几案明显减少，高型的桌案普及程度迅速增大。针对日常普通的承放功能，桌子已成为这类家具中的主要部分。同时，在生活优裕的家庭，在模仿几案造型的同时，形体普遍加高、加大，这就是新型的高式几案，功能也发生转化，强调文化活动的审美内涵，成了厅堂陈设的重要内容。[13] 其中，桌案类家具与椅、凳、墩类家具一起，发展成为高型家具的主体，几类家具在形制上一直未停止演变的步伐，高几、书几、香几、花几等品类在传承上创新，且为明式家具开创了宽广的格局。

一、宋画中的"几"

几是中国家中最早的家具之一，一直伴随着汉文化的发展而演变，被赋予了丰富的文化内涵。宋画图像中，绘制有几的画作有很多，涉及不同的题材和主题，以多样形式承载着不同的物质和文化的特性，同时也展现了家具史上最持久和最典型的家具在变革中是如何延续并转型发展的。

（一）高几

宋代几与文人生活密切，不仅是日常用具，更是抒发情致的载体。宋梅尧臣《和孙端叟蚕具·高几》："桑柔不倚梯，摘桑赖高几，每於得叶易，曾靡忧校披。"从形态上看，类似一高足的桌子。《红楼梦》第三回"托内兄如海荐西宾，接外孙贾母惜孤女"中，……原来王夫人时常居坐宴息，亦不在这正室，只在这正室东边的三间耳房内。于是老嬷嬷引黛玉进东房门来。……椅之两边，也有一对高几，几上茗碗瓶花俱备。

宋刘松年《松荫鸣琴图》中，几为素牙头直圆细腿四边双枨高几

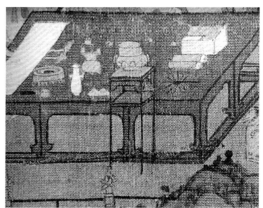

图 81 素牙头直圆
细腿方高几，[宋]
刘松年《松荫鸣琴
图》《宋画全集》

图 82 方几，[宋]
佚名《南唐文会
图》《宋画全集》

（图81）。此几形态与宋佚名《南唐文会图》中的方几（几面下有素牙
头牙条，几上部有一隔层层面，有隔板，四圆细腿，显得很简约清秀）
的形态（图82）有相似，不同之处，在于前者有素牙头并无牙条，几
上部有两隔层面，但无隔板，由四边枨子相围而成。

（二）方几

素牙头牙条细腿方几。宋佚名《南唐文会图》，图绘以文士园林雅
集的场景为题材。画中有高方几，几面下有素牙头牙条，几上部有一隔
层面，四腿圆细，显得简约清秀。此方几较刘松年《松荫鸣琴图》中的
高几相比，各有特色，此高几有素牙头并无牙条，几上部有两隔层面，
但无隔板，由四边枨子相围而成。

（三）凭几

凭几出现很早，有丰富的礼教内涵。《周礼·春官·司几筵》"掌五
几五席之名物，辨其用与其位"。这里的席是坐席，几是凭几。[14] 这里
的凭几是配合古人在席上倚靠使用，宋代的画作中席已经不为主流坐
具，凭几的作用延续到床榻上。

1.三足凭几

凭几是古时候人们凭倚而用的一种家具，一般较矮，以手扶靠或前
伏时相适应。[15] 凭几，魏晋南北朝时期最为盛行，以后渐稀，到明清生

活中久已不用。凭几有三个蹄形足的形式，几面较窄，几面后部上脑凸起一定的高度，上脑与扶手整体呈圈椅上部的半圈状，与汉榻配合使用，是供人们休息凭扶的一种家具。

如徐州汉代画像石上就有一人坐于床榻上，身体向后依靠在一只三足凭几上的形象。对于这种家具的使用，《西京杂记》中有："汉制天子玉几，冬则加绨锦其上，谓之绨几，公侯皆以竹木为几，冬则以细罽为稿以凭之。"凭几因社会地位的不同，使用与陈设方式也是有区别的。

2. 凭靠几案

唐代韩愈《代张籍与李浙东书》："阁下凭几而听之，未必不如听吹竹弹丝、敲金击石也。"清代龚自珍《明良论二》："凭几其杖，顾盼指使，则徒隶之人至。"宋代朱熹《答陈才卿书》："熹今年足疾为害甚於常年，气全满，凭几不得，缘此礼书不得整顿。"宋毛开《满江红·怀家山作》词："但等闲、凭几看南山，云相逐。"

（1）凭扶伸出部分外转圈的三足凭几。宋李公麟（传）《维摩居士图》（图83），画中以"维摩居士"禅宗题材。维摩诘居士是大乘佛法中一位著名的在家菩萨，堪称是佛陀时代第一居士，佛化家庭的最早典范。画中凭几为三足侧依凭几，凭扶伸出部分转圈。

（2）凭扶伸出部分外转的三足凭几。宋张激《白莲社图》（图84），画中长卷以东晋元兴年间（402—404）慧远于庐山东林寺，同慧永、慧

图 85 三足凭几，
[宋] 李公麟（传）
《维摩演教图》
《宋画全集》

图 86 直足凭几，
[宋] 佚名《北齐校
书图》《宋画全集》

持、刘遗民雷次宗等结社的故事为题材。画中凭几为三足凭几，跌坐时放在膝前，凭扶两端伸出部分外转。此例外转部分与上例外转圈形不同。

（3）腿饰鼓腿凭扶伸出部分转圈三足凭几。宋李公麟（传）《维摩演教图》（图 85），图绘以佛教维摩诘授教的场景为题材。画中家具有三足凭几，腿足内侧饰云纹，鼓腿足外翻，凭扶伸出部分转圈。用于背后依凭。其腿和凭扶伸出部分都装饰云纹。

3. 直足凭几。

宋佚名《北齐校书图》中有一直足凭几（图 86），此画中的凭几，为直足凭几，与"长沙汉墓中的直足几"相似。还与湖南省博物馆藏长沙楚墓彩漆庋物几形状相似。[16] 这样的凭几也称为挟轼，在日本正仓院藏品中有同类物品。

（四）书几

人们常把几案并称，是因为二者在低矮家具系统中其形式和用途上难以划清界限。几是古代人们跪坐时依凭的家具，案是人们进食、读书写字时使用的家具，其形式早已具备，而几案的名称则是后来才有的，上章内容有所讲述。几作为搁置物件的小桌子，式样繁多，用途也各不相同，名称也不尽相同。[17] 书几，则是读书写字时使用的几类家具。含有家具书几的宋画还较多，书几与画的题材联系紧密，往往作为重要的文化象征符号。书几形态概括内容可以分为：

书几形态具体分析如下：

五代卫贤《高士图》绘以"相敬如宾，举案齐眉"的故事情景。此画中的几即为曲栅横符子翘头书几（图87）。书几在宋代已发展为书桌或书案，真正的矮式书几已很少，代之而起的是在炕、榻上使用的炕几（榻几）、炕案、炕桌。与高足几案相比，炕几、炕案使用范围受限，而且在形体结构和制作工艺上较早期几案类家具有了较大改进。此书几与五代周文矩（传）《重屏会棋图》屏中榻前之几（图88）十分相似。凭几、书几的配置及使用范围亦与坐席或坐榻相关，即一般置席或榻上放书卷者可判定为书几。《重屏会棋图》的屏中榻前实际上为曲栅足翘头书几，属于唐至五代时期的几案发展形式。[18] 这种使用理念应该是文化传承和仿古形式皆有。书几的形态是经由一个一个阶段延续、传承、衍变改进而来。书几由曲栅足、有附子、翘头组成。这几个重要构建特征与每个时期的影响分不开。在初始阶段，夏、商、周时期俎类用具的

图87 曲栅横符子翘头书几，[五代]卫贤《高士图》《宋画全集》

图88 书几，[五代]周文矩（传）《重屏会棋图》《宋画全集》

图 89 下寺 2 号春
秋楚墓铜俎，河南
文物研究所藏

90 曲栅庋物几，
李宗山《中国家
具史图说》

图 91 魏晋南北朝
时期案，酒泉丁
家闸 5 号墓曲足
高案（十六国）

图 92 敦煌 103 窟
盛唐壁画中的高
坐榻前几，《维摩
诘经变》

家具大致形态，如：下寺 2 号春秋楚墓铜俎（图 89）；汉代画像中曲栅
足庋物几的家具形态、翘头几（书几）的家具形态、榻前几的家具形态
（图 90）；魏晋南北朝时期常见案式：酒泉丁家闸 5 号墓曲足高案（十六
国）（图 91）；敦煌 103 窟盛唐壁画中的高坐榻前几《维摩诘经变》（图
92）。经由所述一个一个时间段的排列展示，可以认识到书几是由俎、
案几等渊源变化而来。

（五）花几

四腿花几。南宋佚名《盥手观花图》。图绘以宫中仕女盥手观花的
场景为题材。画中有家具花几方形直腿，四腿足尖着地（图 93）。

六腿象鼻卷足花几。宋陆信忠《十六罗汉图·迦诺迦跋厘堕阇尊
者》（图 94），画面以十六罗汉图迦诺迦跋厘堕阇尊者为题材。画中家
具花几，圆盘几面，高束腰上雕饰卷云纹，束腰下象鼻形六腿外翻卷

图93 花几，[南宋]
佚名《盥手观花
图》《宋画全集》

图94 花几，[宋]
陆信忠《十六罗
汉图·迦诺迦跋
厘堕阇尊者》《宋
画全集》

图95 夹头榫细圆
腿香几，[宋]陆
信忠《十六罗汉
图·迦诺迦伐蹉尊
者》《宋画全集》

图96 香几等，[宋]
陆信忠《十六罗
汉图·苏频陀尊
者》《宋画全集》

足，腿间攀饰云纹勾连。这一花几是装饰华丽的一类。

（六）香几

1. 夹头榫细圆腿香几

宋陆信忠《十六罗汉图·迦诺迦伐蹉尊者》（图95）。图绘以十六
罗汉迦诺迦伐蹉尊者为题材。两侧双枨，前后无枨，夹头榫素牙头，细
圆腿香几。桌案类中有与此结体形态相似的条桌条案等较多。此细圆腿
香几，形态上类似后面要讲的夹头榫平头案。

宋陆信忠《十六罗汉图·苏频陀尊者》（图96）。图绘以十六罗汉
苏频陀尊者为题材。此画中的家具为两侧无枨，前后双枨，夹头榫素牙
头，细圆腿香几。形态与上例形态相似，只是双枨配置在几之前后，不
在两侧，两侧无枨。

图97香几等,[宋]
陆信忠《十六罗
汉图·戍博迦尊
者》《宋画全集》

2. 高束腰鼓腿外翻卷足饰云纹香几

宋陆信忠《十六罗汉图·戍博迦尊者》(图97)。图绘以十六罗汉戍博迦尊者为题材。画中有华丽朱漆香几,香几盘面为六边形几面,四边高束腰(束腰层饰云头),束腰下四腿鼓腿外翻卷足,腿内饰云纹,束腰下莲花瓣束。鼓腿部位似象头,鼓腿外翻卷足似象鼻,这种形态在佛画中常有出现。此香几莲花瓣花束以下与前述"象鼻形六腿外翻卷足花几"的六足圆形花几的装饰手法有相似。

二、宋画中的"案"

(一)条案

1. 宋画中的条案类型

桌或案的结构、造法大体相同,往往要根据场景中的具体功能来判断。在五代及以前桌与案的概念有使用上混淆的状况。我们可以理解,长比宽尺寸大而显狭长的,一般认识为"条案",条案认为是条形的案。在家具的演进过程中,条桌、条案和形态的数量非常多,但是没有明确区分它们的古代文献,后来王世襄先生通过明代留存的家具对于条几、条桌、条案进行了相对清晰的划分。此处我们可以借此辨别方式对应识别。条几:指由三块厚板构成的长几。或虽经攒边装板制造,但外貌仍近似厚板的长几。条桌:指腿子位于四角属于桌形结体的窄长桌。条案:指腿子缩进带吊头属于案形结体的窄长案。[19]这是王世襄先生对于明式家具中桌、案的定义。在宋代高型家具形成期,应该以具体的场景和功能判定。条案的形式有两种形式:一种是案面两端平齐的叫平头案,另一种两端高起的叫"翘头案"。宋画中的家具图像条案有其画例。

图 98 条案，[宋]
刘松年《四景山水
图》《宋画全集》

图 99 条桌等，[宋]
佚名《蕉荫击球
图》《宋画全集》

2. 宋画中的平头案

夹头榫平头案　宋佚名，《水阁纳凉图》，此画中家具案为圆材，
素牙头，两侧双横枨，前后有素牙条、牙头，枨间不装绦环板，枨上、
枨下也无牙头或牙条，腿牙结构为夹头榫结构，案面应为嵌板。画面主
人坐在前，描绘出园林幽居的闲雅状态。图绘虽是线描，配合设色，家
具的形态依然清晰。此案与明式夹头榫平头案的基本形式相似。[20]

宋刘松年《四景山水图》（图 98），画面以春、夏、秋、冬四时景
象为题材。图绘有亭中窗明几净，一老者独坐养神，厅中有一座抱鼓式
内绘山水的屏风，一派闲情逸趣的气氛。老者对面有一平头条案（长
案），案上放书卷。可当书案，情境恰如宋代诗人高翥《春霁》中描
写的景象："积雪才收云尽归，长空一色碧琉璃。日移帘影临书案，风
飐瓶花落研池。"画中条案与《蕉荫击球图》画中条桌的腿枨设置相同
（图 99），结体外形相似，两侧腿间设双枨、夹头榫腿结构，前后一枨，
直圆腿，平头细腿桌，只是前者前后一枨与案面间施一竖枨（矮老），
后者无竖枨（矮老）。

插肩式四腿条案　五代王齐翰《勘书图》（图 100），画面以勘书为
题材。三叠屏风，中间折叠，左右稍窄，屏风上着色山水，苍翠菊郁，
很是雄壮，有林木田舍、船帆桥梁等。屏前为一长案，案上置小箱和书
册、书峡等。右下角又有一书案，案上置卷册、笔砚，一卷展开，露出

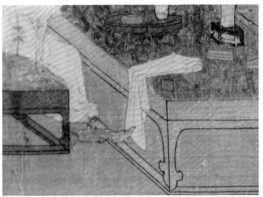

图 100 矮腿条案，
[五代] 王齐翰《勘
书图》《宋画全集》

图 101 条案，[宋]
苏汉臣《靓妆仕女
图》《宋画全集》

字迹，如宋吕本中《次韵尧明见和因李萧远五诗·其三》中描写的场景："故人飘散各穷途，诸老交情却未疏，赖有清诗在书案，时时翻读伴更初。"案的四腿雕饰云纹腿足，腿足装饰别致，面板为厚板的矮腿条案。案上摆放着书籍、笔和展开的书卷等，表示主人正在勘书的场景。案后一人，白衣长髯、袒胸赤足，坐椅上。头未戴冠，左手搬椅，右手上举，作挑耳状。面向右，阴左目，神态如生。得右侧一童子着黑衣，手持茶具。

四面平壶门托泥条案　宋苏汉臣《靓妆仕女图》（图 101），画面以靓妆仕女为题材。画中图绘仕女正坐在条凳上，镜架、化妆盘、化妆盒、粉盒等搁置在条案上化妆。家具条案，案面为四面平式，壶门和腿足在托泥上，四腿足及托泥以上结体与宋乔仲常《后赤壁赋图》画中的四足榻外形相似。

3. 宋画中的翘头案

翘头案，是中国古典案类家具中流传最为广泛的形制之一。案面两端装有翘起的飞角，故称翘头案。在明清时期主供陈设之用的承具中，翘头案大多设有挡板，并施加精美的雕刻。由于挡板用料较其他家具厚，常作镂空雕，故不少作品成为中国明朝家具木雕的优秀代表。主要形制有宋佚名《三官图·天官》中的曲栅横符子翘头案（图 102）和束腰曲栅与织物结合的翘头案。《三官图·天官》中出现一种左右两侧设有曲栅，底部没有横符子的矮型翘头案，设在榻上，明显缘于古制，可

凭靠、可承物、可书写。

宋佚名《道子墨宝》图卷中的宝座配置有织物自承面垂至（或近于）地面的案，这一类翘头案比较多，也较典型。如：宋佚名《道子墨宝·地狱变相图》第38页（图103）。其内容介绍人堕入地狱受种种罪报的真相，以此告诫世人地狱果报全是自身果报，罪与罚不是阎罗天子所施加。故期望浏览此图后，能唤醒世人明白得人身可贵，起心动念造作罪孽堕入地狱之可怕，教化信众真诚发露忏悔，即可远离罪报。画中家具条案，两侧可看见有束腰，曲栅带横符子翘头案，案正前面有织物自承面垂至（或近于）地面，[21] 织物上有细花，丝绸柔软有质感，两层束边缝制，呈现奢华之象。

4. 宋画中三种结构的案

（1）箱型结构的案

箱型结构（包括托泥结构）的案。这种形制的案，在结构上如同榻的结构，分箱型结构与框架结构，也可分为箱型结构与足离四角较远的案。对应王世襄先生在《明式家具研究》中指出：条案，是指腿子缩进带吊头属于案形结体的窄长案，[22] 显然，王世襄先生指的是后者。箱型结构的榻和案，继承了唐代案的结构特征，形态厚重，不同结体的开光方式各有不同变化。在宋画中的例子较多，此处举一例。

图 102 曲栅横符子翘头案，[宋] 佚名《三官图·天官》《宋画全集》

图 103 束腰曲栅带横符子翘头案，[宋]《道子墨宝·地狱变相图》《宋画全集》

图104 箱型结构
（包括托泥结构）
的案，[宋] 佚名
《南唐文会图》
《宋画全集》

图105 束腰托泥
案，[元] 任仁发
（传）《琴棋书画
图》《元画全集》

宋佚名《南唐文会图》（图104），图绘四文士园林雅集之场景，画面中间为一方形文案，一文士下挥洒笔墨，其余三人或坐或立作观赏状，众女朴侍其左右。画中前有荷塘，后有蕉林，左右为竹叶古木假山，环境幽雅。景物刻画精细，构图繁而有序，唯左右过于对称缺乏疏密变化，然瑕不掩瑜，不失为同类小景画中的上乘之作。画中就是一箱型结构（包括托泥结构）的大案，体量硕大，从其简洁的风格可以看出有框架思维的特征，壶门内框施小钩，构成壶门券口，牙头为弧形形态。

（2）框架结构的案

壶门托泥案 壶门托泥案运用与框架结构的案。北宋高型家具基本普及，高型家具的形制成熟化，形成了宋代独特的家具结构体系。框架结构的优势地位完全确立，代替了传统的壶门箱型结构。带大壶门牙板线脚和托泥案是家具结体的新创。宋苏汉臣《靓妆仕女图》带大壶门牙板线脚和托泥结构（图101），案面且四面平，其造法为将边抹造成案面盘（板），再把它安装到架子上去。案有壶门，四尖足承在托泥上。壶门托泥案是框架结构，框架结构的案还包括不是壶门托泥的其他结体的。

有束腰托泥案 元任仁发（传）《琴棋书画图》（四幅）棋图（图105），画面以夏景棋图为题材。图中描绘了下棋的高士，画面上的莲花寓示着夏季，作品兼备了人物画和四季花鸟画的一些特点。画中家具一案，束腰带托泥案，案面有拦水线，案之牙条与腿成角表面镶五瓣梅

图 106 石案，［宋］
马公显《药山李
翱问答图》《宋画
全集》

图 107 案，［宋］
佚名《道子墨
宝》《宋画全集》

花，牙头与腿内弧交线成角牙，案面嵌装大理石，直方腿，边沿起凹
线。此画中的案为束腰带托泥榻式，为大壶门托泥结构，与苏汉臣《靓
妆仕女图》大壶门托泥结构上是一致的，但是后者无束腰；此棋图画中
案的四足方木直接榫卯入托泥，后者画中案的四尖足承在托泥上，两者
形状不同。

足离承面四足较远的案　这种形制的案例在宋画仅仅为这里一例。
宋马公显（传）《药山李翱问答图》（图106）。画面构图形式、人物特
征、用笔形质等与马远传世作品有相似之处。画中家具图像石案（足离
承面四角较远的承具）。这种形制的案，明清以后的案例较多。其形状
见于南宋佚名《六尊者像》、宋佚名《十八学士图》（花案）、南宋李嵩
《听阮图》、南宋刘松年《博古图》、南宋牟益《捣衣图》（石案）、南宋
钱选《鉴古图》、南宋佚名《松下闲吟图》等画。

有织物自承面垂至地面的案　有织物自承面垂至地面的案，此种案
的图像较多。意在用于遮挡，体现庄严，故织物在装饰承具时体现了独
特的作用，呈现统一、庄重。由于这一类家具在宗教与政治礼仪上重要
的地位，用途广泛。作者统计宋画中就有近40幅画中出现这种形式的
案。以下仅列一例说明（图107），地府阴司判审"惩罚"罪犯的情境
题材，以宝座（神座）为中心的家具组合。案面下，束边两层织物。这
是道教题材的系列画卷之一，此系列画中，这一款型的案较多，每张画
页中案的织物花饰不同。

（二）方案

1. 束腰下施有织物的方形案

宋佚名《道子墨宝·地狱变相图》第30页，图绘以"地狱变相"题材，画中家具中有一方案。方形案，攒框案面，有冰盘沿（图108）。案面下须弥座形式，有束腰并加叠涩。

2. 四足矮榻式方形案

第98窟《南壁法华经变·信解品》（图109）[23] 五代壁画中，画中描写马厩劳动的片段，富有生活的真实感。画意喻一段佛教故事。故事人物隐含以父为释迦，穷子为僧众，家财为无上正觉。僧众安于小乘，经释迦教导而勤修大乘得无上正觉。图中长者坐在一四足矮榻形方案上讲法。这种案四足着地，与市井人家用的榫接案面的简式方形案相似。

（三）功能性的案

1. 食案

（1）食案举例。壸门券口托泥食案。宋佚名《春宴图》（图110），画以十八学士集会宴饮为题材。画中家具为食案，壸门券口带托泥案结构。与此画中方凳有相同的壸门券口。

图 108 方形案，[宋] 佚名（传）《道子墨宝·地狱变相图》

图 109 四足矮榻形方案，第98窟《南壁法华经变·信解品》五代壁画《中国石窟敦煌莫高窟》

宋佚名《南唐文会图》（图 111）。画以文士园林雅集为题材。图绘四文士园林雅集之场景，画面中间为一方形大案，一文士挥洒笔墨，其余三人或坐或立作观赏状，众女仆侍其左右。画中前有荷塘，后有蕉林，左右为竹叶古木假山，环境幽雅。景物刻画精细，构图繁而有序。此案与前一例形态相似，是文案，亦可称为食案。此案为壶门券口带托泥案结构，只是两壶门券口的形状不一样。

（2）壶门托泥无束腰式食案。壶门托泥无束腰形式，是食案家具形态中的典型形式。前一段内容论述，以上二画《春宴图》和《南唐文会图》中的食案是有托泥无束腰式榻形案，此榻形与宋马和之《诗经周颂十篇图》（图 112）和第 468 窟北壁西侧《十二大愿（部分）》中唐壁画画中两榻形同是有托泥无束腰式榻形。《诗经周颂十篇图》的榻，为前后似四壶门券口，左右三壶门券口；壁画中一房内，二佛面前分别置前后各二壶门、左右各一壶门的榻案；房外放置食物的前后三壶门、左右二壶门有托泥无束腰式榻形食案（图 113）。虽然，同为有托泥无束腰式榻形，但壶门图像在四画中互不相同。

2.画案

关于画案等案形结体，在王世襄的家具著作中，都是两头缩进的形式，如明黄花梨夹头榫画案、明紫檀插肩榫大画案等亦如此。[24]

画案在南方古有"天然几"（或写作"天禅几"）之称，到今天还被人沿用。天然几以文木如花梨、铁梨、香楠等木为之；以阔大为贵，长不过八尺，厚不过五寸，飞角处不可尖，须平圆，乃古式。照倭几下有拖尾者，更奇，不可用四足如书桌式；近时所制，狭而长者，最可厌。[25]举例如下：壶门券口托泥式画案。马远《西园雅集图》（图114），画以"文人雅集"为题材。"西园雅集"是宋代文人雅集的典型。王晋卿在西园宴集以苏轼为首的十六位文人高士，广聚贤才，期间一起作诗、绘画、谈禅、论道。史称"西园雅集"。历代以来都被认为这次的文化盛会可与晋代王羲之"兰亭集会"相比齐。画中家具为画案，壶门券口带托泥案结构，托泥下还有四足，相匹配的方凳有相同的壶门券口。此画案与苏汉臣《靓妆仕女图》中的条案形态十分相似。

明代家具中画桌、画案的宽度一般都比较宽。这主要是适合舒展纸绢，泼墨挥毫。书桌、书案较画桌、画案稍窄一些，但也不宜过窄，否则阅读书写不便，只能称之为抽屉桌了。书桌、书案必须有抽屉。凡作

图 114 画案，［宋］
马远《西园雅集图》

桌形结体的叫书桌，作案形结体的叫书案。另外如果采用架几案形式的案面较宽，抽屉安在两个架几上，此种案叫书案。[26] 这一分类判断可以作为借鉴，但在宋画中不一定完全采用，宋代的书桌书案还没有设置抽屉的图样，根据场景中的使用情况，判定宋画中的书案有以下形制。

翘头曲栅带横附子书案　宋画中，五代卫贤《高士图》（图 115）中，描绘举案齐眉的典故。其中绘制的是书写的案，放在榻上使用，举案齐眉中所举的"案"，并非指此书写案，而是指孟光手中举起的"食案"。五代时期案几桌在快速的发展中，会出现有混用的情况，这里正好显示出了两种案的使用状态。

板足书案　唐代明器中仍有板足桌案。宋代出现的方桌、长方桌案，家具结构也或多或少地模仿木构建筑梁柱框架的形式，一改唐代以前以壶门装饰为主的箱柜型风貌，四足，显得平稳简约。宋马公显（传）《药山李翱问答图》（图 116）中，描绘的是唐代刺史李翱药山问道的故事，画中的惟严僧使用的无拦水线的书案是板足案，宋代依然存在板足桌案。唐代板足桌案使用也是较为普遍的，可作食案和书桌案等。

有束腰带托泥书案　宋佚名《悟阴清暇图》（图 117）中的书案，此案为有束腰带托泥书案。元任仁发（传）《琴棋书画图·书图》（图 118），画中家具为案型结体，有束腰、带托泥书案牙条与腿弧交形成弧尖牙头，直方腿，腿沿和边沿施凹线，构成壶门券口。宋画与元画中"有束腰带托泥"是共同形态，但装饰细节上全然不同。

图 117 书案，［宋］
佚名《悟阴清暇
图》，邵晓峰《中
国宋代家具》

图 118 书案，［元］
任仁发（传）《琴
棋书画图·书图》
《元画全集》

图 119 壶门的榻式
书案，［元］刘贯
道《消夏图》《元
画全集》

图 120 四面平式
案，［宋］苏汉臣
《靓妆仕女图》《宋
画全集》

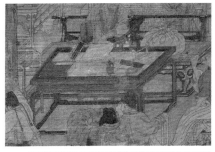

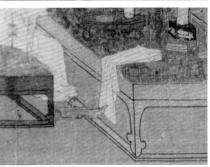

四面平壶门榻式书案 相对于案形家具图像中，案上搁置有书卷，可认定为书案。例如，元刘贯道《消夏图》（图119）中的人物是西晋"竹林七贤"的阮咸，他袒胸赤足躺卧在带壶门和托泥的床上，阮咸背后靠圆桶形隐囊，床的右侧有一张四方的每面各为一壶门的榻式案，案面下侧的牙子和四腿连为一体，腿下有托泥，案上放写卷、瓶花等，这表明是书案。元代尚保留宋初桌案的形式。这也是宋代典型的四面平、大壶门托泥结构，本书案与宋苏汉臣《靓妆仕女图》（图120）中的条案在大壶门托泥结构上具有同一性，并且两画中案面均为四面平式，但是，壶门内的装饰不同，即元画壶门内腿间有角牙，两画中案足承在托泥上足的形状不一样。

（四）供案

供案是供祭祀和礼仪活动用的家具，有供桌、供案等。以下按结体形态进行分类举例。

1.有束腰曲栅横符子翘头供案

宋佚名《女孝经图》，图绘以阐述孝道的意义和各种女性礼仪规范

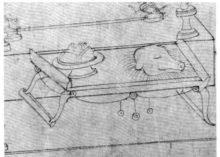

图 121 有束腰曲栅
横符子翘头供案,
［宋］佚名《女孝
经图》《宋画全集》

图 122 横符子翘头
供案,［宋］佚名《九
歌图》《宋画全集》

图 123 四腿翘头供
案,［宋］ 马和之
（传）《周颂清庙之
什图》《宋画全集》

图 124 有织物的供
案,［宋］佚名《女
孝经图》

为题材。画中家具有束腰曲栅横符子翘头供案（图 121）。此画中供案
与宋佚名《九歌图》中供案的相同点在于横符子和翘头（图 122），不
同点是后者四腿外撇落在圆横符子上，后者无束腰无曲栅。此画中供案
与宋马和之（传）《周颂清庙之什图》中供案的相同点在于都是翘头供
案（图 123），不同点是后者四足四腿也外撇，但无束腰，无曲栅，无
横符子。

2. 有织物自承面垂至地面的供案

宋李公麟《孝经图》，图绘为《孝经》孝道主题场景。画中家具有
供案，有织物自承面垂至（或接近于）地面的案。此画中的供案对比宋
佚名《女孝经图贤明》（图 124）、宋佚名《水月观音像》（图 125）和
宋佚名《菩萨像》画中的供案（图 126），其共同点在于都是有织物自
承面垂至（或接近于）地面的案。不同点在于织物自承面垂至（或接近
于）地面的织物装饰图案、材质、手法各不一样，富丽繁锦各有千秋。

3. 曲栅横符子翘头书几与曲几式供案

在宋画中有曲几式形象的"几"的画例较多，"曲几"形态兼具几
和案的功能，也按具体的环境主题来判断。如果用于祭祀等功能，有曲

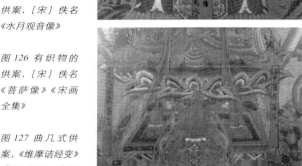

图 125 有织物的
供案，［宋］佚名
《水月观音像》

图 126 有织物的
供案，［宋］佚名
《菩萨像》《宋画
全集》

图 127 曲几式供
案，《维摩诘经变》
盛唐壁画《中国
石窟敦煌莫高窟》

几式供案。例如五代卫贤《高士图》（图 115）中的曲栅横符子翘头书
几；敦煌壁画第 103 窟东壁南侧《维摩诘经变》中盛唐壁画（图 127）
中，维摩诘坐壶门托泥顶帐榻床上，面前置曲几，也不是帷幕桌案。曲
几底部加有横符子，判断此为案。

　　曲几，由曲栅足、横附子、翘头组成。中国石窟壁画中，帷幕供案
以及有织物自承面垂至（或接近于）地面的供案很多。石窟壁画中还有
多处绘有多种经变用途的供案，大榻和大床用于做供案供养莲花的图
像，这种供案例子，在宋画的家具图像中亦有。

三、宋画中的"桌"

（一）按形态分类

　　条桌的三种形态。条桌分为无束腰、有束腰和四面平三种形态的条
桌。束腰，古代建筑学术语，指建筑中的收束部位。无束腰是指家具的
腿足、牙板直接与面板相接，腿足与牙条形成的立体空间是缩进面沿，

其结构直接吸取了建筑上的造法，家具的腿部与房屋立柱一样使用圆材。有束腰是在面板下装饰一道缩进面沿的线条，如同给家具加上一条腰带，故名"束腰"。它与唐代的壸门床造法有渊源关系，腿足与面板都通过束腰这个中间结构相连和加固，在宋画图像中的家具，出现这种造法的家具例子较多。按照明代家具的造法，四面平以粽角榫为特征，它的内部结构控制各个方向的受力，四足略挓，稳稳地挺立，不显张扬。四面平结构无论从正面、侧面、背面及上面看，均为平面。从视觉上以呈现简约，朴实之感。

1. 条桌

条桌，称为长桌或条形桌。条桌的腿牙结构，腿足与上部桌面的结合。其中包括腿足和牙子面子的结合。结合的方式有无束腰结构，即面子底面四角凿榫与大边与抹头的连接。从明清实例上来说，有束腰结构会采用的"抱肩榫"结合方法。除此以外，还有高束腰结构、四面平结构、夹头榫结构和插肩榫等结构连接桌腿与桌面的结合。[27]

（1）条桌的腿面结合模式。宋画中无束腰条桌的例子很多。作者从宋画中拍摄条桌图像的样本来看，有条桌家具图像的画共 30 余幅，无束腰条桌图像的画为多数，有束腰条桌和四面平条桌的画例较少。

①无束腰条桌。宋佚名《道子墨宝·地狱变相图》第 30 页画中，画面以天庭神祇神像情景为题材。图绘有条桌一（图 128），无束腰细腿桌，桌面攒框装板，腿牙结合为夹头榫结构、角牙雕饰云头纹，前后面施一横枨、侧面施双横枨，圆材直腿直足。

②有束腰条桌。宋佚名《道子墨宝·地狱变相图》第 30 页画中，画面以天庭神祇神像情景为题材。图绘有条桌二（图 129），有束腰条桌，束腰上饰云纹、牙头云纹雕饰、腿足内侧云纹雕饰，装饰华丽。有束腰条桌在宋代家具中的例子数量不少，例如：张训礼《围炉博古图》中的高束腰条桌（图 130）、宋佚名《十八学士图·作书》中的书桌（图131）、南宋刘松年《唐五学士图》中的束腰桌（图 132）等。

③四面平条桌。宋李公麟《孝经图》（图 137）画中，画面以《孝经》孝道题材。图绘四面平条桌，桌面下卷云角牙和腿内侧有卷云角装

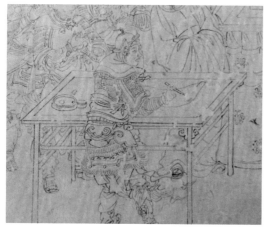

图 128 无束腰细腿桌，[宋] 佚名《道子墨宝·地狱变相图》《宋画全集》

图 129 有束腰条桌，[宋] 佚名《道子墨宝·地狱变相图》

图 130 高束腰条桌，[北宋] 张训礼《围炉博古图》邵晓峰《中国宋代家具》

图 131 束腰书桌，[宋] 佚名《十八学士图·作书》

图 132 束腰桌，[南宋] 刘松年《唐五学士图》邵晓峰《中国宋代家具》

饰。桌上放食品并附有外罩。

（2）桌面与腿的关系。条桌的形态与"四腿离桌边距离"相关。在汉代席地而坐时期，放置在床榻前面的桌案称作"桯"。江陵纪城一号墓出土中的漆木六博局图，四腿离桯边有一定距离，比信阳长关台七号楚墓出土中的漆木案四腿距离桯边小得多。后来桌的形态与漆木六博局图接近，桌腿与桌的四角的接近程度会对应不同的结构。整理宋代的图像资料，作者将这一关系归纳为两种形态：一是接近桌面四角有一定距离；二是，腿于桌面"边抹"平齐。两种结构形态，两种桌的形态。

腿接近桌面四角有一定距离的条桌 五代顾闳中（传）《韩熙载夜宴图》画中，以韩熙载家设夜宴载歌行乐为题材。画中三个式样的条桌如图（图133）所示：前后腿间设双枨、两侧腿间无枨，小巧牙头；两侧腿间设双枨、前后各设一枨，小巧牙头；两侧腿间设双枨、前后无枨，小巧牙头等桌型。

第一，同风格多幅画条桌类比。五代顾闳中（传）《韩熙载夜宴图》中的桌子共有5件，虽长短、高矮各异，看上去深黑漆、用材细劲、比

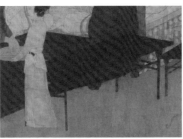

图 133 条桌，［五代］顾闳中（传）《韩熙载夜宴图》《宋画全集》

例恰当、线条精炼。均结构简洁、色调深沉、格调素雅。这 5 件桌子的两侧和前后腿间枨子的配置上都不同，且与其他画中的同形桌子在结构和形态细节上有异同之处。其中形态的共同点，正是突出了朴素无华、简洁疏朗的风格特点，使桌子具有浓厚的人文气息。我们对几例同一风格画作中的条桌及桌子图像的形态加以归纳，选定以下几例对比。

宋刘松年《松荫鸣琴图》（图 134）琴桌、宋佚名《槐荫消夏图》（图 135）条桌和宋佚名《蕉荫击球图》（图 136）条桌等，归纳为表 3-1：《桌子同类形态特点归纳表》。在宋代绘画中格调素雅桌子的例子还很多，此处仅举 3 例典型为代表。

表 3–1　桌子同类形态特点归纳表

画卷	形态造型（色泽、用材、比例、线条等）；结构；风格特点状貌
五代顾闳中（传）《韩熙载夜宴图》，5 件桌子等	深黑漆、用材细劲、比例恰当、线条精练，均结构简洁、色调深沉、格调素雅
宋刘松年《松荫鸣琴图》，琴桌等	除素牙头外，无其他装饰，造型极简、用材较细、比例恰当、线条流畅，结构简洁、色调清新、格调素雅
宋金大受《十六罗汉图》（10 幅）《第十六尊者注茶半迦尊者图》，条桌	深黑漆、用材较细、比例恰当、线条洗炼，结构简洁、色调深沉、格调素雅
宋佚名《槐荫消夏图》，条桌	素牙头外，造型极简、用材很细、比例恰当、黑漆色轻、格调素雅
宋佚名《蕉荫击球图》，条桌等	素牙条牙头，无其他装饰，自然清新；造型简练、圆腿圆枨、比例适宜、面板另饰；结构纯朴、格调素雅

第二，条桌家具的普遍性。条桌在宋代日常使用非常的普遍，分布

在宋画的各个不同的题材中。在同一幅画中条桌出现多处，说明其在宋代日常中被广泛使用。见表 3-2：《一幅画中条桌较多的图例列表》，我们可以了解其简况。其中，有一例非常具有说服力。

宋张择端《清明上河图》。画中以清明时节北宋都城东京汴梁（今河南开封）的繁华热闹景象为题材。条桌前后腿间设一枨、两侧腿间设双枨、小巧牙头；前后腿间素牙条牙头、两侧腿间设双枨，直腿；从形制上来说，有罗锅枨等形态条桌。楼上雅间中、刘家上色沉檀……店、河边三边棚店、街心店、刘家上色沉檀……店另一处、街头处、店铺廊道内、楼台廊道内、船内、算命处等，条桌的件数很多。宋画条桌图像分处的题材很广泛，使用场景很丰富。

表 3-2 一幅画中条桌较多的图例列表

画卷	题材	图例
宋佚名《蚕织图》 《宋画全集》 （第五卷二册）	题材：蚕织整个生产过程之图卷；画中长桌14处17件之多；方桌11处之多。	
五代顾闳中（传）《韩熙载夜宴图》《宋画全集》 （第一卷第一册）	题材：韩熙载家设夜宴载歌行乐的场面情景；画中条桌较多。	

画卷	题材	图例
宋佚名《女孝经图》《宋画全集》（第一卷第五册）	题材：阐述孝道的意义和各种女性礼仪规范，画中有条桌。	
宋张择端《清明上河图》《宋画全集》（第一卷第二册）	题材：清明时节北宋都城东京汴梁（今河南开封）的繁华热闹景象。	
元程启《摹楼璹蚕织图》《元画全集》（第五卷第一册）	题材：摹蚕织整个生产过程之图卷。	

五代顾闳中（传）《韩熙载夜宴图》中的条桌形态，是条桌中的一类典型式样，在桌案类家具中具有代表性。一种独特的家具形制特征独具淡雅的文人风格，这样的风格正是宋代家具的一大特色。除以上几例，还有较多腿接近桌面四角的条桌图像。

腿于桌面"边抹"平齐的条桌有两种形制：一是四面平条桌，四面平式的高桌在宋代已流行，宋人的《半闲秋兴图》中就有很好的画例，到明代发展出很多好的式样和做法，二是腿于桌面"边抹"平齐，但区别于四面平结构和做法。

四面平条桌　宋李公麟《孝经图》画中的条桌为四面平结构，桌面下和腿内侧有卷云角牙装饰，腿饰华丽（图137）。

腿在桌面边沿的条桌　画中，有的条桌腿于桌面边沿平齐，但不是四面平的条桌。如宋赵葵《杜甫诗意图》（图138）。画以江南竹林的恬静半远景色为题材。条桌两侧腿间设双枨、无牙条牙头，前后无枨，直圆腿，也是一种简练式样的条桌。宋佚名《高阁凌空图》（图139）以仕女高阁静坐观景为题材。此画中条桌两侧腿间设双枨、前后无枨，四

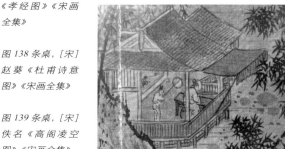

图137 四面平条桌，[宋] 李公麟《孝经图》《宋画全集》

图138 条桌，[宋] 赵葵《杜甫诗意图》《宋画全集》

图139 条桌，[宋] 佚名《高阁凌空图》《宋画全集》

腿位于四角，直腿，腿于桌面边沿平齐，但不是四面平的平头桌，也是条桌的一个标准形式。

（3）条桌腿枨子的形态变化。众所周知，中国古典家具是靠榫卯接合。故而家具特别讲究各构件对力的承接。若结构不合理，则会直接影响家具的使用安全性和耐用性。桌案作为家具中的大件器具，其结构的稳定性至关重要。除了桌面与腿子外，枨子能起到加强平衡受力与增加美感的作用。"枨"可按其部首拆解来说成一个"长木头"。《说文》中注解：枨，杖也。《尔雅》中也如是说：枨谓之楔。在古典家具中，"枨"是一个非常重要的构件。

桌案类家具，因其使用上的需求，一般直枨的位置靠上，枨上施加矮老与上面的边抹和牙条连接。我们在前面宋画的条凳形态中，对条凳枨子的变化，进行了枨子的排列与组合分析，案、桌和用途结构与凳在枨子的变化是相通的。枨子的一个变化，会导致一个结体形象和用途的变化分处于不同题材中。宋画中的条桌枨子形式变化的样本很多，在此所在画和图像一并从略，不再分类列举。

（4）条桌腿形形态。宋画中的条桌腿形总的来说，可分为粗简腿形

图 140 条桌等，[宋]
朱锐（传）《盘车
图》《宋画全集》

图 141 条桌等，[宋]
佚名《山店风帘
图》《宋画全集》

图 142 条桌，[宋]
张择端《清明上河
图》《宋画全集》

和细劲腿形两种式样，都呈现简练雅致的效果。

粗简型条桌腿形态　有的条桌扁材直腿，腿部上小下大，有侧脚，腿与桌面榫接，出榫做法。其中，如宋朱锐（传）《盘车图》画中的条桌腿（图 140）。与之相似的还有宋佚名《山店风帘图》（图 141），宋张择端《清明上河图》画中的条案都显现得苍浑粗简（图 142）。

劲细型条桌腿形态　宋画中条桌是细腿腿型的画很多。从前面分析的条桌腿的形态来说，除去"粗简型腿"之外，基本上都是细腿形态条桌的画。如：五代《韩熙载夜宴图》画中有细腿、宋张择端《清明上河图》、宋佚名《女孝经图》画中有细腿、宋佚名《会昌九老图》、宋佚名《南唐文会图》、宋佚名《征人晓发图》、宋佚名《道子墨宝·地狱变相图》画中有细腿等。条桌细腿作，与其他家具一样，体现了宋代文人在家具审美上崇尚简与淡的理念。这与宋代的文人思想和环境有着紧密的关联。宋朝尤为重视文，南宋园林凭借着优越的自然环境和文化背景，与诗书画意结合，强调文人情趣意境的表达，进一步推崇简洁疏朗的审美格调。

（5）条桌腿形态构成。唐、五代家具是宋代家具发展的重要基础。

宋代家具吸取了五代家具的风尚和特征。我们从绘画的图像中，大致可以认为五代家具是宋代家具简练、质朴新风的前奏。但是，高型家具上真正的风格应该成熟于南宋。这样的认识，是因为高型家具在宋代仍然经历了进一步积累并走向成熟定型的发展阶段。宋代高型家具的结构研究，由于缺乏实物留存在条件上受到限制，但条桌的丰富图像，以及其历史的延续性，可以成为我们分析、探究桌案形态构成的线索和对象，结合非遗工艺以图论史。

直接榫接桌面的腿构成 接近桌面四角（有一点距离）的条桌直接榫接到桌面的腿结构，这是结构工艺最朴素的方式，这类条桌图像比较多，反映了宋人大众化的生活对桌案类家具的需求。例如宋佚名《征人晓发图》（图143），图绘以远行人晓发时的情境为题材。画中，旅途客舍，天色已明，苍松掩映之下，茅舍中一士人趴在桌上，似醒未醒，店家女子正在为客舍准备晨食。室外一侍者立于行囊旁，作待发状。画家细致地描绘了客店内外晓发时的状态。画中所绘家具适应苍浑粗简的生活节奏要求，腿直接榫接桌面，并露出榫眼，有一种结构美。

夹头榫结合形态端倪 夹头榫是案形家具结体常用的一种榫卯结构。这种结构能使四只足腿将牙条夹住，并连结成方框，案面和足腿的角度不易改变，使四足均匀地承载桌案面的重量。夹头榫约在晚唐、五代之际的高桌上就开始使用，应是匠师们根据大木梁架柱头开口，中夹绰幕的启发而运用到桌案上来。宋画中的家具图像运用夹头榫桌案结体

图143 条桌等，[宋]佚名《征人晓发图》

图 144 条桌，［宋］
陆信忠《十六罗汉
图·迦诺迦跋厘堕
阇尊者》

图 145 条桌，［五
代]顾闳中(传)《韩
熙载夜宴图》

的图例较多。例如宋陆信忠《十六罗汉图·迦诺迦跋厘堕阇尊者》（图
144）、《韩熙载夜宴图》画例中条桌就是是夹头榫腿结构（图 145）。元
赵孟頫《百尺梧桐轩图》（图 146）中条桌也是夹头榫腿结构。夹头榫
腿结构在明清家具中也得以广泛传承，这样腿部的造型与其桌案形制一
同成为典范。

　　侧角　桌脚由上至下有明显的收分，这样的收分又称为侧脚。宋朱
锐（传）《盘车图》描绘了古代商旅和迁途运输的生活场景。画山中一
旅店，门前悬一酒旗，店内有旅客歇息。店前系有骆驼数峰。另有两车
正在赶往旅店的路上，一辆为数牛牵引的棚车，一辆为前拉后推的独轮
串车。除了着意刻画人物、盘车，画中的山石、树木、茅舍各有特点之
外，画中家具图像如条桌、条凳、马槽、拖车、独轮串车等也是别具匠
意。家具条桌的风格突显山野质感，两侧腿间设双横方材枨、无牙头，
前后一横枨，扁材直腿，腿与桌面榫接，为明榫，侧脚处理明显，在
造型、结构上风格独具（图 147）。与宋佚名《松斋静坐图》进行比较，
枨子的配置一样（条桌两侧腿间设双枨，前后一枨），不同的是，后者
是施素牙条牙头，直圆腿细腿桌，显然两结体的风格不同，前者适应行

图 146 条桌，[元]
赵孟頫《百尺梧桐
轩图》《元画全集》

图 147 条桌，[宋]
朱锐（传）《盘车
图》《宋画全集》

图 148 条桌，[宋]
佚名《松斋静坐
图》《宋画全集》

图 149 条桌，[元]
佚名《雪川羁旅
图》《元画全集》

旅特点略显粗简，后者彰显书雅之气（图148）。再如，元佚名《雪川羁旅图》中（图149），条桌的结构形态与本例相似，桌两侧腿间设双横方材枨、无牙头，前后一横枨，扁材直腿，有侧脚，腿与桌面榫接。后者元画中的条桌正是商旅投宿旅店中的家具。

粽角榫结合形态的端倪　在明式家具中，腿与边抹的结合，是桌、案、柜、架等家具上部腿与边抹构件的结合，这一种结合的榫卯用"粽角榫"结构。即四面平式的家具是用"粽角榫"的。家具的每一个角用三根方材结合在一起，由于它的外形近似一只江南粽子的角，古代以此名用之。从图像上可以看出此造法形成的每一个角的三面都是45度格角，聚合到一点共有6个45度角，故称"粽角榫"。使用今天的语言，也能言之成理。[28] 在宋画家具图像中，四面平式家具的图像较多，但非实物，所以目前只能推测，以结构的角度分析判断，从形态上，笔者认为，明代家具中以精细的结构见长者，是由宋代发展而来的。在宋画家具图像中"粽角榫"以及四面平式等家具结构，已见端倪。"粽角榫"以及四面平式家具结构源于对宋代家具的传承。传承至今的原因，在于它源于宋人的生活匠艺，并通俗耐用，故予能保留。似棕角榫结构的家具画例较多。例如宋李公麟《孝经图》中的条桌，四面平条桌，桌面下和腿内侧有卷云角牙和腿饰。桌面下与桌面平行的两条实线勾勒将近到垂直（接近）腿面，桌角之处，看似用笔线简，但尚能辨清确认是棕角结构。其理由是四平式有两种造法，其一，桌盘与腿部框架榫接的方式，排除这种先造桌盘，再安装到由四足及牙子构成的架子上，中间加栽榫连结，图绘的面板之下应还有长方体直牙条，这里的图像上没有（桌面之下再无另外的平行线条）。所以，此家具结构应是四面平式的第二种：即"棕角榫"结构。李公麟作为文人画家，其作品大多以单纯的白描为主要的表现方式，但其作品依然能够不显得单调。苏轼称赞他"龙眠胸中有千驷，不惟画肉兼画骨"之技艺，同时也印证，画中的家具刻画与宋时的家具形制规律相符合。

下看另一例元画四面平长桌。元盛懋《松荫高士图》（图150）中，以江南小景山水为题材。画中的长桌为四面平式，壶门牙条、牙头，牙

图150 四面平式长桌，[元] 盛懋《松荫高士图》《元画全集》

条形成壶门式弧线，牙条和转弧形成尖角，即牙头。此桌呈现华丽的装饰构造，与盛懋作品中的江南景山佳作相映照。此四面平长桌的结构，是以桌盘与架子榫接的方式结合。桌盘以下有壶门牙条，四腿与牙条构成下架，桌盘再与下架榫接。

2. 方桌

有方桌图像的画收集了 26 例，归纳为以下的形态。

（1）有束腰方桌。宋佚名《消夏图》（图 151）中有一束腰式方桌，宋佚名《道子墨宝·地狱变相图》（图 152）中亦有一束腰式条桌，前后两画的题材不同，第一例以消夏为题材，后例以神祇神像情景为题材。第一例方桌，桌面上部喷出、下部收入，显示冰盘沿；桌面四周起边沿拦水线，桌沿打洼，面沿起拦水线的设计，可防止案上雅物的掉落，此为文人非常经典的设计；四角为展腿式，腿上端拱肩外翻卷云纹，下端展腿，牙头和腿内侧云纹装饰华丽，足内翻卷云纹尖足着地；后例条桌，束腰上饰云纹、牙头云纹雕饰、腿足内侧云纹雕饰，足内翻卷云纹尖足着地；前后两例方桌与条桌只是"有束腰"形式一样，华丽装饰的倾向相似，装饰细节各有不同。上述第一例展腿式方桌形态在

图 153［明］黄花梨花草纹展腿方桌，朱家溍《明清家具》

明代有传承。例如明黄花梨花草纹展腿方桌（图 153），桌面下有束腰，壶门式牙条，边线与腿足结合处浮雕花草纹。两侧腿间装双横枨。四角为展腿式，上端拱肩三弯腿外翻马蹄，下端活动式圆形展腿，可以分解。展腿成为明式家具的常见做法，多可开合。[29] 可见这一用于高型家具上的装饰手法已启于宋代，在明代是大为发展。

（2）四面平式方桌。方桌的图像很丰富，说明使用很普及。宋佚名《百子嬉春图》（图 154），以百子孩童嬉戏情景为题材，画中四面平式方桌，腿和四面边沿打洼，腿足内钩，腿间成壶门，形制简练。这一图样也是非常典型的粽角榫结体形制。

宋佚名《调鹦图》（图 155），以仕女调鹦焚香的场景为题材，画中四面平式方桌，与宋李公麟《孝经图》中的四面平条桌（桌面下和腿内侧有卷云角牙、有装饰）有点相似，但前例较后例装饰上又更为华丽一些。

宋佚名《聘金图》（图 156），画以两国使者会面的场景为题材，画中有四面平大方桌（与四腿榻同类腿饰），与宋乔仲常《后赤壁赋图》足底内翻（似马蹄）足相似。画中四面平大方桌脚足底内翻还与南宋赵

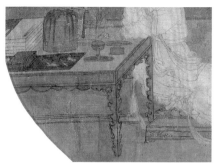

图 154 四面平式方桌,[宋]佚名《百子嬉春图》《宋画全集》

图 155 四面平式方桌,[宋]佚名《调鹦图》《宋画全集》

图 156 四面平大方桌,[宋]佚名《聘金图》《宋画全集》

图 157 小方桌,[五代]卫贤《高士图》《宋画全集》

图 158 四足榻,[宋]佚名《摹顾恺之洛神赋图》《宋画全集》

大亨《薇亭小憩图》中的四足榻足底相似。

（3）壶门方桌。五代卫贤《高士图》（图157）。画中有小方桌，桌面攒板，四腿间牙头和腿内侧凸起，形成壶门状，足底内钩。此桌足底内钩与宋佚名《摹顾恺之洛神赋图》（图158）中四足榻（无横枨，直腿），足底内钩，两者"内钩"这一点是构成壶门的条件之一，也是相似点，其腿饰、牙条、牙头细节有别。

（4）方桌枨子变化导致结体变化。方桌形态与枨子变化相关。当家具重心过高，会需要附加横枨连接中空的部位以加强它的稳定性，再则，宋画中家具强调空灵简洁的感受，添加横枨对于家具整体形态有直接的影响。宋画中同一形态的方桌在不同题材的画中都有出现，区别往往在于腿部横枨的不同，宋画中有如此多与此款型相似的家具，并在此款型上发展出很多相似、相近的新形态。这也正是家具对应宋人生活的新形态的呈现。

宋画中夹头榫式样的方桌在方桌枨子的形式上有这样几个子类：腿接近桌面四角（两侧双枨，前后一枨）方桌、腿接近桌面四角（两侧双枨，前后无枨）方桌、腿接近桌面四角（四侧各一枨）方桌几个类别，以及方桌四个面，枨子所有状态的排列组合，都有其关联关系。在此不做分类列举。

（二）按功能分类的桌

1.宋画中桌的功能类型

（1）酒桌。整体比较矮而窄，以带吊头的为常式，鲁班馆匠师称之曰"酒桌"。它们显然是案形结体，却被称曰"桌"。因为在五代以前，桌与案在人们的日常生活中，是不大区分的。宋代桌形家具有了大的发展，才逐渐明晰和分野。《韩熙载夜宴图》等画中的条桌，也有作酒桌使用的。王世襄先生曾说酒桌到了明代，仍不外乎夹头榫和插肩榫两种造法。[30]言下之意，宋代就形成了这两种榫的结构和相应的形式。但从文献上看宋人并没有人从名称上去区分这两种形式，从此前的古典家具著作中，未曾发现有关宋代具体榫卯结构的典籍。但是，夹头榫和插肩榫等腿牙结体的形态概念已经明确。

这里列举一例宋画中的案形结体酒桌。邵晓峰的专著《中国宋代家具》将宋马远《西园雅集图》中的一例定为酒桌。画以"文人雅集"为题材，画中家具有酒桌，[31]形态为有束腰榻形桌，四侧壸门券口，四牙头足着地（图159）。

（2）书桌。书桌、书案，顾名思义，就是用于读书的桌，相对于画案会窄一些。以下列举宋画的书桌一例。

宋刘松年《秋窗读易图》，图绘以秋窗读书为题材。腿接近桌面四

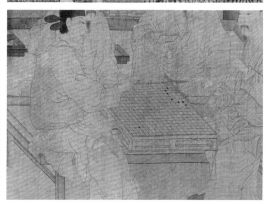

图 159 酒桌，[宋]
马远《西园雅集
图》《宋画全集》

图 160 书 桌 等，
[宋] 刘松年《秋
窗读易图》《宋画
全集》

图 161 书桌，[宋]
张择端《清明上河
图》《宋画全集》

图 162 棋 桌，[五
代] 周文矩（传）
《重屏会棋图》《宋
画全集》

角，缩进一点距离，类似于条桌（图 160）。

书桌。《清明上河图》描绘的大量桌凳，在沿街店铺中，荟萃了北宋末年市井家具，形象地展现了人物活动和各种店铺的特色。其中在下图的一角落绘制了一张宽大的桌子（图 161），虽然绘制的是书桌的背面，且绘制不完全，但从已有的图像推测，这张桌的形态与明代书桌的形制非常像。明代这个形制的书桌带有抽屉，而且两面正反都设。

（3）棋桌。棋桌，一般是方形或长方形，另加活动的桌面；加盖时可作一般桌子使用。桌面上刻有棋盘，相对设有角箱，可放棋子用。按使用者的要求，有多种做法和款式。

五代周文矩（传）《重屏会棋图》，图卷以李璟与其弟景遂观景达、景边对弈为题材。图绘二人对弈，二人旁观，一童子侍立于右。榻上陈列投壶、漆盘等物。四人身后屏风上绘白居易"偶眠"诗意，而屏中之屏则绘山水。故画名曰"重屏"。画中家具棋桌放置在四足榻上，画中

这盘棋是有特定意义，布局中南唐君主李璟设定的主位继承人序列与弈棋者的座次恰好一致，画中棋桌也是精心设计。棋桌为壶门券口托泥榻式（画之正面二壶门券口）（图162）。另有棋桌出现于宋佚名《瑞应图》中（图163），此图卷以歌咏太平盛世为题材。画中家具棋桌是一种与大壶门托泥式案结体相同的做法，非常特殊，体现了其很高的规制。

（4）琴桌

宋佚名《会昌九老图》中家具有琴桌（图164）。此琴桌腿接近桌面四角，是两侧双枨，前后一枨的形态。北宋赵佶的《听琴图》（图165）中也绘制了一件琴桌，这件琴桌带有宽厚的音箱，四面的嵌板装饰有纹样，琴箱下有刀牙牙板支撑，细直的四腿着地，左右各有两根横枨。桌面芯板推测应为其他材料，表面为斑驳状。前述中已经介绍一例为夹头榫条桌，在宋刘松年《松荫鸣琴图》（图166）以琴桌出现，说明此形制在宋代也可作为琴桌使用。

图 163 棋桌，[宋] 佚名《瑞应图》《宋画全集》

图 164 琴桌，[宋] 佚名《会昌九老图》《宋画全集》

图 165 琴桌，[北宋] 赵佶《听琴图》《宋画全集》

图 166 琴桌，[宋] 刘松年《松荫鸣琴图》《宋画全集》

本节对画中的几、案、桌类家具的子分类进行了系统研究。比对方法为：贴近凭几、书几、高几、梳背曲几、条案、供案、条桌、方桌等特色家具品种，以研究宋画家具形制为目标。同时对这些样本的分类和定名采用样本作引、史料引证、典籍考证、书籍佐证多重互证的方式定名与寻微。

工作研究结果表明：桌案几类家具体系形成了三种各自独立的桌案类型的分支，形成了比较清晰的功能属性和丰富的形制。

几类在低矮家具体系为倚靠和承具功能，在高型家具系统中已经全部转化为承具；随着高型生活方式的发展，几发挥其蕴含的文化内涵和审美功能，扩展出新的具有陈设功能的品类，有花几、香几、琴几等。

桌案的样本非常多，直接说明高型家具在宋代生活全面普及。案类继承低矮家具发展的功能和文化的属性，也继承了其典型的形态特征，形成了对应的高型形制，以书案、祭祀供案、食案为主的类型。在案的基础上分化出桌类，桌为日常生活中最为普及和贴近大众生活的类别，相比于案类，桌类在形制和结构上相对质朴简洁，使用广泛而随意。

通过以上研究工作，证实宋画中高型家具几、案、桌类家具资源信息全面，高型家具形制完备，建构了宋画中高型家具几、案、桌的分类体系。

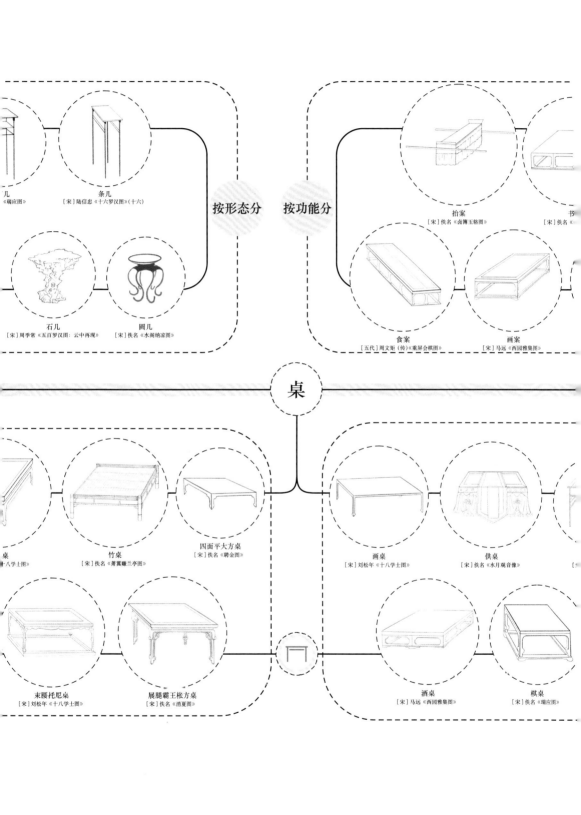

几
《瑞应图》

条几
[宋] 陆信忠《十六罗汉图》(十六)

石几
[宋] 周季常《五百罗汉图：云中再现》

圆几
[宋] 佚名《水阁纳凉图》

按形态分　按功能分

抬案
[宋] 佚名《卤簿玉辂图》

书
[宋] 佚名《

食案
[五代] 周文矩 (传)《重屏会棋图》

画案
[宋] 马远《西园雅集图》

桌

桌
十八学士图》

竹桌
[宋] 佚名《萧翼赚兰亭图》

四面平大方桌
[宋] 佚名《聘金图》

画桌
[宋] 刘松年《十八学士图》

供桌
[宋] 佚名《水月观音像》

束腰托尼桌
[宋] 刘松年《十八学士图》

展腿霸王枨方桌
[宋] 佚名《消夏图》

酒桌
[宋] 马远《西园雅集图》

棋桌
[宋] 佚名《瑞应图》

第四节　杂项类家具

不同于以上三类功能的家具，器物形式变化均较少，不足以单独构成一个大类，在此合并为一个类，且以杂项类命之。其品种分列为：屏风、架、台、橱柜、箱、盒、火盆及其他子类。

一、宋画中的屏

屏风在中国古代的家居装饰中非常重要，只是因为在现代的家居装饰中不常见到，所以很多人会觉得比较陌生。古代的房子是架构的，靠一些临时性的隔断，比如屏风、屏挡来隔断空间，以保持一定的私密性。宋画中屏风的类别有座屏风，折屏、挂屏、围屏、枕屏和榻屏等。宋画中的屏风图像形态在明清家具中都有传承。

（一）座屏风

座屏风以三扇或五扇为常式，亦称"三屏风""五屏风"，多摆放在宫廷殿阁、官署厅堂的正中，位置固定，亦可视为建筑的一部分。相对于围屏和折叠屏，宋画中座屏风为数最多。

宋画中的座屏风图像有"座屏风"和"插屏式座屏风"之别。放到床榻上的座屏风称为"枕屏"，放在书桌上、画案上的或称为"砚屏"。"砚屏"可以放在条案上和青铜鼎彝、玉山英石等摆在一起，实际上就是陈设用品。而插屏式座屏风分为板芯和底座两部分，是板芯可以插进去或拿下来的小屏风，也多放在书桌画案上，作为陈设。

1. 座屏风的品类

（1）座屏的分类。座屏风一般有底座，宋画中的座屏风底座有两种形式，一种是座墩"抱鼓"式，即，"抱鼓"式的插屏；其中，屏的底座用两块厚板作为墩子，底座上树立柱，以"站牙"（即《鲁班经匠家镜》所谓的"桨腿"）抵夹[32]，这个墩子本文以"抱鼓"称

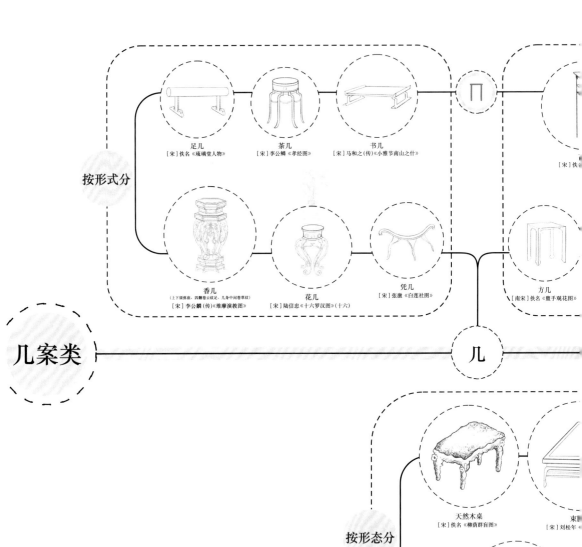

几案类

按形式分

几

足几
[宋]佚名《琉璃堂人物》

茶几
[宋]李公麟《孝经图》

书几
[宋]马和之(传)《小雅节南山之什》

[宋]佚名

香几
(上下层束座、四腿卷云纹足、几身中间卷草纹)
[宋]李公麟(传)《维摩演教图》

花几
[宋]陆信忠《十六罗汉图》(十六)

凭几
[宋]张激《白莲社图》

方几
[南宋]佚名《盥手观花图》

按形态分

天然木桌
[宋]佚名《柳荫群盲图》

束腰
[宋]刘松年

刀牙条桌
[五代]顾闳中(传)《韩熙载夜宴图》

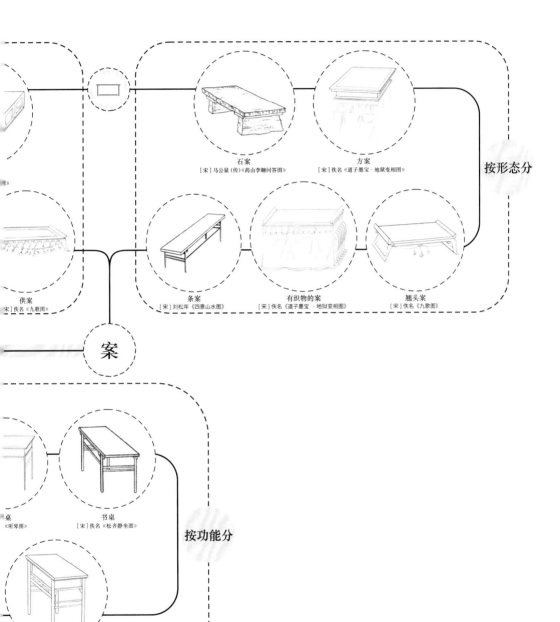

石案
[宋]马公显(传)《药山李翱问答图》

方案
[宋]佚名《道子墨宝·地狱变相图》

供案
宋]佚名《九歌图》

条案
[宋]刘松年《四景山水图》

有织物的案
[宋]佚名《道子墨宝·地狱变相图》

翘头案
[宋]佚名《九歌图》

按形态分

案

书桌
[宋]佚名《松齐静坐图》

按功能分

抽屉桌
[宋]佚名《玄沙接物利生图》

之。另一种形式是屏框与底座连为一体的形式。二者中"抱鼓"式插屏的形制为最多。

（2）插屏的分类。插屏的种类繁多，尺寸不一。插屏是屏扇与屏座可分离的座屏、砚屏等的统称，这样的拆分，方便制作、搬运和安装。插屏的形体有大有小，并且差异很大，可凸现审美情趣。

观察宋画中的家具图像可知，宋代屏风有直立板、多扇曲屏等样式，其功能多趋于实用，被归为家

图 167 "抱鼓" 插屏，〔五代〕顾闳中（传）《韩熙载夜宴图》

具的一种，主要用于遮蔽和做临时隔断，大都是接地而设。例如五代顾闳中（传）《韩熙载夜宴图》（图 167）中的直立板式插屏。

插屏面芯的多样化是宋代插屏的一个特点。供人赏玩是插屏的主要功能，而插芯则是赏玩的主体，这也是座框选材单一，插芯材质却能多姿多彩的原因。宋画中的屏风以画屏较突出。画屏面芯的内容以山水画最多，其次是花鸟画。如宋佚名《十八学士图》等宋画中描绘了形式多样的画屏。

要了解宋人生活，屏风家具可以作为一个窗口。宋画中有座屏风图像分布在宋画各主要画类中。其题材广泛，适应宋人生活的绘画场景多，内容尤其丰富。

2. 座屏风的式样甄例

家具的式样是由家的品类派生出来的。宋画画中的座屏风图像，看似色调以朴实简淡为多，但是图像呈现的具体式样、款式很多。

（1）"抱鼓"式插屏座屏风。"抱鼓"形制，屏风的底座上有形似鼓的圆墩对称排列，视觉上好似将立屏左右压住。屏风上抱鼓的形制来源于建筑的"抱鼓石"。鼓的形态来源应为古代军用的枹鼓，亦有学者认为是府衙的鼓。抱鼓形制在建筑上具有结构和文化的多重意义，"是最

能标志及屋主等级差别和身份地位的装饰艺术小品"。[33]

（2）抱鼓屏风的底座有槽，便于屏板插入底座。在其座上靠插槽的两边，两圆与槽紧靠；两圆从侧面形成三角的稳定结构，在三角形弦（直角三角形的斜边）的位置，"抱鼓"形象可为圆盘或圆球等形态。无论哪一形状，都遵循三角形的稳定性原则。结构上形成十字架，名之谓"抱鼓"，例如插屏"抱鼓"式（图 168）。宋佚名《女孝经图》第二章：图中后妃身后的插屏底座，看上去似两圆盘。这个屏风特别之处在于其屏面不是镶板或者附画，而是以织物覆盖其上，使用于户外，视觉上重量较轻，相对方便移动，织物面增添了一份柔和温情的感受，笔者在此称为抱鼓式"织帘屏"。

（3）落地式固定座屏风。在宋画中居室内有一种落地的屏风，它与天顶和地面相接的状态，也作为背屏之用，在此称为"落地屏"。这种形式的屏风，一般陈设在厅堂的显眼之处。固定在地面上，也有两种形式，一种看不出墩体，板屏的两框固定在地面；另一种板屏的两框只显现一层台基，例如柱间固定式座屏风。宋佚名《吕洞宾过岳阳楼图》，门厅中固定式座屏风。宋李唐《晋文公复国图》（图 169）以晋文公复国题材场景，屏风固定在当厅之中。

（4）枕屏与砚屏甄例。小型座屏风，放置在不同地方，功能不同，名称不同。例如宋佚名《荷亭婴戏图》（图 170）中，儿童玩乐情景题材，小型座屏风在儿童玩乐的榻上，故为枕屏。元任仁发（传）《琴

棋书画图·棋图》（图 171）中，以夏景棋图为题材，在有束腰平头条案（边沿起凹线，四腿起皮条线）上放置小座屏（座墩"抱鼓"式）为砚屏，多以玉、石、漆木为之，是古人写字研墨，置于砚端以障风尘之屏。

图 170 枕屏，［宋］佚名《荷亭婴戏图》《宋画全集》

图 171 案上砚屏，［元］任仁发（传）《琴棋书画图·棋图》《元画全集》

3. 榻屏

（1）宋画中的榻屏。榻屏也称枕屏，亦是榻旁屏风的一种。

宋佚名《槐荫消夏图》，以消夏为题材，即描绘高士槐荫消夏的场景。图绘盛夏庭院中老槐浓荫下，矮榻中一高士，袒胸露腹地仰卧在床榻之上，不知是已经入眠，还是在半梦半醒之间，神情洒脱自然，榻上的足几垫起两只光脚，鞋却被随意地扔在了榻下。榻旁有屏风、桌案、书卷、纸砚等物，意境清幽。画中勾勒细劲，流畅自如，设色古雅，体现了宋代人物画沉静、肃穆的审美情趣。画左侧中有榻屏，抱鼓式的结构方式用在很多屏风的种类中，说明这一结构和式样在当时有很高的普及性。

（2）宋元画中榻屏例之比较。元画中榻屏传承了宋画中榻屏的形态。例如宋佚名《槐荫消夏图》中的榻屏，画中的榻屏座墩"抱鼓"两圆盘，在墩插槽线之上下相接。元王振鹏《观音图》（图 172）以佛像为题材。画中有榻屏，此图绘制的榻屏，尺寸很大，榻屏其高相当于观音坐榻的三倍还多，形态非常特殊，有明显的佛教装饰艺术的特征。两榻屏屏芯图案内容不同，宋画榻屏屏芯为山水画，元画榻屏芯为佛教装

图 172 榻屏,［元］
王振鹏《观音图》
《元画全集》

饰图案。榻屏"抱鼓"式样上有相似之处,显现座墩图案上圆盘所处的
位置有差异,元画中的榻屏座墩"抱鼓"两圆盘,居墩插槽的两侧。

（二）折屏、围屏

曲屏又名"围屏""折屏",是一种可以折叠的多扇屏风,落地摆
放,采用攒框做法,扇与扇之间用铜合页相连,可以随时折开。[34] 多为
多屏式的折屏风其中又以三屏式居多。

折屏是中国古代居室内重要的家具、装饰品。其形制、图案及文字
均包含有大量的文化艺术信息,既能反映当时文人雅士的高雅情趣,也
包含了人们祈福迎祥的精神内涵。丰富多样的折屏,还凝聚着古代手工
艺人的创意智慧和非凡技能。折屏一般陈设于室内的显著位置,起到分

图 173 三折屏风，
[五代] 王齐翰
《勘书图》《宋画
全集》

图 174 三折屏风，
[五代] 周文矩（传）
《重屏会棋图》《宋
画全集》

隔、挡风、协调、陈设、美化环境等作用。它与其他古典家具相互辉映，相得益彰，成为家居装饰不可分割的整体，呈现出一种和谐之美。

围屏是一种可以折叠的屏风。一般有四、六、八、十二片单扇配置连成。折屏因无屏座，放置时折曲成锯齿形、或曲线，故别名"折屏"。围屏屏扇屏芯装饰方法很多，一般有素纸装、绢绫装和实芯装，又有书法、绘画、雕填、镶嵌等，表现形式多样。

折屏与围屏形态上有直接的联系，《宋画全集》的样式非常丰富，归纳为以下几种。

1. 画中三折屏风家具画例

五代王齐翰《勘书图》，人物类画类，画以勘书为题材，即描绘勘书的场景。画中居室内放置一大而高的三折扇屏风（图173），中间与左右扇连接处各有四个屈膝钮，上画山水，屏风的两端有承托，似一卧虎。中间的一扇巨型屏风，比床榻高约三倍，约等于站立的两个侍者身高。

五代周文矩（传）《重屏会棋图》（图174）。人物类画类，画的背景是南唐君主李璟设定的主位继承人序列，序列与弈棋者的座次恰好一致，昭示了李家王朝的继位顺序。画以重屏会棋为题材，描绘李璟与其弟景遂观景达、景边对弈的场景。

画面上画着两人坐于榻上对弈，两人坐在后面观局，神情集中而态度自然，左右有一童子侍立，后面有文征明的题跋，抄录如下："右周文矩所作会棋图，乍展徽庙金题，殊不解重屏何义，及细阅之，二人据胡床对弈，二人端坐观局，各极其神情凝注之态，旁设一榻，陈设衣筒巾筐，一童子拱侍而听指挥，上设屏障，障中画人物器皿几榻，色色高古，后作一小屏，山水屏次掩映，体认方得了了，始悟重屏之名有以也。"文征明的题跋不仅描绘了画中人物和布景的情态，而且说出了"重屏"之名的由来，用现代语讲，就是"屏中之屏"的意思。据王明清的《挥麈三录》上载，画面中间高冠端坐之人，是南唐中主的李璟肖像，人物描绘得很有个性特征。[35]

图绘屏风画中绘有三折屏风、壶门榻等家具，并于三折屏风上绘山水画。故此图得名为"重屏"。此例与上例五代王齐翰《勘书图》画中的三折屏风形态上相似。

2. 画中家具五折屏风画例

宋佚名《蚕织图》以蚕织为题材（图 175），即描绘蚕织的场景。画中家具有类似五折屏风形式家具等，宋代的手工业者生产和生活往往在一起，家具中也包括生产用具。画中家具和蚕织相关的工具都出于同一屋檐下，五折屏风形式家具在开敞的空间中围成似圆筒的一个区域，在这个区域中蚕蛹繁殖在屏上，此工序叫燠茧。"燠茧"是在成蚕吐丝做茧期间，人工在蚕室内加温，并调节湿度，以折叠屏围成的独立区域，蚕宝宝散布在屏芯上，中间放着炭火盆，一老者蹲在火盆旁，续碳调火，旁有水盆，用来调节湿度，画中的高脚灯台表明蚕蛹需要日夜精心护理。

宋佚名《道子墨宝》第 1 页（图 176）中家具天庭神祇神像后面描绘的屏风为装饰华丽的五折围屏。天庭神祇宝座，属两边低，中间高的五扇围屏。此画中的屏结构复杂，层次多样，与上面的农耕生活中的家具风格形成鲜明的对比，体现了释道类题材家具装饰风格的繁华显赫，富有丰富的想象。

折屏风的使用在宋代有许多突破，也出现了相对固定的组合场景。如前述坐具类讲到屏风与宝座和案等家具有着紧密的联系，它们同时出现在一幅画中的场景概率很大。宋画中折屏风、宝座和案这三件家具，也构成了三种不同意向的组合，有非常典型的意义。

画中屏风、宝座和案家具的组合。宋金处士《十王图》（5 幅）画中，有高大的屏风；有搭脑、有椅披的宝座、转圈扶手（靠背转圈装

图 175 五折屏风，
［宋］佚名《蚕织
图》《宋画全集》

图 176 五折围屏，
［宋］佚名《道子
墨宝》《宋画全集》

图 177 落 地 屏，
［宋］佚名《女孝
经图》《宋画全集》

饰）；有案面黑色、织物自承面垂至（或接近于）地面的平头案；案前
有二层织物（上边束边、红底加卷草印花）。又如宋佚名《女孝经图》
第十五章：谏诤，以阐述孝道意义和各种女性礼仪规范为题材，画中有
"抱鼓"折屏风（图177），宝座是壸门托泥式榻，宝座前无案配置。

（三）画中多屏风与屏风装饰

在宋画的画作中，屏风是家具陈设中最主要的要素之一，是画家青睐的画中器物。一般有家具陈设的画中，都可能有屏风绘制其中。一幅画中，有一个屏风图像或可能有多个屏风图像。我们感兴趣的是一种特殊现象：就是一幅画中出现较多的屏风图像。笔者认为，此类画作往往是多场景及多故事情节组合形式的画。例如宋佚名《女孝经图》是屏风图像较多的画例之一。有屏风图绘 12 幅之多。其中屏上绘山水画 7 幅。其中有，（1）"抱鼓"插屏：座屏风（"抱鼓"插屏）、布屏风（座屏风，"抱鼓"插屏）；（2）座屏风：楼台上座屏风和其他座屏风（图 178）；（3）织帘屏；（4）落地背屏等。

　　宋人钟情山水画，宋画注重于象征与想象，以寄托画者的思想感情。宋人之所以爱用山水装饰屏风，原因较多，其中一个是宋人寄情于山水，有特殊的山水观。

　　王维说"凡山水意在笔先"，即此意。[36] 如，宋佚名《女孝经图》，画中有如此多的山水屏画，画者将自己的志趣融于画之题材，所谓仁者乐山，智者乐水，将女子尚德的德性寄于山水的生生之德、人间大爱，倡导人们的起博善行于自然山水般和谐美好、亘古不绝。画卷第十章：纪德行，第五章：庶人章，第六章：事舅姑画页（图 179）中，屏上山水画与茅屋外田园景色令人心旷神怡，屏风内容反映主人翁的思想寄托，给予观者无限联想。第十三章：广守信画页（图 180）中，楼台上座屏风，屏上山水画，水花飞溅令人心生高气；图卷第十七章：母仪画页（图 181）场景庄重祥和，楼台上座屏风，屏上山水画，格局宽广，屏前设为多壶门榻型宝座，其上有养和依靠，舒适体贴之余顿显尊贵，抱鼓屏和壶门宝座的组合古意十足，在山水画屏的背景下，搭配效果格外生机盎然，赏心悦目。

　　宋佚名《女孝经图》在有屏风的图绘 12 幅中，座屏施以"抱鼓"插屏形制的数幅，可见这种形制的屏风与尚德题材的画风是兼容共进的。"尚德"内容通过屏风来昭示，以"抱鼓"座墩表现其稳固的基础。给人稳重、质朴、雅正的韵律感，也是画家心中所追求的画面风格与主题内容相融合的体现。

图 178 座屏风，
[宋] 佚名《女孝
经图》《宋画全集》

图 179 座屏风，屏
上山水画，[宋]
佚名《女孝经图》
《宋画全集》

图 180 楼台上抱鼓
座屏风

图 181 宝背后有座
屏风（"抱鼓"插
屏），屏上山水画

二、宋画中的架

架，用做支撑的用具，在人们的日常生活中使用频繁，出现在不同的生活场景中，功能形式较多。宋画中的架类家具图像较多。

（一）衣架

宋代衣架的结体方式与屏风思路类似，强调稳定，但结构更简便。顶部"搭脑"两端有多样化的装饰，桃叶形"灵芝头"在画中比较常见，以下为就宋画中衣架图像的举例。

1 宋画中的衣架选例

五代顾闳中（传）《韩熙载夜宴图》，属人物画类，描绘了韩熙载家设夜宴载歌行乐的场景。图绘中有衣架，两层搭脑成弧外转。衣架上搭着衣物，看不出中间的造型（图182）。

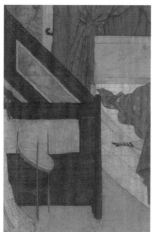

衣架是一个家具结体，上、中、下都有结构布局。宋时的衣架最普遍，种类较多，造型别致。例如武威西郊林场西夏出土的木衣架（甘肃省博物馆藏）（图183），顶部"搭脑"两端上翘起灵芝头的装饰，衣架足部也很有特点，两方木竖杆榫接在横古建筑房屋木结构的四椽栿（栿就是梁）的上方。

2. 宋画与壁画中的衣架

衣架按其形状分类有"开"字、"∏"字形衣架。"开"字型，顾名思义，包括搭脑有两横桄、两竖杆形状。"∏"形衣架显然继承了传统样式，似战国时期的衣架实物，此外还有独杆竖形衣架。敦煌壁画上的衣架图像出现在北魏，但整个北朝鲜见衣架的出现，唐宋壁画中则多见其图像。例如：

（1）"开"字衣架。《韩熙载夜宴图》中的衣架，推测为"开"字形衣架。敦煌第257窟南壁后部《沙弥守戒自杀缘品》北魏壁画中，描绘了沙弥心志坚定，宁舍身命，不舍佛法的故事。在房中自尽场面的描绘中，衣架底下的横杆只是起到稳固衣架的作用，其下的二足近似于兽蹄形。这是一种最简式的衣架，为一"开"字形衣架。敦煌壁画从西魏至盛唐未出现衣架，这是一个典型形式。[37]

（2）"∏"字形。前面所列武威西郊林场西夏出土的木衣架，顶部"搭脑"两端上翘起灵芝头的装饰，衣架足部也很有特点。敦煌莫高窟壁画：第 61 窟南壁五代壁画《楞伽经变》中，一洗衣盆后立有一搭衣物的衣架，其足呈现十字型。两者在架座都显得粗简，西夏出土的木衣架顶部"搭脑"较敦煌莫高窟壁画中增有装饰。

（二）乐器架

宋代的乐器非常丰富，可分为鼓架、钟架、磬架、方响架（一种敲击乐器）、琴架等，形式多样。有乐器架的画在宋画中不在少数。我们的先辈，例如殷人是一个崇尚武力的民族，同时也是一个敬神崇祖的民族。人们通过祭祀的方式，与神灵相通，以此来表达对自然力量和先祖的崇敬。久而久之，便形成了一种礼仪文化。在商代这种礼仪文化又和国家政治紧密地联系在一起，即所谓神权与王权的统一。这使礼器成为国家重大典礼（如在奔丧、朝聘、征伐、宴乐等重大活动中）的必备器具，在商周时期的社会生活、祭祀活动中必不可或缺。祭祀活动推动了祭祀器具的繁荣。这些传统活动在宋代也有着重要影响，并以画的方式传承和颂扬，画中的场景和器物表现宋人对它们的理解和诠释。

以下三例的乐器架，有两种形制：一是乐器挂在架上，例如宋马和之（传）《周颂清庙之什图》中有乐器钟、磬挂在乐器架上；宋佚名《女史箴图》中有乐器钟、磬挂在乐器架上；二是典型（专制的）乐器架，例如宋佚名《摹顾恺之洛神赋图》中有三节式典型鼓架。

1. 周颂清庙中的乐器架

宋马和之（传）《周颂清庙之什图》（图 184），属人物画类，画以诗经为题材，周颂清庙之什为图绘场景，表达对自己的处境及大业的感沛。闵予小子之什图中至少在三个画面出现了乐器的图像，所绘有钟架和磬架，图像清晰，栩栩如生，艺术形象生动逼真。钟架和磬架搭脑两端装饰龙头，架足似勾勒龙身戏水，架两侧各用五个灯笼垂至串挂，装饰华丽。筝、箜篌、竽、笛子等乐器演奏的声音在钟架、磬架架间流淌。

2. 《女史箴图》孝梯淑女贤德例中的乐器架

图中的乐器架有乐器挂在其上。宋佚名《女史箴图》（图 185），属

图184 钟架等，
[宋] 马和之（传）
《周颂清庙之什图》
《宋画全集》

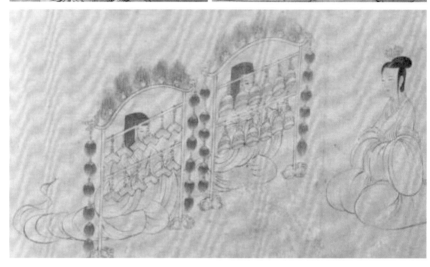

图185 乐器架，
[宋] 佚名《女史
箴图》《宋画全集》

人物画类，以淑女贤德为题材。"孝"是儒家道德规范的一个核心观念，在汉代，孝悌思想十分流行，"孝"成为了家庭和国家结构中的道德行为的中心准则。孔子在《论语》中，多次提到了孝，可见孝是儒家思想中十分基础的内容。画之主旨在于以历史故事的画面展现儒家精神寓意下的古代妇女修养品德、恪守戒律信条的实践。图卷中的祭祀、宣讲孝梯孝典、不孝犯罪量刑誓师等场景现场，都陈设乐器架（钟架、磬架）。本图卷中的钟架和磬架，钟架和磬架搭脑两端装饰龙头，架足似勾勒龙身戏水，与前例相似。不同之处是：此例图像框架主体从上至下的横枨子较上例不同，此例钟架和磬架从上至下横枨子有六枨、四枨、二枨几种式样。从演奏的场面气氛上说，更为宏大。宋佚名《女孝经图》第十六章胎教画页中的乐器架（钟架、磬架）特点亦如此（图186）。

宋代的钟架和磬架的形制风格都显得结构简洁明了，装饰集中

图 186 乐器架（钟架、磬架）、兵器架等，［宋］佚名《女孝经图》《宋画全集》

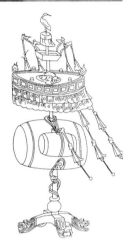

图 187 鼓架，［宋］佚名《摹顾恺之洛神赋图》《宋画全集》

大气。

3.《洛神赋图》的鼓架

《洛神赋图》中的鼓架为三节式典型鼓架。宋佚名《摹顾恺之洛神赋图》（图 187），属人物类画类，以神人殊隔恋情为主题，曹植的《洛神赋》为题材，描绘了作者的惆怅。鼓的形态比较特别。从现有的图像可知，鼓架底座为十字交叉状，有主干撑杆穿起鼓和鼓罩，上端有华盖，华盖顶部有四支飘带随风飘扬，一只立于华盖顶端，装饰华丽。《小雅·彤弓》中载："钟鼓，大乐也，又称'王者之乐'，其声高扬，故设在堂下。"此物一设，情境中庄严敬肃即现，画中人等级、身份自可昭然。

顶端的仙鹤似有所喻，文中出现过："竦轻躯以鹤立，若将飞而未翔。践椒涂之郁烈，步蘅薄而流芳。"这句话用以形容洛神的身姿，她像鹤立般地竦起轻盈的躯体，如将飞而未翔；又踏着充满花椒浓香的小道，走过杜蘅草丛而使芳气流动。这里仙鹤在华盖顶端卓然而立，能给观者以通神的妙悟。

乐器架是中国古代祭祀和大型活动中的必备设施，与生活事件的关联非常的紧密，因而经常被描绘于在宋画中，成为烘托气氛，表达主题时间重要的因素，在此将其与画的题材进行对比梳理，如下表3-3。

（三）镜架

镜架在宋代叫照台，是一种类似于今日梳妆台的家具，它由架子支撑镜子，是当时女子出嫁的必备之物。南宋吴自牧《梦梁录》记载："沙罗洗漱、妆台、照台、裙箱、衣、百结、清凉伞、交椅。"

表 3-3 宋画中家具乐器架选例表

画名——题材	家具图片	家具说明
宋佚名《女孝经图》第十六章：胎教（《宋画全集》），人物画类，图绘《女孝经》为题材		钟架和磬架搭脑两端装饰龙头，架足似勾勒龙身戏水；架搭脑的弧度较大；钟架和磬架横枨子有五枨、四枨、三枨、二枨几种式样
宋李公麟《孝经图》圣治章第九（《宋画全集》），画以孝道为题材		画中祭祀现场的钟架和磬架形态与宋佚名《女孝经图》钟架和磬架相比，乐器架底部少一横枨

画名——题材	家具图片	家具说明
五代顾闳中（传）《韩熙载夜宴图》，画以韩熙载家设夜宴载歌行乐为题材		鼓架为三根细直材、两层十字榫结合的最简形制
宋马和之（传）《唐风图》（《宋画全集》），以晋国民间对当政者的各种反映为题材		架的形态也是一种最简形制。搭脑两端上翘，有一横枨，呈现有钟架、鼓架和磬架，与宋佚名《九歌图》中乐器架（磬架和钟架）框架形状相同，本例没有后者装饰华丽

1. 梳妆打扮仕女中的镜架

南宋佚名《盥手观花图》，属人物类画类，图以仕女为题材，描绘正在梳妆打扮的仕女。全画用工细致，应为存世不多的宋代仕女主题绘画之一。画中镜架似由金属做成。如下表 3-4。

表 3-4 宋画中仕女题材中的镜架选例表

画名——题材	家具图片	家具说明
南宋佚名《盥手观花图》（《宋画全集》），人物画类，以仕女为题材		镜架有类似座屏"抱鼓"式底座似的底座。镜架的架身（即镜座以上），好似衣架的形态，上有搭脑，两头伸出和搭脑弧顶三处有装饰；有支撑镜子的一层架格；搭脑至底座间有三横枨，上二横枨间施二短竖枨（类似枨子上的矮老）；整体装饰华丽

画名——题材	家具图片	家具说明
宋佚名《调鹦图》（《宋画全集》）		此例镜架没有类似座屏"抱鼓"式的底座；搭脑至镜架之间有三横枨，但并无其间的短竖枨；后例较前例缺少镜子后靠的一层架格
宋佚名《女史箴图》（《宋画全集》）		画中的镜架由一杆支撑三部分组成，上部一椭圆形镜，中部一长方形盒，开口向上，盒中可放化妆用的品具，下部似半球形（大面朝下），作底座
宋苏汉臣《靓妆仕女图》（《宋画全集》）		画中的镜子背后，有一衬杆支撑在底盘上组成镜架。相比之下，后者作为桌上的镜架更为简洁

2. 仕女调鹦焚香中的镜架

宋佚名《调鹦图》，属人物画类，以仕女为题材，描绘仕女调鹦焚香的场景。此例与前例相比，在形态上有所不同。此例镜架没有类似座屏"抱鼓"式的底座；搭脑至镜架之间有三横枨，但并无其间的短竖枨；后例较前例缺少镜子后靠的一层架格。此镜架为四足镜架。

3. 女史箴图和靓妆图中的镜架

宋佚名《女史箴图》，画中的镜架由一杆支撑三部分组成，上部一椭圆形镜，中部一长方形盒，开口向上，盒中可放化妆用的品具，下部似半球形（大面朝下），作底座。宋苏汉臣《靓妆仕女图》，画中的镜子背后，有一衬杆支撑在底盘上组成镜架。相比之下，后者作为桌上的镜架更为简洁。

（四）炉架

宋代炉架的造型较多。"炉架"，顾名思义，就是把"炉子"承托，搁置起来的架具。宋画中的炉架图像也较多，以下分类举例说明。

1. 有上中下结体结构的炉架

（1）宋佚名《萧翼赚兰亭图》（图188），为人物画类，以萧翼赚兰亭的故事为题材，这幅画中的人物主要有两个。

画中炉架分为两个部分：其一是炉架本身，分上中下结体结构，中间是炉体，下是四个外翻足，上搁置锅具；其二是炉架的承托器具，是一矮架，矮架面攒框装板制，四足方料，其高度与边框厚度相当。

（2）宋佚名《白莲社图》（图189），白莲池畔结社参禅故事中的炉架（图189），道释画类，以高僧参禅为题材，描写晋代高僧惠远等在庐山白莲池畔结社参禅的故事，图卷自右至左分为八个情节展开。此画卷的人物线描简洁圆匀，造型较为古朴，与传为李公麟之《孝经图》里的人物极为相近。此画卷中的炉架，与河北宣化辽墓壁画中的炉架有相似之处。炉架分为三部分。下层为炉体部分，三足着地，中部有饰花（莲化状），上部是锅具（坛子形状）。

（3）宋张激《白莲社图》，白莲社僧人居士聚会故事中的炉架。道释画类，以一群莲社僧人和居士一起聚会为题材，描绘东晋元兴年间（402—404），惠远在庐山东林寺，同惠永、惠持、刘遗民、雷次宗等结社的故事场景。此画卷中的炉架分为三部分。下层为底座，以卷云四足着地，足上二层圆台构成；中部花笺（莲花）；上部为炉膛，膛口有

图 188 炉架，[宋]
佚名《萧翼赚兰
亭图》《宋画全集》

图 189 炉架，[宋]
佚名《白莲社图》
《宋画全集》

仆人吹火捯饬（图190）。炉架形制分为三部分的例子还较多。又如南宋刘松年《碾茶图》中的炉架（图191）亦是如此。

2. 结体形态的变化

（1）由炉式到柜式形态。宋佚名《春宴图》，"十八学士登瀛洲"聚会故事中的炉架（图192）。此画为人物画类，以"贞观之治"为题材，描绘十八学士集会宴饮场景。此处的炉架，不同于宋佚名《萧翼赚兰亭图》等画中的炉架，其看得见炉的部分，为长方形，呈现出有盖或有门的柜的形态。

（2）由炉式到案式。宋马远《西园雅集图》，"西园雅集"故事中的炉架（图193）。人物画类，以"文人雅集"为题材，描绘历史上著

图 190 炉架，[宋]张激《白莲社图》《宋画全集》

图 191 炉架，[南宋]刘松年《碾茶图》

图 192 炉架，[宋]佚名《春宴图》《宋画全集》

图 193 炉架，[宋]
马远《西园雅集
图》《宋画全集》

图 194 炉架，[南
宋]刘松年《博
古图》《中国宋代
家具》

名宋代文人"西园雅集"的场景。此处的炉架好似台的形态。器物结体
亦可视为上中下三部分，上部三壶门券口为束腰形态；中部鼓腿形态，
形成腿间三壶门券口形态，每侧以四足落脚到下部托泥上；下部托泥下
以四方足落地。炉架类似案的形态，器物结体亦可视为上中下三部分，
壶门、束腰、托尼兼有，这样结体的例子在宋画中常见。再如南宋刘松
年《博古图》中的炉架（图 194），有束腰形态、三弯腿形式、下部托
泥、以四足（足间角牙）落地的形制等。

（3）由炉式到榻式。炉架作为一器物结体，在上中下三部分上都具
有变化的可能性。其下部的结体，可以为托泥式，也可为一个箱型家具
结体。下部是一壶门券口方榻是有可能的，如南宋刘松年《碾茶图》中
的炉架亦如此。

（4）由炉式到盒式。宋佚名《春游晚归图》（图 195），为人物画类，
以春游晚归为题材，画中有挑担盒式形态的炉架。画中的挑担，一头放
置盒状的器物，盒上面装着酒壶，盒中装着碳火。

（5）宋画与元画中两炉架图像比较。宋张激《白莲社图》，道释画
类。此画卷中的炉架分为三部分，下层为底座，以卷云四足着地，足上
二层圆台构成；中部花笺（莲花）；上部为炉膛，膛口有仆人吹火。

元刘贯道《消夏图》（图 196）。人物类画类，以消夏"重屏"山水
图绘为题材。竹、蕉之侧，手持尘拂的高士，袒胸赤足于床榻之上，榻
后设一屏风，屏风上再画山水屏风，为"重屏"销夏场景。炉架形制也

图 195 挑担里的炉架，[宋] 佚名《春游晚归图》《宋画全集》

图 196 炉架，[元] 刘贯道《消夏图》《元画全集》

分为三部分，上部为炉膛，中间饰莲花花笺，花笺形态不一样，下部为二层圆墩形的底座。元画中的上部与宋画中的上部同为炉膛，中部两者均饰莲花花笺，两画炉架下部的造型都为柱状的台型承座，在细节装饰上各有特点，可见这种三层结构的形态都遵循同样的规律。

（五）瓶架

炉架衬托改成花瓶，支撑花瓶或瓶的架具，就是瓶架。举例如下：

1. 四足榻式方凳形瓶架

宋陆信忠《十六罗汉图·迦诺迦伐蹉尊者》（图197），为道释画类，描绘了十六罗汉的形象。瓶架如图，形制正如一个四面平、壶门券口杌凳（方凳）。瓶架四足的形态有代表性，为脚内钩卷云纹，尖足着地，也是四足榻式形制的方凳足形。这种榻式形足应用于榻、凳案等结体。

2. 券口带托泥四足着地方凳瓶架

（1）禅宗公案画中的券口花瓶架。宋马公显（传）《药山李翱问答图》（图198）。画面中，石案上放着花瓶架，架上放花瓶并插花。此花瓶架的形态也是一方凳形，方凳四面券口（看到四面框内露有一点内钩尖，否则为券口），带托泥四足着地。

（2）《胆瓶插花图》中的瓶架。宋佚名《胆瓶秋卉图》（图199）为

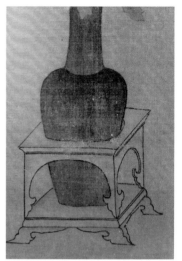

人物画类，以插瓶花卉题材为场景。画中花瓶架左有书法诗一首："秋风融日满东篱，万垒轻红簇翠枝，若使芳姿同众色，无人知是小春时。"此为即景诗，描写瓶中之花轻红淡雅，叠簇于翠枝。幅右绘瓶架上一深色胆瓶，内插三枝盛开的菊花，因而此图又名《胆瓶花卉图》。花瓶架外形像似一方凳，上面挖一瓶口，瓶插入，四面券口，角牙相对，形成四角八叉的形态。

（六）盆架

盆架即为放置花盆的架具。《宋画全集》中有两幅图样。

三足着地圆盘式盆架。宋佚名《水月观音图》为道释类画类，取佛像题材，图绘水月观音的形象。画中盆架为一圆盘下三脚，圆盘上放透明的兰色杯，杯中放小花瓶并插一枝花（图200）。

方凳形盆架。《狸奴婴戏图》为人物画类，以儿童玩乐情景为题材，描绘了婴孩戏闹的场景。盆架方凳形，四腿卷云花齿状，腿饰壸门卷口牙头，凳边沿饰圆圈，边腿饰皮条线（图201）。此花盆架装饰华丽，形态可爱。

图 200 盆架，[宋]
佚名《水月观音图》

图 201 盆架，[宋]
佚名《狸奴婴戏图》

（七）蚕架

蚕架是养蚕过程使用的架格器具，用以安放团匾养蚕。是为了节约养蚕劳动力，提高空间利用率，专门为蚕幼虫提供一个生长环境。中分七八格，每格可放一团匾。

1. 蚕织图中的蚕架

宋佚名《蚕织图》，以蚕织为题材，此图描绘了江浙一带的蚕织户自"腊月浴蚕"到"下机入箱"为止的养蚕、织帛的整个生产过程。从画中看，有两种形制的固定蚕架：蚕架 1（竖向多格式蚕架），竖立四根方材，对侧九根圆材横桄，在架之上和底端对二根方材横桄，平稳适用；蚕架 2（宽幅多格式蚕架），适合搁置多层长方形"匾"的宽幅架格，每格可放一长方形"匾"，以此适应养蚕的数量之多。

2. 蚕架的使用分析

在蚕织的过程中，需要使用蚕架。织蚕过程分为 13 个场景，有（1）洗蚕的场景；（2）清明日用于暖种的场景；（3）用于谷雨前第一眠的场景；（4）用于谷雨前第二眠的场景；（5）用于谷雨前第三眠的场景；（6）用于暖蚕阶段的场景；（7）用于大眠阶段的场景；（8）忙采叶的场景；（9）眠起大叶的场景；（10）装山的场景；（11）下茧的场景；（12）剥茧的场景；（13）秤茧等场景。

竖向多格式蚕架。在清明日用于暖种的蚕架（摘叶）的场景。谷雨前第一眠时的蚕架场景；谷雨前第二眠的蚕架场景；谷雨前第三眠的蚕架等环节的场景用竖向多格式蚕架（图202）。

宽幅多格式蚕架。织作正忙，织布车（架）中宽幅多格式蚕架的使用场景较多；眠起大叶，蚕叶洒上架，装山上架；下茧、剥茧等场景都出现宽幅多格式的蚕架（图203）。

图202 多格式蚕架，[宋]佚名《蚕织图》《宋画全集》

图203 宽幅多格式蚕架，[宋]佚名《蚕织图》《宋画全集》

（八）其他架

宋画中的架类器具非常丰富，不能一一列举。以下只说明几例。

1.《清明上河图》中的磨架

宋张择端《清明上河图》（图204），图绘以清明时节北宋都城汴京(今河南开封)的繁华热闹景象为题材。画面的街头处似有一磨架。磨架的形态为两片圆盘石磨，石磨下部是一条凳架形态，凳架直腿，四边各一枨。

2.《春宴图》中的锅架

宋佚名《春宴图》（图205），为人物画类，以集会宴饮为题材，描绘十八学士集会宴饮的情景。画中有锅架，方木矮方凳，凳面攒框制作，上放锅具。

3.《纺车图》中的纺轮架

北宋王居正《纺车图》（图 206），为人物画类，画以纺车劳动为题材，描写农村妇女在大柳树下的户外纺车劳动的情景。画中右边一村妇坐在小凳上，怀抱婴儿哺乳，身旁放一纺车，右手摇轮。村妇身向前俯，并微微拔腰。全幅主题突出，布局巧妙。近景描绘的人物被两条飘摇的细线条联系起来，线的一端是边摇纺车、边哺乳的中年妇女、围其身后游戏青蛙的童子和狂吠的黑犬；另一端是弯腰伛背、面纹沧桑、双手拉着线团的老媪。人物彼此间聚散自然，述谈正欢，神韵相通。

4. 其他架列举

宋画以及宋代家具中架具的式样较多，因不同的使用功能会有多样化的表现形式。还有一些小类架具，如：香架、橱架、织布机（架）、线架、方响架、茶坛架、食槽架等。

三、宋画中的台

宋代的台家具主要包括镜台、灯台（蜡台）、器物座三大类。

（一）灯台

灯台在宋代更为常见，形态的一大特点是形体的普遍增高。从结构上说，有平行桄子的器具，作用于支撑功能的是"架"。而灯"台"结体因有盘状的托承，形体较高，且有底座着地。其座部呈方形、十字形、圆几形、三支足形或墩形；灯檠一般较高，檠上所设灯盏有单层、双层或多层；不少灯盏都带灯护和反光镜，其造型以双鱼形、菱花形与荷叶形最时兴；盏下设托盘，盘中放打火用具等。《洞天清录》："有青绿铜荷一片檠，架花朵于上，取古人金莲之意，陶者有定窑三台灯檠，宣窑两台灯檠，俱堪书室取用。"从出土文物中可知，其式样繁多，檠端细而尖，下设托盘，可插烛点燃，用盘积烛泪。或铁制，或陶制，或瓷制，更多的应系木制。灯台在古代形制很多，式样亦很多。在宋画中有如下形制。

1. 三部分结构式灯台

分底座、中间高杆、上有烛火三部分（有的书上叫烛架）的灯台在宋画中较为多数。例如：

五代顾闳中（传）《韩熙载夜宴图》（图207）中的灯台为三段高杆式灯台。家具灯台好像金属制作，底座三腿弧外翻卷，中间细长杆上有一圆盘，上部顶端燃烛火。

南宋佚名《盥手观花图》（图208）中的灯台为有底座高杆式灯台，三扇抱鼓式底座，一圆形细杆直至灯檠。

宋佚名《秋堂客话图》（图209）中的灯台为三扇抱鼓有底座式灯台，下有底座，中间高杆，上有正燃着蜡烛烛光。

宋佚名《蚕织图》（图210），以蚕织劳动为题材，描绘了蚕织整个生产过程的场景。灯台有底座，中间高杆，上有十字鱼状型灯檠。

图207 灯台，[五代] 顾闳中（传）《韩熙载夜宴图》

图208 灯台，[南宋] 佚名《盥手观花图》

图209 灯台，[宋] 佚名《秋堂客话图》

宋佚名《女孝经图》（图211）中的灯台为蜡烛盏托式底座灯台，灯台有底座，上有点燃的蜡烛，蜡烛下有盏托层。

2. 在底座上直接插蜡烛的烛台

宋佚名《摹顾恺之洛神赋图》（图212）中的烛台，画中在表现曹植的场景陈设中，在读作榻旁，设置烛台，蜡烛直接插在灯台上，矮形盏座（即烛台）上燃烧着两根蜡烛。

宋佚名《女孝经图》（图213）中的烛台，灯台有束腰形式，上盘比下盘大，利于溶化滴下的蜡流到上盘里。

3. 油笺式灯台

圆盘上圆筒加圆笺灯台，宋佚名《九歌图》（图214），属人物画类，取《九歌》题材。画中圆盘上有圆筒加圆笺灯台，烛火在笺盘里摇曳。宋马和之（传）《周颂清庙之什图》（图215）和宋马和之（传）《小雅南有嘉鱼篇书画》（图216）画中的灯台都是烛火在有底座笺盘里的。三灯台有细节差别。

（二）镜台

镜台，即是搁置化妆镜的承具。镜台有高矮之分，又有单纯使用的镜台、架几桌式镜台之别。高足镜台是宋代流行的新式样，这种镜台下有高足（座），上有镜架，足与支架有的做成折叠的交足形式。

镜台的下方还备有小抽屉，用以放置胭脂、妆粉、眉笔等化妆工具，外形大方、实用。也是女子出嫁的必备嫁妆，如同妆奁。《初学记》

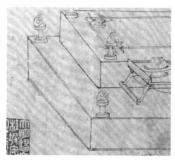

卷二五引《魏武杂物疏》："镜台出魏宫中，有纯银参带镜台一，纯银七子贵人公主镜台四。"唐唐暄《还渭南感旧》诗之一："寝室悲长簟，妆楼泣镜台。"清程麟《此中人语·翠翠》："翠翠婷婷袅袅，娇艳可人，而脂香粉泽迷离於镜台绣缦之闲。"

1.《靓妆仕女图》中的镜台

宋苏汉臣《靓妆仕女图》中的镜台有镜架，从不清晰的图像上看，镜架下面有供镜架安放的镜台。其图像略显模糊，镜架只是一镜子背部的支撑，镜子放置在底座和支撑构成的镜台之上。

2.《女史箴图》中的镜台

宋佚名《女史箴图》，此画以西晋张华《女史箴》为题材作《女史箴图》，分段描绘淑女贤德。原作共十二段，每段白描人物旁附有题注。画面中间一位丰采奕奕的贵妇人正在对镜梳妆，左边的侍女在为贵妇人梳理头发簪。一块圆形的铜镜放在一个特制的镜台上，铜镜旁还有长的、圆的等不同形状的梳妆盒。画面的右边还有一贵妇人，正在手持镜整理并欣赏自己的发簪。这一个镜台，镜子下有一长方形的小化妆盒，其下一圆形镜座，此器物符合架的词意，[38] 同时也符合"台"的词意：形状高且平。[39]

四、宋画中的柜

橱，是指放置衣物和日常用品等的家具。如：衣橱；碗橱等。[40] 柜是一种收藏衣物用的器具，通常作长方形，有开门的结体，如：衣柜、

图214 灯台，［宋］佚名《九歌图》《宋画全集》

图215 灯台，［宋］马和之（传）《周颂清庙之什图》《宋画全集》

图216 灯台，［宋］马和之（传）《小雅南有嘉鱼篇书画》《宋画全集》

书柜等。[41] 这里重点讨论两个方面的橱物柜。

1. 方角柜

宋佚名《蚕织图》（图 217）中的方角柜，是一放置织物的柜子。蚕织工在纺架上纺织，而后将纺布下架放入柜中，可见这是存放织物成品的储存柜。画面上的柜分上下两层，中有隔板，柜框直下成柜底之四足。从线型上看，此柜似为方角柜，柜顶无柜帽，柜门用活页与柜轴安装。柜子顶部有顶罩层，为盝顶箱式柜顶。柜子下设有短脚，置放于长桌上。

2. 矮橱柜

（1）宋佚名《商山四皓会昌九老图》（图 218）中有一厨柜，柜面凹进制作，四面落膛拼接四长方形（攒板装嵌）图案，亦是呈现四块凹进，可中间对开开门；柜下四足部雕花牙和牙条，这一矮厨柜放置有水酒壶等，为具保温功能的炉柜。

（2）宋佚名《春宴图》，为人物画类，描绘了十八学士集会宴饮的场景。图绘画中左前面矮柜应为存放厨房用具的，两侧对开门，门间有一竖枨子，以柜门攒板装板。柜面上凹进落膛放酒具等，柜体着地（图219）。另一盝顶箱式顶的矮厨柜，则为两侧对开门（图 220）。

（3）宋佚名《会昌九老图》中正前的为厨房橱柜，柜面上放水壶等用具，水酒壶可能具有保温的作用，属梭动开门矮柜，亦可称为炉柜（图 221）。

五、宋画中的箱

古代的箱，是指车内存放物品的地方，与今天箱的意义不同。《说文解字》："箱，大车牝服也。"[42]《辞海》："车内容物处为箱。"《左传》："箱，大车之箱也。"而《辞源》的解释与之则大相径庭："箱子，收藏衣物的方形器具。"[43] 这个解释是对应今天对箱子的理解。箱这个名称在汉代才开始出现，称巾箱或衣箱，多用于存贮衣被，形体较大，并且具备了多种用途。

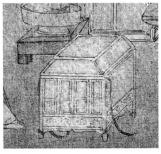

　　宋戴侗《六书故》："今人不言篋笥，而言箱笼。浅者为箱，深者为笼。"可见"箱"与"笼"皆是同一类放东西的家具。另据《文选·潘岳射雉赋》注："凡竹器，箱方而密，笼员（圆）而疏。"说明古代笼和箱子由竹编成的很多，形状上有方圆、疏密的不同。

　　两宋时期的箱、盒形态较为常见，归纳起来为两种形态的箱，即，盝顶式箱和平顶式箱。

（一）盝顶式箱甄例

　　《重屏会棋图》（图 222）中带壶门的榻上放一盝顶形小箱，箱的底部带四兽足腿，中间有锁钥金属件，箱盖四角有花形的金属护套。

　　《西园雅集图》中的箱子，外形具盝顶型特征，放置在四足着地的架子上（图 223）。

　　《琉璃堂人物图》中的箱外形具盝顶型特征，箱的上下结合在距箱底三分之二处，有锁扣装置，箱两侧有"提环"（图 224）。此箱较五代

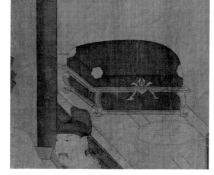

图 222　盝顶型箱,
[五代]周文矩(传)
《重屏会棋图》《宋
画全集》

图 223　盝顶型箱,
[宋]马远《西园雅
集图》《宋画全集》

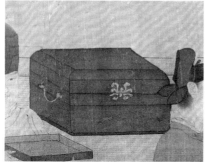

图 224　盝顶型竹
箱,[宋]佚名《琉
璃堂人物图》《宋
画全集》

图 225　挑箱,[宋]
佚名《洛神赋全
图》《宋画全集》

图 226　抬箱,[宋]
佚名《征人晓发
图》《宋画全集》

图 227　挑箱,[宋]
佚名《春游晚归
图》《宋画全集》

周文矩(传)《重屏会棋图》中的箱,形态相似,相较而论《重屏会棋图》中的箱显得华丽一些,此箱略显平实,没有包边也未有角饰,体现了文人诗友宴集相聚与皇亲国戚雅娴欢饮中用具风格的不同。

宋佚名《洛神赋全图》画中挑箱与《重屏会棋图》中的箱,形态相似,看上去很是平实,为盝顶型(图225)。

（二）平顶式箱

平顶式箱,即箱的顶是平顶。宋画中家具平顶式箱的图像比较多,下举一例说明，宋佚名《征人晓发图》，为人物画类，以远行人拂晓出发为题材。此画中的家具抬箱即是平顶式箱（图226），与宋《春游晚归图》中的箱外形相似（图227）。

六、宋画中的盒

盒，为一种由底盖相合而成或是抽屉式的盛器。[44]

箱与盒的主要区别主要体现在大小上，一般大者为箱，小者为盒，小的还有函、匣、奁等称呼。到宋代时，柜、匣的概念有了明确的区分，宋戴侗《六书故》说："今通以藏器大者为柜，次者为匣，小者为椟。"可见，柜、匣、椟已是当时的储物家具。宋代的盒如同箱一样，大多做成盝顶型，这种箱盒呈现方形（或长方形），体与盖相边连，盒盖向四周呈一定角度的下斜。宋画中的盒子可以分为盝顶式盒和平顶箱式盒。平定式盒顾名思义为盒盖为平顶，将其基本样式和特征通过列表来说明，如表3-5。盝顶式盒是盝顶式盒盖形成的小盒，参看表3-6。

表3-5 与平顶式盒相关的画例列表

画卷——盒名	画类与题材；平顶式盒形状与说明	图像
宋佚名《百子嬉春图》《宋画全集》，浅红色平顶长方形小盒	人物画类，百子孩童嬉戏题材，图绘楼阁亭院，古树翠竹，数十名孩童嬉戏其间，亭台之上，琴棋书画，台下则有舞狮、皮影、折桂等，表达富贵吉祥之意；画中浅红色平顶长方形小盒	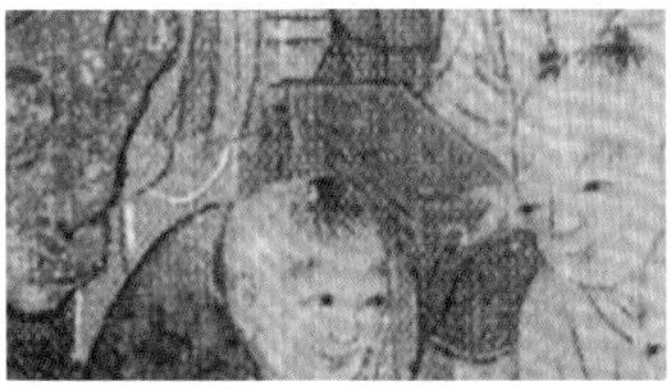
宋陆信忠《十六罗汉图》（十六幅）《迦诺迦跋蹉厘墮阇尊者》《宋画全集》	道释类，以十六罗汉为题材；画中有一平顶箱式长方形盒，盒的表面彩绘饰云纹，此盒放置罗汉僧人物件或经书等器物	

表 3-6 与盝顶式盒相关的画例列表

画卷——盒名	画类与题材；盝顶式	图像
宋马公显（传）《药山李翱问答图》/南禅寺藏，盝顶式小盒	道释类，此轴描绘的是唐代药山禅师与朗州刺史李翱"云在青天水在瓶"禅宗公案的题材	
宋佚名《琉璃堂人物图》，盝顶式盖小盒（小匣）	人物画类，以与诗友晏集为题材；外形具盝顶型特征。小盒体浅，内饰红色，外饰黑色，小盒的功能可能为置放文具、文玩、珍贵手饰等	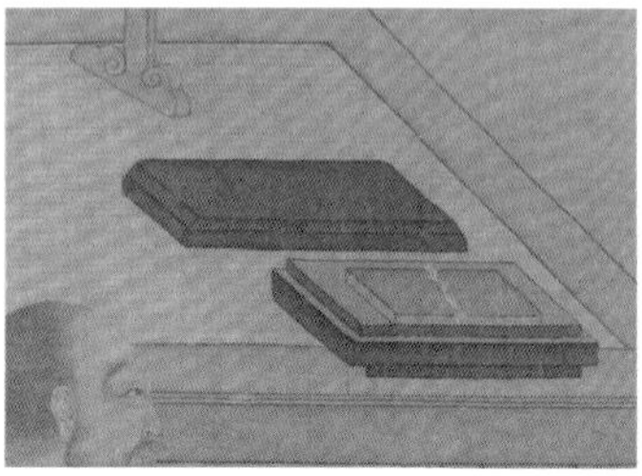
南宋佚名《盥手观花图》，盝顶式化妆盒	人物画类，仕女题材，描绘宫中院落观花的情景；小盒与镜架、镜台一起放在案上，其中一妆盒的形态是缩小了的盝顶箱式，另一妆盒为平顶长条形；妆盒供仕女储放化妆物件等	
宋马和之（传）《周颂清庙之什图》，盝顶式小盒	以《诗经·周颂》的第一篇《周颂·清庙》为题材；小盒放置在祭祀现场，小盒的形态恰似缩小了的盝顶箱，盒表面绘饰金色纹，黄色锦绢置于上，彰显华贵	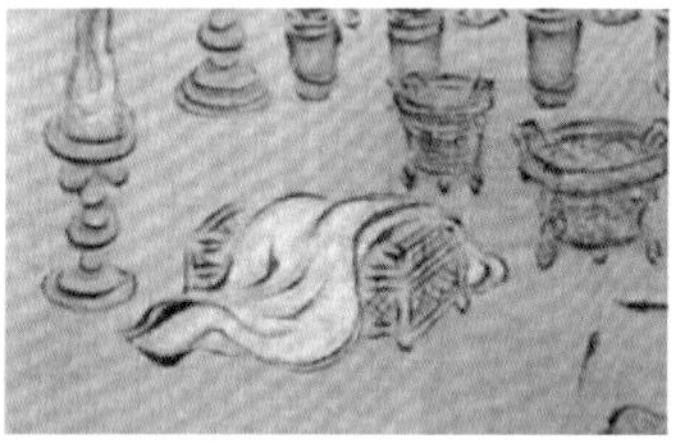

七、火盆及其他

（一）火盆

火盆是生活中的小型家具，宋画中的盆图像分 3 种形制。

1. 盆式火盆

宋佚名《蚕织图》为人物画类，以蚕织生产为题材。在蚕织生产的整个过程中，有用于暖蚕阶段、用于大眠阶段和下茧等阶段需要的保暖火盆。火盆采用的是口大底小（上边圆大、下边圆小），最便捷易行的盆式火盆（图228）。

2.缸式火盆

宋赵佶（传）《摹张萱捣练图》，为人物画类，此画描绘了衣饰华美的宫中贵妇捣练劳作的场景，精绘了12位女性，捣练劳动分为捣练、补纳、破练和熨练。画中火盆形态为缸式火盆(圆柱型)，柱面中间缩进，盆表面饰磬图案和花等，盆缸圈上有花饰，有抓手（图229）。

（二）盘

盘子是浅而敞口的盛物器。"槃，从木，般声。本义：承盘，亦特指承水盘"。[45] 宋画中的家具托盘举例如：

宋苏汉臣（传）《罗汉图》，为道释类罗汉题材。画面中有一侍者，手托托盘，托盘长方形，盘为凹形（图230）。

本节的重点内容：

宋画中的杂项类家具陈设样本的类别和数量非常得丰富，样本数量和形态纷繁，本节以屏、架、台、箱为重点，其中，"屏""箱"最为突出，兼具柜、橱、盒作形制的分类分析。聚类比对的方法为：杂项作为桌椅床榻类家具的附属用具出现在画中，必然是场景构成和日常所需的，在分析归类定名时会充分考虑与主体家具的关联，择选分类，对比分析。

研究结果：

宋画中的杂项类家具的分类形成了高型家具中的屏、架、台、柜、箱、盒、盆类形制体系，并具有鲜明的汉文化特色。

屏风家具是承袭传统，又蓬勃发展的家具典范之一。屏风的形制体

图 228 盆式火盆，
[宋]佚名《蚕织图》

图 229 缸式火盆，
[宋]赵佶（传）《摹
张萱捣练图》《宋
画全集》

图 230 托盘，[宋]
苏汉臣（传）《罗
汉图》

系能够明显地说明，席居时代的功能一脉相承，在高形态家具下都升级出了相应的家具形制，服务的人群和使用场景更为多元，因此子类形制更为丰富。屏风的尺度明显扩大，在日常生活中使用频率非常高，其文化内涵随着使用功能的普及和场景的丰富有所转化，更贴近日常去表达世人生活的美好愿望。

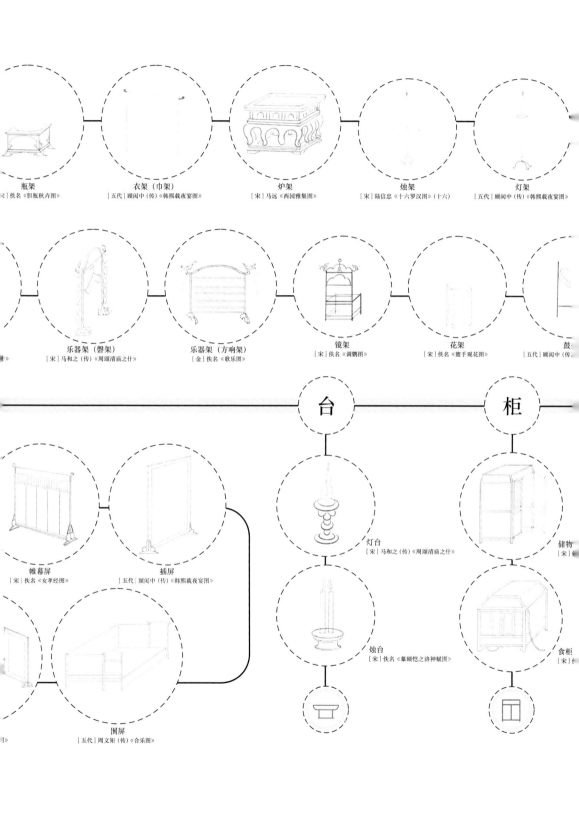

瓶架
[宋]佚名《胆瓶秋卉图》

衣架（巾架）
[五代]顾闳中(传)《韩熙载夜宴图》

炉架
[宋]马远《西园雅集图》

烛架
[宋]陆信忠《十六罗汉图》(十六)

灯架
[五代]顾闳中(传)《韩熙载夜宴图》

乐器架（磬架）
[宋]马和之(传)《周颂清庙之什》

乐器架（方响架）
[金]佚名《歌乐图》

镜架
[宋]佚名《调鹦图》

花架
[宋]佚名《盥手观花图》

鼓
[五代]顾闳中(传)

台

柜

帷幕屏
[宋]佚名《女孝经图》

插屏
[五代]顾闳中(传)《韩熙载夜宴图》

围屏
[五代]周文矩(传)《合乐图》

灯台
[宋]马和之(传)《周颂清庙之什》

烛台
[宋]佚名《摹顾恺之洛神赋图》

储物
[宋]

食柜
[宋]

本章小结

综合本章的研究成果，可见宋画中清晰地展现了一个比较完善的高型家具的形制体系，体系分类为席床榻类、坐具类、几桌案类、其他类，每大类内部又分为 3~5 级子类。宋画展现的场景和文献资料的论述反映了宋人在使用高型家具时对应的生活状态，这些状态非常接近生活，并且家具的使用和陈设已经形成了约定俗成的习惯（下文会进一步以专题论述呈现），这样的家具形制体系是与生活紧密联系的。因此，本章构建的宋画中的家具体系反映了宋代高型家具的特征，以及对应了宋人生活。由此可证，该体系反映了起居方式变革完成后中国高型家具形制的基础框架和整体面貌，富有中国独特的形态和一脉相承的文化内涵，并对应了明清家具中主要家具分类和形制，说明明代家具的体系传承于此。

正如核心命题所示：宋代家具形制体系即为中国高坐家具体系的开端，宋画中家具体系全面反映了宋代家具的基本面貌和整体体系构架。

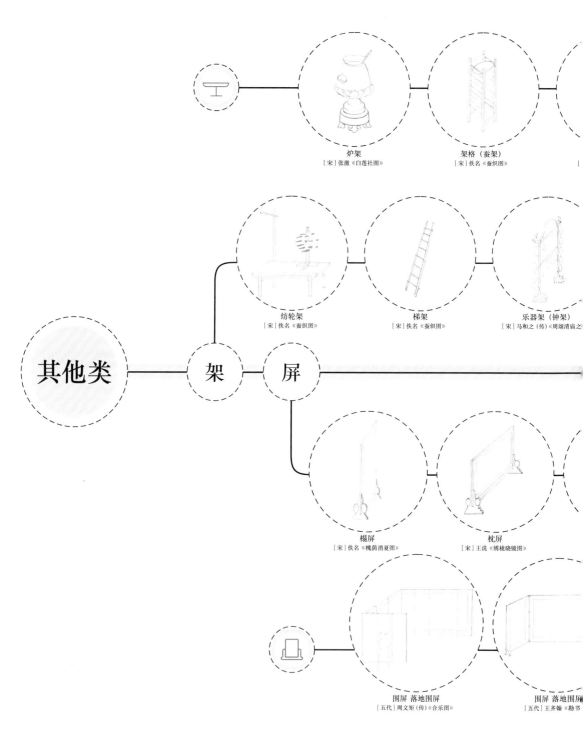

炉架
[宋]张激《白莲社图》

架格（蚕架）
[宋]佚名《蚕织图》

纺轮架
[宋]佚名《蚕织图》

梯架
[宋]佚名《蚕织图》

乐器架（钟架）
[宋]马和之（传）《周颂清庙之

其他类

架

屏

榻屏
[宋]佚名《槐荫消夏图》

枕屏
[宋]王诜《绣栊晓镜图》

围屏 落地围屏
[五代]周文矩（传）《合乐图》

围屏 落地围屏
[五代]王齐翰《勘书

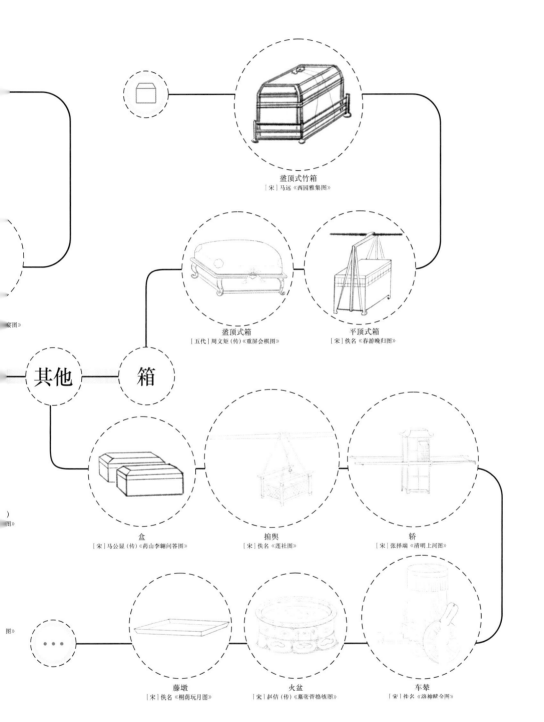

盝顶式竹箱
[宋] 马远《西园雅集图》

盝顶式箱
[五代] 周文矩 (传)《重屏会棋图》

平顶式箱
[宋] 佚名《春游晚归图》

其他 — 箱

盒
[宋] 马公显 (传)《药山李翱问答图》

捎舆
[宋] 佚名《莲社图》

轿
[宋] 张择端《清明上河图》

藤墩
[宋] 佚名《桐荫玩月图》

火盆
[宋] 赵佶 (传)《摹张萱捣练图》

车辇
[宋] 佚名《洛神赋今图》

注释

1. ［汉］史游:《急就章》卷三, 海盐张氏涉园藏明钞本。

2. ［汉］扬雄:《方言》卷第五, 宋刊本。

3. ［汉］郑玄《周礼注》卷第五, 明覆元岳氏刻本。

4. 马未都编著:《坐具的文明》, 北京: 紫禁城出版社, 2009 年, 第 7—14 页。

5. 陈志刚:《中国古代坐卧小史》, 北京: 中国长安出版社, 2015 年, 第 26 页。

6. 扬之水:《唐宋家具寻微》, 北京: 人民美术出版社, 2015 年, 第 206 页。

7. 杨森:《敦煌家具研究》, 博士学位论文, 兰州大学, 2006 年。

8. 陈志刚:《中国坐卧具小史》, 北京: 中国长安出版社, 2015 年, 第 22 页。

9. 李宗山:《中国家具史图说》, 武汉: 湖北美术出版社, 2001 年, 第 263 页。

10. 周宝珠:《清明上河图与清明上河学》, 开封: 河南大学出版社, 1997 年, 第 39 页。

11. 苏丹:《宋人〈盥手观花图〉研究》,《美术与设计》2018 年第 6 期, 第 43—48 页。

12. 王世襄编集:《明式家具研究》, 北京: 三联书店, 2013 年, 第 35 页。

13. 李宗山:《中国家具史图说》, 武汉: 湖北美术出版社, 2001 年, 第 263 页。

14. 扬之水:《唐宋家具寻微》, 北京: 人民美术出版社, 2015 年, 第 4 页。

15. ［明］文震亨:《长物志》, 汪有源、胡天寿译注, 重庆: 重庆出版社, 2010 年, 第 87 页。

16. 李宗山:《中国家具史图说》, 武汉: 湖北美术出版社, 2001 年, 第 108、281 页。

17. ［明］文震亨:《长物志》, 汪有源、胡天寿译注, 重庆: 重庆出版社, 2010 年, 第 87 页。

18. 李宗山:《中国家具史图说》, 武汉: 湖北美术出版社, 2001 年, 第 250 页。

19. 王世襄编集:《明式家具研究》, 北京: 三联书店, 2013 年, 第 106 页。

20. 明式夹头榫平头案见王世襄编集:《明式家具研究》, 北京: 三联书店, 2013 年, 第 117 页。

21. 邵晓峰:《中国宋代家具》, 南京: 东南大学出版社, 2010 年, 第 55 页。

22. 王世襄编集:《明式家具研究》, 北京: 三联书店, 2013 年, 第 106 页。

23. 敦煌文物研究所编著:《中国石窟敦煌莫高窟》（第五卷）, 北京: 文物出版社, 东京: 平凡社, 1987 年, 第 6 页

24. 王世襄编著:《明式家具珍赏》, 北京: 文物出版社, 2003 年, 第 170—175 页。

25. ［明］文震亨:《长物志》, 汪有源、胡天寿译注, 重庆: 重庆出版社, 2010 年, 第 89 页。

26. 王世襄编集:《明式家具研究》, 北京: 三联书店, 2013 年, 第 129 页。

27. 王世襄编集:《明式家具研究》, 北京: 三联书店, 2013 年, 第 243—250 页。

28. 王世襄编集:《明式家具研究》, 北京: 三联书店, 2013 年, 第 47 页。

29. 朱家溍主编:《明清家具（上）》, 上海: 上海科学技术出版社, 2002 年, 第 81 页。

30. 王世襄编集:《明式家具研究》, 北京: 三联书店, 2013 年, 第 91 页。

31. 邵晓峰:《中国宋代家具》, 南京: 东南大学出版社, 2010 年, 第 359 页。

32. 王世襄编著, 袁荃献制图:《明式家具研究》, 北京: 三联书店, 2008 年, 第 197 页。

33. 吴卫:《传统宅抱鼓石考略》,《家具与室内装饰》, 2006 年第 5 期, 第 92—95 页。"抱鼓石发展了宅门的功能构件门枕石, 其等级是由门的等级决定的; 抱鼓石是中国宅门'非贵即富'的门第符

号，是最能标志及屋主等级差别和身份地位的装饰艺术小品。""在传统牌楼建筑（如牌坊、棂屋门）中也有类似抱鼓石的夹杆石（也有称门挡石的）它是牌楼建筑所特有的重要部件，主要起稳定楼柱的作用。"

34. 顾杨编:《传统家具》，上海:时代出版传媒，2016 年，第 153 页。

35. 刘凌沧:《讲中国历代人物画简史》，天津:天津古籍出版社，2014 年，第 100 页。

36. 苏畅:《宋代绘画美学研究》，北京:人民美术出版社，2017 年，第 124 页。

37. 敦煌文物研究所编:《中国石窟敦煌莫高窟》第一卷，北京:文物出版社，1982 年，第 210 页。

38. 《辞海》，上海:上海辞书出版社，2002 年，第 787 页。

39. 《辞海》，上海:上海辞书出版社，2002 年，第 1625 页。

40. 《辞海》，上海:上海辞书出版社，2002 年，第 288 页。

41. 《辞海》，上海:上海辞书出版社，2002 年，第 594 页。

42. ［汉］许慎:《说文解字》，［宋］徐铉校定，北京:中华书局，2015 年，第 92 页。

43. 《辞海》，上海:上海辞书出版社，2002 年，第 1856 页。

44. 《辞海》，上海:上海辞书出版社，2002 年，第 655 页。

45. ［汉］许慎:《说文解字》，［宋］徐铉校定，北京:中华书局，2015 年，第 117 页。

宋《南唐文会图》

第四章
宋画中家具体系的创意及其影响

　　宋画中的家具呈现出高型家具体系的特点。主要针对三点讨论:(1)分析高型家具结体中的关键点,提炼对后世的家具结体构成最具影响力的创新价值点;(2)从画的题材的角度观察,家具如何满足宋人生活的不同需求,呈现出家具体系的特征;(3)从"人、事、物、场"四个方面着眼,分析家具陈设如何构建生活场景。

第一节　家具体系的结体美学

一、框架结构——创新的结体方式

　　高型家具体系之所以区别于席地而坐的低矮型家具体系,其中最为核心的是家具形态由低向高改变,这样的变化对家具体系的结体构造提出新的要求。从宋画中家具形制体系的梳理可以总结出,解决这一核心问题的关键是宋代家具框架结构占有绝对的发展优势。从宋画中的家具形制可看出,家具结体上运用框架结构替代了箱型结构。少数五代以前的画中,偶有箱型结构结体家具,画中绝大多数家具都是框架结构。

宋代家具框架结构的思维与中国古代建筑的框架思维相通。梁架式框架结构代替以前纯板面的箱型构造，并逐渐发挥优势成为家具的主体构造。家具制作技艺是在吸取了大小木作技艺基础上形成的榫卯结构技艺，从现存罕见的唐宋两代实物我们可以看到，家具的榫卯技艺已经完全可以实现高型家具稳定的框架结体状态，木作家具制作技术工艺也很成熟。其中，很有说服力的例子是日本正仓院所藏的唐代赤漆欟木胡床、奈良时期的御床、法隆寺弘法大师像中的禅床。这几件难得的实物虽非出自汉地，但可以佐证，宋代家具的框架结构已具备很好的技术条件和经验积累，并且反映出高型家具制作技艺的整体水平很高，区域流传广。因此，进一步说明宋画中家具的框架结构样式在当时具有很好的现实基础。

家具的木作技艺与建筑中的大小木作关系紧密，但作为物质文明，家具与建筑、门窗又有很大的区别。家具在结体框架上有着自身的特征，我们可以从宋画形制体系的角度观察结体框架的规律性与特征。在第二章宋代家具的溯源和分类章节发现，与人的关系越紧密的品类，在起居方式的转型中，其革新的力度越大。如桌案类、坐具类是高型家具形成中变化和创新最显著的两类，本节从这两类入手分析高型家具由低到高的结体特征。

二、模数思维下的结体体系

这里的家具结体包括了家具的机构和造型。分析宋代框架结体形态下的高型家具发现其形成了中国独特的结构和造型体系，这个造型体系背后反映宋代家具模数化的科学思维观念，家具体系具有理性的科学精神。

宋代相关科学技术发展为家具结体构造和造型体系提供了系统化思维的基础。宋代在我国古代历史上是一个科学技术高度发达的朝代，其数学、医药、天文、航海、地理、历法、农学等方面的创新与探索，都得到快速的发展。宋代代表性的著作有北宋沈括的科学著作《梦溪笔谈》、北宋李诚的建筑营造著作《营造法式》、苏颂的药物学著作《本草图经》等等。宋代完成和发展了中国历史上的三大发明。宋画中的高型家具形制的种种体现，也说明中国高型家具形成和发端的核心优势在于宋代。高型家具体系也为中国古典家具技术在明清时期的辉煌成就打下基础。宋代家具艺术与处于世界先进地位的宋代科技水平是同步发展的。

建筑业的模数思维，是建筑设计的一种思维方法。模数制定在我国建筑业中最早运用，并且作为一种法规被确立在《营造法式》这部巨著中。即以对建筑类型划定等级的方式，简化设计和营造的程序，构建建筑模块化的设计和组件。建筑中，模数思维方法的实施是设计和施工规定模数制，以"材"的用法对构建比例、用料做出严格的规定，由此制定了建筑设计、结构、用料施工的标准。模数制规定以"材"的规格为标准，"凡构屋之制，皆以材为祖，材分八等，度物之大小，因而用之"。[1] 把材的大小分为若干等，根据建筑类型划定材的等级。这样简化了建筑设计和营造的手续。解决问题的方案在于，建筑以模块化的方式设计和组件，又便于估算下料和现场预制单元模块。模数思维进一步发展为模块化的结构形式，中国建筑结构形式的多样性主要集中于上部的梁架与柱的结构体系，形成多种结构形式，如硬山、悬山、歇山、卷棚、庑顶、重檐与攒顶、圆顶等不同的单元结体。这些单元结体形式可以独立，也可以在一整体建筑上将两个或两个以上的单元结体进行组合，形成新的多样结体。从木作家具制作来说，以家具的结构单元，引入模数思维分析形制，有利于家具的系统化设计。

与大木作同源，宋画中家具体系中也具有模数化的营造特征，具体到若干结体模块的辨识与运用。家具结体模块，指家具结构或部件元素组合形成的固定样式，这些样式间能连接组合，可以运用于多类家具结体和造型中。这些模块的形成需要经过生活不断地尝试和修正，从而形成了自身最合理和稳定的构造单元，家具结体框架由这些模块单元的组合而成，再经过生活的检验，某些组合状态的家具在生活中逐渐发展成备受欢迎的家具形制品种。经过广泛和长久的流传最终成为中国高型家具的经典形制。

"一切事物，无论是自然的，或人为的，都自有其理。"[2]宋画中家具在模块化的结体思维下，使家具整体具有宋代美学和结构美学特征。以下笔者将分析总结出宋画中的家具系统的结体模块，并从结构关联设计、家具制式合理性、韵律之美三个层面揭示每个模块单元对家具形制体系的核心作用。

三、家具体系的结体模块

（一）桌案类家具中的结体模块

桌案类家具是转型中重心升高非常明显的品类，其中的主要结体模块有三种：四面平式、束腰式、夹头榫式。这样的结体模块形成桌案类家具基本框架，在此框架上基础上再增加细节变化，产生了各式各样的桌类家具形制。

1.四面平式模块

四面平式构成了一种特殊的形体，展现的出四面平顺的形象。就结构关联设计看，四面平造法，可分为两种：一、将边抹造成（凳、案、桌等）面板，再安装到由四足及牙子构成的架子上，中间加栽榫连结，或者用铁钉连接。二、边抹和四足用特殊榫卯连接（明式家具使用粽角榫，宋代家具文献中未见到相关榫卯的论述及学说，但对照宋画图像的家具细节描绘，与明代绘画表现的造法一致，因此推测宋代已具备同样的构造的功法）。宋画中的家具四面平式图像，特征非常清晰。典型的家具形制出现在《聘金图》四足大壶门的方桌、马远《西园雅集图》的托泥壶门大长案、《南唐文会图》的多壶门方案等图像中。

《聘金图》画卷的题材是两国使者会面的场景。图绘画面呈现出山清水秀，自然风景优美如画的季节。在水滨之畔，苍翠欲滴的松树之侧，有着风格别致的大亭台。而在植造的伞状亭顶中，有一硕大的四面平大方桌（图1），桌周围放置绣墩。画中人物的服饰、马匹的装饰均不同，表现出来自不同国家的两方使者。《超越再现》一书中转述姜一涵的研究，认为这个场景发生在1123年，是北宋要求金国归还六个北

图1 四面平大方桌,[宋] 佚名《聘金图》《宋画全集》

方边境辖区而举行的会晤。从艺术的特征看，此画在风格上不似南宋绘画，很可能是北宋作品，或者是受到北宋直接影响的金代作品。其中，四面平大方桌融庄重、大气、素雅于一体，顺滑如水。水虽然柔顺，亦寓意经纬明晰，寓示着宋人品格，两国使者会面，诚意可表，原则在胸。与此四面平图样相同的还有赵大亨《薇省黄昏图》中的四足榻，这即说明四面平结体模块的通用性。马远《西园雅集图》中的托泥大壶门长案（图2）与《南唐文会图》中的多壶门方案（图3），这两例是四面平式与另一个结体模块托泥式组合而成，形成托泥四面平的形制。从图上可以看到，这样的形制构成了一个围和的立方体，与前面的四足触地的案相比框架更为稳固。

四面平式的结体样式具有很强的通用性，受到宋代文人青睐，也适用于其他品类。如宋赵大亨《薇省黄昏图》中四足支撑的榻（图4），简洁无饰的陈设风格，表现士人恬适的生活小景。画面中描绘"南涧科头，可任半帘明月；北窗坦腹，还须一榻清风"的场景，不禁让人随着诗绪联想到"云霞争变，风雨横天，终日静坐，清风洒然"超然于世、无为洒脱的文儒心境。

从宋画的图像中归类，四面平式样的结体单元多习惯用于文人闲雅生活相关联的家具，如书案、单人卧榻，形制表达皆有简洁纯粹，洒脱超然的特征。

图2 画案，[宋]
马远《西园雅集
图》《宋画全集》

图3 案，[宋]佚
名《南唐文会图》
《宋画全集》

2. 托泥式模块

托泥式的结构关联设计是在底端将腿足框住，形成完整围和的框架结体。这样的结体实现了箱型结构的围和效果，同时在稳固前提下节省了用料，非常适合制作形体较大和较重的家具。上述四面平的大壶门方案就很清晰地表达了这些特点，《南唐文会图》中方形多壶门大案可以

很直接地联想到箱型结构的形态（图 3）。宋画中大壶门与托泥式结合的家具较多，是最具特色的形制，并形成了多种子类型的家具形制。

（1）大壶门托泥式和四面平式结合。《西园雅集图》中大壶门牙板线脚和托泥式画案与方凳，画案及方凳式样统一。以歌咏太平盛世为题材的《瑞应图》中为大壶门牙板线脚和托泥式棋桌。画中棋桌是一种案（大壶门托泥式）的结体（图 5）。棋桌与大案融为一体，非常罕见，四足内翻，似马蹄足。

苏汉臣《靓妆仕女图》，以正在梳妆打扮的仕女为题材。画中就多处运用了大壶门托泥式样家具图像，并且结合了四面平式的结体模块（图 6）。

画中台榭旁，梅花绽开，仕女坐在大壶门托泥条凳上，条案上壶门小花瓶架插着几枝兰草花，摆放着化妆盒、镜架等小饰物。条凳、条案与花架都是四面平式结体，造型非常有统一性，桌面面框厚实极具贵族品位。仕女坐在条凳上，在条案、花架间梳妆打扮。宋代仕女的衣裳服饰清雅精致，与家具的清亮雅致风格统一。每一处的"四面平"壶门托

图 5 四面平棋桌，
[宋] 佚名《瑞应图》

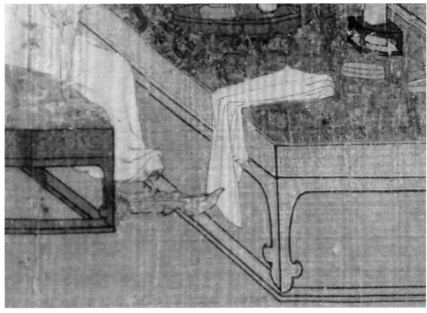

图 6 四面平案、条
凳等，[宋] 苏汉
臣《靓妆仕女图》

泥家具都非常抓人眼球，四面顺滑流淌、表面魅惑丛生，内含一种秉然方正的气质，强化了宋代文雅风尚的表达，烘托了宋代仕女装扮形象的知性感。人物面部形象通过镜面表现出来，仕女的神情娴静而略带忧伤。又以零落的桃花，几竿新竹以及水仙衬托出人物的略显孤零心境。

图 7 带大壶门牙
板线脚和托，泥
有束腰书案，[宋]
佚名《十八学士图》

水仙融水，意寓伊人，新竹意欲靓妆中人情意尤在思人（竹寓君子）。
画面清丽，用色柔美，与"四面平"的凳、案的平顺光滑相映照，亦与
画面敷色鲜润的特点相一致。

　　画家苏汉臣运用了家具"器物——形体"和"表域"的艺术塑造的
作用，家具去衬托和塑造环境的同时，也映照了画中仕女的气质，物与
人相互观照。表域是器物自我表现的一种特殊实现形式。家具的"表
域"作用不是能直接感知的，它的存在，只有结合事物需要表达的意境
才能被感知。李渔的观点与之相近，他写道："媚态之在人身，犹火之
有焰，灯之有光，珠贝金银之有宝色。足无形之物，非有形之物也。唯
其是物而非物，无形似有形，是以名为尤物。"[3]

　　以上的例子中大壶门和托泥式的家具出自不同作者的画作，但形制
如出一辙。大壶门和托泥式与四面平式结合的案，在宋画的场景中经
常与文人、仕女的文化活动相联系，独具沉稳涵虚，空灵婉约的雅致
意味。

　　（2）大壶门托泥式和束腰式结合。宋佚名《十八学士图》中的嵌大
理石书案（图 7）。相对上一例，同是大壶门托泥式样，不同之处在于，
此例在壶门上有券口装饰，且在牙板线脚和托泥各部分形成复杂的纹
样。另外非常特殊的是桌面结体结合了另外一个模块单元，即束腰式，

不同于上例的四面平式样，束腰式也是一个重要的模块单元。

3. 束腰模块

家具中的束腰特征与建筑中的须弥座同源。中国古代建筑中台基这一类的形式称为须弥座式，有多层叠涩构成，到了宋代，这一形制基本上定型，而且束腰的部位明显增高。带束腰型的家具在由低型家具向高型家具的转型过程中，有了新的发展。

（1）束腰模块的榻。与台功能相同的是榻，都以坐为主。宋之前的榻主流结体方式是箱型结构，榻的整体高度在转变中未发生很大改变，承袭古制，依然保留了束腰这一类特征。由于木制家具结体是空心的，腰部强调要开光，腰部慢慢形成框架嵌板的结构，或者是由厚板挖成牙脚的形式。这样的形制使得整体看上去有明显的箱型感受。箱型结构为隋唐以来的传统形式，往往是束腰式与托泥结合的形式。面板的厚度有限，束腰的部位明显升高，有些以间柱分隔，如李公麟（传）《维摩演教图》中的榻。这种结体古朴端庄，底部多有壶门装饰，箱型和框架结体在日常生活中并用。北宋以后，框架结构的榻兴起，大壶门式受到青睐，框架结构的榻出现许多创新的优势，最终确立了其主流地位。例如，宋《洛神赋全图》（图 8）中即为束腰托泥式榻。曹植坐在束腰托

图 8 束腰托壶门泥式榻，［宋］佚名《洛神赋全图》《宋画全集》

泥式榻上与洛神眼神对望，此榻腰身很长，壶门形的开光，其间没有分隔柱，木板直接挖成壶门造型，这属于箱型结体的造法。关节部位有铜饰，人物半踞箕榻上，纱衣飘动显得高贵典雅。

束腰托泥式酒桌出现在宋马远《西园雅集图》中。画中家具有束腰托泥式酒桌（图9），家具结体为有束腰，四边各一壶门，四足着地。这一酒桌的结构形式与前面的《洛神赋图》中束腰托泥式榻的箱型结构形式一样，但壶门开光托泥的细节各有不同。

（2）束腰模块的案。与台和榻相比，案要高出许多，唐宋时期束腰的案增高是这类家具的显著特征。其中，桌面下端，腰压缩得较窄，束腰的案往往和托泥式结合，形成维和的框架。这应该也是承袭箱型结体的缘故。在宋画中束腰式的案与四面平的案相比尺寸较小，没有四面平的书案那么宽厚；另外在与人物关系上，束腰式案往往出现在交谈、饮宴、娱乐的场景中，相比四面平的案更具有文人特有的生活风尚和特征。

宋郭忠恕《明皇避暑宫图》（图10），以唐明皇的宫室建筑与避暑盛况为题材，描绘了骊山华清宫宏伟壮丽的景象。图绘华清宫依山邻水而建，山势层层覆压，渐进而上，台殿阁榭林立，高门回廊穿插无际，殿庭深处，广廊洞开，屏风帐幔围护，只见侍卫、执事人员来往不断，气氛热闹又不失隆重庄严。画中家具图像有束腰大方桌，框架结构，束腰托泥式结体清晰，形体健硕稳重。

《消夏图》以消夏为题材。画中家具图像有束腰条案，桌腿饰卷云纹角牙（图11）。

束腰带托泥式样书案，见元任仁发《琴棋书画图·书图》，其以秋景书图卷为题材。画中家具为束腰带托泥式样的书案，牙条与腿形成对尖的牙头，直方腿，腿沿和边沿施凹线（图12）。此书案与苏汉臣《靓妆仕女图》中的条案束腰托泥模块一致，两者只是大壶门细节不同。

宋代高型家具中束腰式与托泥式结合的家具形制有案、榻外，还有凳、花几等等。与宋代之前的台榻类相比，宋代的此类家具扩展了许多功能，都是在运用这两个核心模块的基础上对部件进行改变。有的方腿

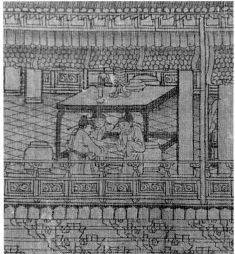

直足，或三弯腿或鼓腿，有的在牙板上形成各种纹饰。但总的来说，束腰式样的家具秉承了台座庄重秀丽的特点，改变了箱型结体的封闭效果，给人以虚实相间又方正稳重的感受，成功地体现出框架科学性和艺术性融会贯通的优势。

宋画中的桌图像很多。桌和案的不同之处在于桌出现的较晚，通过前面溯源我们了解到，桌是随着高型生活方式的需求而孕育和发展的，是高型家具中普及性最强、使用频率最高的品类。它相较于案使用更为广泛，使用场所和人群更多元，从《清明上河图》中便可一目了然。宋画中桌的结体方式主要有五种：四腿直接榫接桌面式、夹头榫式、角牙式、四角腿霸王枨式和曲栅横符子翘头式。

宋画中的桌案类家具的形态与腿子及桌案面的距离相关。在汉代席地而坐时期，放置在床榻前面的桌案称作"榩"。"榩"，许慎《说文解字》曰："榩，床前几。"[4]宋画中的桌案类家具的形态与前述章节中江陵纪城一号墓出土的漆木六博局和信阳长关台七号楚墓出土的案形态相似，且说明它们之间的渊源。

4.四腿直接式

四腿直接式在结体关联上是桌子中最基础也是最简洁易用的，在宋代日常生活中应用最普遍。《清明上河图》中各种店铺里的桌子和条凳

图9 酒桌，［宋］马远《西园雅集图》《宋画全集》

图10 有束腰托泥式大方桌，［宋］郭忠恕（传）《明皇避暑宫图》《宋画全集》

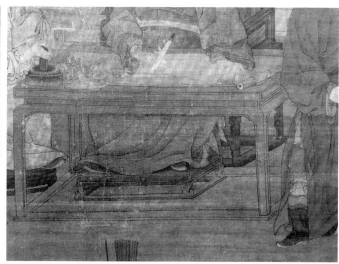

图11 有束腰条案，
[宋] 佚名《消夏
图》《宋画全集》

图12 束腰带托泥
式书案，[元] 任
仁发（传）《琴棋
书画图·书图》《元
画全集》

都有四腿直接式。

四腿直接榫接形态的桌在唐代就有了。例如，前述中第85窟窟顶东披《楞伽经变》（部分）晚唐壁画中，图为楞伽经变的南侧，其中除各种各样的说法场面外，还画有生动的屠户形象。屠宰房里，屠户立在肉案旁正在剔骨，室内挂满鲜肉，两只狗在案旁守候，画面极富生活气息。屠户和猎户在《楞伽经》中出现，都是为了告诫人们：不能为求利而鬻卖肉类，"如是杂秽，云何食之"（《大乘入楞伽经·断肉食品》）。[5]画中南侧的屠房外，一张长方形的四腿桌上面放有宰杀好的羊。另一张桌是方形的，屠夫正在切割肉，桌的高度比长方形桌略高，达到屠夫的腰部。这种高度在唐宋壁画中比较少见，当看作特例。但屠房内放置的带四帐的案（桌）则与房外二桌很不一致。首先它较屠房外的二案（桌）低很多。其次屠房外的两桌为"腿子缩进带吊头"的特征形态，屠房内带四帐的"腿子位于四角"形态的桌（第二章图25）。这两种桌，在唐宋壁画所处的时期称为案或桌均可。

在五代王齐翰《勘书图》（图14）中的小书桌也是如此，画中书桌为方材、直腿、直枨，腿接近桌面四角（有一点距离），四侧各一枨。

四腿直接式样也用于床榻上，日本正仓院藏有唐代两件御床正是四腿直接式（图13）。《勘书图》中的榻与五代周文矩《重屏会棋图》中

图 13　日本正仓院
藏唐代御床二张
之一

的前榻都是四腿直接式，形制接近，清秀稳健，与后面角牙式的绮丽纹
饰形成对比（图 15）。《重屏重棋图》则描绘的是宫廷的场景。这些例
子也说明四腿直接式的结体模块在各个身份人群的生活场景中都被认可
和适用。

5. 夹头榫式模块

夹头榫式是桌子的典型样式，其来源为建筑的梁柱结构。柱头由下
夹住横向的牙板再向上穿入桌面，就如建筑的梁卡在柱头上。这样的结
构方式加强了三维方向的咬合力，具有很好的承载力，相比较直接式和
角牙式，夹头榫式更科学和牢固，制作的精度也要求更高。其也因为构
造科学可靠，而被广泛使用。

五代顾闳中《韩熙载夜宴图》画中，描绘了官员韩熙载在家中摆设
夜宴载歌行乐的场面。这一绘画作品中的桌子即为夹头榫式，结构简洁
和比例协调。画中有三个夹头榫式的条桌，其不同之处在于腿枨的区
别。分别为：前后腿间设双枨、两侧腿间无枨，小巧牙头；两侧腿间设
双枨、前后无枨，小巧牙头；两侧腿间设双枨、前后一枨。《韩熙载夜
宴图》画中的桌子，用材细劲、比例恰当、线条精炼、结构简洁、色调
深沉、格调素雅，是宋代条桌形制的典型范例。[6] 宋画中夹头榫式桌的
画例还有很多，如《蚕织图》（图 16）、《蕉荫击球图》等中的桌型。这
个形式也出现过更大尺度的桌子形制，如《四景山水图》中的长桌。

夹头榫式的模块呈现出俊朗精能的结构美感，充满了理性的审美意
味，成为文士最为青睐的样式。在明代夹头榫式模块演变成更为多样的

图 14 方桌，［五代］王齐翰《勘书图》《宋画全集》

图 15 厚板四腿条案（书案），［五代］王齐翰《勘书图》《宋画全集》

图 16 夹头榫式条桌，［宋］佚名《蚕织图》《宋画全集》

桌案款式，尺度不限，功能繁多，一直经久不衰，成为留传至今最为经典和广泛使用的家具款式。

6. 角牙式模块

角牙式模块的结构，其关联类似建筑柱梁之间的角替组合，清代称雀替，家具中称为角牙，是在箱型形态基础上通过框架结构的思维转化而来。将整块的牙板造型分解为柱和嵌入的牙板两部分，是非常科学和经济的做法。

《重屏会棋图》中人物后面绘有一张宽阔的有如意纹样雕饰的角牙式榻。它形体宽大，用料粗壮，显示出宫廷持重而华贵的气息。还有刘松年《松荫鸣琴图》中的琴桌和香几（第三章图166），除素牙头外，无其他装饰，造型极简、用材瘦硬、比例恰当、线条流畅、色调清新、

格调素雅。如出一辙的还
有宋徽宗的《听琴图》中
的香几和琴桌（第三章
图165），以及《蕉荫击
球图》中的条桌（第三章
图135）。更为特别的是释
道题材《迦诺迦跋厘堕阇
尊者图》中的刀牙桌（图
17），比例超乎寻常，精
瘦骨感，有超越现实的形
状。这应是作者艺术加工

图 17 条桌，《十六
罗汉·迦诺迦跋
厘堕阇尊者》《宋
画全集》

的创想，意蕴独特，但结体明确可辨为角牙式。

　　将夹头榫式和角牙式结合起来看，可以发现两者在形制上很相似，都利用牙板来锁定柱梁。这样的结体模块形成了简洁劲健的形制基础，并且在细节上能不断地演变出新样式。变化主要集中在：（1）条桌的枨子变化在于条桌两侧和前后枨子的排列组合式的变化。条桌枨子的演变，导致形态变化及品类款式的变化。这些演变而来的桌子结体构成宋代桌形家具的主导品类。这种结体的风格简练且功能简易可靠，已经在宋代普及，反映了宋人实用尚简的生活特征。（2）条桌腿的形态变化。宋画中条桌的腿是重要部件，腿的变化导致条桌形制的变化。条桌腿形态有三种：一、苍浑粗简腿型；二、纤细腿型；三、装饰华丽腿型。

　　7. 四角腿霸王枨式

　　四角腿式即腿位于桌的四角位置。其结构关联是利用腿与横向牙条和柱头进行榫卯连接。这是难度非常高的结体构造，没有托泥式的配合，仅凭上部的结构牵制，使得桌腿与牙条、桌面的相互连接难度增加，需要额外的辅助，因此形成了明代俗称"霸王枨"的附加角枨。霸王枨使得腿部多了一个方向的支撑，出其不意，非常美观。

　　四角腿式条桌有两种形制：一是四面平条桌，二是腿于桌面"边抹"平齐。李公麟《孝经图》"广至德章第十三"中的桌为四面平条桌

图像（第三章图 137）。腿部和牙条皆有繁复花纹。《消夏图》，以文士消夏为题材，画中的家具是束腰霸王枨式方桌（第三章图 151）。

8. 曲栅横符子翘头式

曲栅横符子式和翘头式都是沿用席地而坐时期案、几的结体特征。其结构关联是桌面为整块木材，桌腿为细密的条棍等距排列，上端插入桌板，下端插入横符子。实物佐证有日本正仓院所保存的 24 张统称为"多足机"的条案，其足数目有 18 足、22 足直至 36 足多种（图 18）。宋画中曲栅横符子翘头式的案较多，如《高士图》中榻上的书案（第三章图 127）。《三官图》画中则是腿缩进带吊头的案（第三章图 102）。而《闸口盘车图》（图 19）中高束腰曲栅托泥翘头案，是结合曲栅几式、托泥式、高束腰的模块。

画中的几例曲栅横符子翘头式的案都是以书写和供奉功能为主，出现在与宗教和礼教相关的题材中。可见其所被赋予的深厚文化积淀，并且在宋代继续被沿用。从丰富的款式可以看出，在宋代高型家具体系下案的多元发展，可用于不同的场合。有官署的公案，日常家庭的书案，或是释道法会中用于承放法物的供案等。这些案都是在曲栅横符子翘头式结体模块基础上，通过形体细节的变化组合而形成多元的形制，体现

了宋代家具设计的开放性和针对性。

与曲栅横符子翘头式结构原理相通的还有几类，如南宋《梧阴清暇图》中供倚靠的几（图 20）。《北齐校书图》中侍女手中所持的和床榻上一位学士身侧所凭靠的（图 21），也是同式。正仓院北仓阶下"南棚"有"紫檀木画挟轼"一件，高 33.5 厘米，长 111.5 厘米，宽 13.6 厘米。其以长条形柿木为几面（天板），上贴紫檀薄板，两端贴楠木板。两端各有二足，中段细窄处套以三层象牙圈。足下基座以及四周镶金嵌银，描绘花叶、卷草、蝴蝶，做工细致考究，并附有一条与尺寸相合的白罗褥，是圣武天皇生前使用之物。《国家珍宝帐》中录有"紫檀木画挟轼一枚"（图 22），其下注"着白罗褥"，便指此件。另外中仓也藏有一件"漆挟轼"，形制与之相似，唯无华丽之饰。这里的几（或称为挟轼）与曲栅横符子翘头式的结构关联是一致的。

（二）椅类的关键模块

1.边抹中枢

宋画中椅类家具框架结体的核心是边抹夹柱形成座面的结体中枢，

笔者称其为"边抹中枢"。即以"边抹"为主形成起主导作用的机构。这里"中枢"指对椅类家具中起主导作用的部分（座面机构）。其重点是柱梁结构和攒边打槽的结合，形成两边抹头共夹椅腿的结构，将座面与椅腿连接。这二者的连接是椅子结体的"核心"和"中枢"。这种结构是对建筑结构的运用，在梁柱结构的基础上进行改进，即在两只梁之间再次附加榫卯的结合构建。从家具上，靠背的竖杆和后腿是一根木材贯通，形成一木连作。面框作为整个椅子的中间部位，将四根椅腿夹住，因此将椅分为上下两部分。在板面下方加横符条子，形成以边抹部位为稳定中枢的状态。在宋代椅子的图像中，边抹中枢的腿部结合状态有两种：一种是夹住（图23），一种是框住（图24）。其中夹住的状态居多，《韩熙载夜宴图》的椅子和李公麟《孝经图》中的椅子（图27），都为夹住。以南宋张胜温《大理国梵像图》中的禅床为例建模示意（图25），可以与日本正仓院现存唐代"赤漆欟木胡床"进行比对，日本正仓院中保存的"赤漆欟木胡床"为框住型边抹中枢的实物结体状态（图26）。框住形的边抹中枢是中非常重要的边抹结构，体现了中国家具的独特结体样式和结构智慧，宋画中表达这一结体的画作不少，这是宋代家具技术成熟的重要标志。宋《会昌九老图》中的折背样（图28）、圈椅（图29），《玄沙接物利生图》（图30）中的禅床则为椅腿被边抹框住的状态。框住的实物状态可以参照日本正仓院中保存的唐代"赤漆欟木胡床"。这样将四腿框住或者包裹其中的结构形态，是竹制家具中最主要的框架方式，如《药山李翱问答图》中的竹制禅床（图31）。

边抹中枢是椅类家具的框架结体最基础和最重要的模块，也是中国坐具类家具发展成熟的最具代表性的一种处理方式。在此基础上形成两个主要的结体形制：一为椅子，二为宝座。从结体模块上解释为，宝座是边抹中枢与托泥式结合的形制，而椅没有附加其他结体模块。椅子通过更巧妙和美观的方式形成多种造型和款式。这种思维展现了宋人极致的结构美学。在后期，随着生活得不断丰富，家具文明在满足人们不断增长的生活需求中发展，这两类之间交叉创新，而在明清时期则演变出带托泥的椅类（俗称皇宫椅等）和不带托泥的宝座类家具等等。但其在

图 23 夹住型边抹中枢示意图

图 24 框住型边抹中枢示意图

图 25 禅床，夹住型边抹中枢示意图，[南宋] 张胜温《大理国梵像图》

图 26 赤漆欟木胡床，日本正仓院藏"边抹中枢"为框住型

图 27 扶手椅，框住型边抹中枢，[宋] 李公麟《孝经图》《宋画全集》

图 28 圈椅，框住型边抹中枢 [宋] 佚名《会昌九老图》

结体模块上的构成逻辑还是清晰可辨。

　　宝座家具在《道子墨宝》系列画中图样较多，画中描绘各路神仙，他们腾云驾雾，身处仙境，其形象却是接近现实人的写照。在道教神、地狱变相及搜山图中，众多的神形象丰富而生动。地府阴司判审"惩罚"罪犯的情境题材，地府判官坐于宝座之上，威严震慑。宝座由边抹

图 29 圈椅，框住
型边抹中枢，[宋]
佚名《会昌九老
图》《宋画全集》

图 30 禅床，框住
型边抹中枢，[宋]
佚名《玄沙接物利
生图》《宋画全集》

图 31 禅床，框住
型边抹中枢，[宋]
马公显《药山李
翱问答图》《宋画
全集》

中枢、束腰式、托泥式上接栲栳
式构成，后部放置独立的靠屏，
宝座形体单元模块清楚，装饰华
丽，细节精致。上翘的搭脑二出
头，有卷云纹饰，扶手外转，形
似栲栳圈，有靠背和椅披，底座
有束腰壶门券口托泥式。

椅类在边抹中枢的基础上
发展了椅面上部的结体，经过长
期的积累和筛选后形成了灯挂
式、官帽式、栲栳式（圈椅）、
折背式等。这些子类项目中还
可以再继续细分，如官帽又形成
出头官帽式、南官帽式、卷书
式，这样的子模块组合也形成了
对应的形制，如灯挂式对应灯挂
椅，官帽式对应官帽和南官帽
椅，栲栳式对应圈椅（栲栳椅），
折背式对应了折背样和玫瑰椅
禅椅。这反映了模数化思维的
贯穿于中国古典椅类家具整个
系统。

2. 交脚折叠式

椅类中还有一个特殊的结
体模块，对汉地的家具体系有着
特殊贡献，就是交脚折叠式。交
脚折叠式样的结体直接对应的
形制即为交机胡床。由以上分析
可以明显感觉到，这一模块不同

于中国更早期木构的框架思维。在第二章的溯源中我们能够看到折叠式也并非直接承袭中国古代家具思维下的产物。胡床的引入，对于中国家具体系来说，更接近为一个椅类家具的结体模块，而且是一个非常重要的模块，它与"边抹中枢"并立为中国椅子的基础模块。在汉地胡床与其他的模块组合形成汉地自身的交椅形式，如交脚折叠式与栲栳样式结合成为交椅，交椅增添荷叶托首成为太师椅，与官帽式样结合成文士躺椅，也称东坡椅。[7]椅子的子类结体模块可以不断地细分，如上部的结体模块栲栳样式、官帽式等，在此笔者不做细分详解。

（三）屏风、宝座和案的组合模块

本文第三章第四节阐述过"屏风、宝座和案家具陈设模式甄例"。"屏风、宝座和案家具组合"的家具图像，构成了宋画中一对颇有意义的组合，是宋画中家具体系中的一大特点。这种组合形式也可认定为"组合模块"。

1. 家具组合的创新模块

宋画中，屏风、宝座和案家具组合的家具图像很多，集中于释道题材的画作中。宋政权建立之后，就一反五代十国时期的政策，给佛教以适当保护来加强国内的统治力量。宋代佛教大有发展，佛教绘画也较为盛行。在中国古典家具中，宝座是一种供地位尊贵者使用，且体量庞大、装饰华丽带扶手的坐具。宋《道子墨宝·地狱变相图》和宋金处士《十王图》（5幅）都是运用了这一组合，且组合方式完全一致。座案在前，主人翁坐于其后宝座上，背倚巨型的屏风，表达了"君王设依而立"。屏风由多个部分组合而成，描绘非常写实，结构逻辑清楚，完全能够达到按图制作的程度。每件家具装饰精美，其中花团锦簇，极尽奇思妙想之能事，产生超越现实的视觉感受。

2. "场"的模块观念

"屏风、宝座和案家具陈设模式"成为高型家具体系中显赫地位的象征。这样固定的家具组合形成，说明家具不是孤立存在，如同低矮家具时期席几的组合，在生活中陈设的组合具有较为固定的功能意义，并

图 32《听琴图》

图 33《松荫鸣琴图》

蕴含着一些约定俗成的思想观念和寄托，形成"场"的模块概念。这是宋画中以家具形制组合形成的创新模块。

　　在画中，也出现了书案和椅的组合模块。《清明上河图》中账户先生或老板正在桌椅上与人点校书文内容，坐于交椅上，前面是夹头榫式书案，在画中其他的行业中也出现了桌凳的组合。这表明了宋代社会，桌椅已经成为生活中的重要家具组合。此外还有在宋徽宗《听琴图》（图32）、刘松年《松荫鸣琴图》（图33）中往往有琴桌和高方几的陈设组合，体现抚琴和品香相融的生活情调，表达一种优雅的生活方式，这些都是高型家具形制中创新性的组合模块。我们在家具的训诂中认识到家具含有"场"的观念，从这一点可以延伸思考，中国家具观念始终倾向联系地去观察，整体地看家具如何存在于生活场景与观念语境中。家具不仅在人们的生产生活的实践中被不断创造和改进，同时也与人们的精神诉求相应。

第二节　宋画家具与宋人的生活

　　宋人生活的丰富多彩，以及生活美学的发展，推进了宋代政治、经济、文化、社会的发展。宋代家具是建构宋人生活的重要内容，体现了宋人生活起居方式的和谐发展。宋代政治大一统与丰富多元的经济社会、昌盛的士大夫文化、领先世界的科学技术，都给人们的生活带来了许多新变化。中国的绘画在这样的大背景下，在这个时代发展到达顶峰，同时展现出了家具的蓬勃发展。画中家具和场景，反映出高坐生活方式世俗化的普及进程，营造出对不同门类的题材、主题生活的表达。

　　宋朝自建国初期就重视开展古书画搜访工作。徽宗时，内府收藏日趋丰富，在宣和庚子（1120）年间将宫廷所藏的历代著名画家作品编撰成目录，即《宣和画谱》，以备查考。书中共收录魏晋至北宋画家231人，计696轴，分10门：一道释，二人物，三宫室，四番族，五龙鱼，六山水，七鸟兽，八花木，九墨竹，十蔬果。[8]

　　宋画的分类内容，主要针对宋人生活的主要活动类型进行分类。本章参照《宣和画谱》的大类，将宋画中涉及家具的作品按照 10 门分别进行归类，主要集中于三类：一为道释类，主题为佛教、罗汉、道教等。二为人物类，主题为孝道、《诗经》《孝经》、记史、宫廷生活、传统民俗文化、文人、仕女等。三为山水类，主题为游逸山水等。其中，画科中的主题划归不是绝对的，类与类间有包括和兼备的现象。

上述 12 种主题绘画，涉及着宋人主要生活内容，反映了宋代社会各个层面的人物事件，反映宋人当时的生活情感。其中，绘画对于宋代社会生活的作用（或称功能）可概括为三个方面，即审美作用、认知作用、教育作用。

场景的构思和表现是宋人生活的再现和归纳，反映了当时的社会现象和意识形态，艺术地表达出各类生活主题。画中的家具是场景构成的重要因素，既是对宋人生活状貌的艺术再现，也是画者题材构思和主题表达的重要组成部分，从宋代格物致知、深析透辟的绘画观理解，家具也是关联全局的因素。以下笔者对三类画中家具进行归类分析，感受不同题材中家具形成的规律性特征。

一、道释画场景中的家具

宋画中的道释画的主题场景很多，且审美程度非常高。"自汉唐以来，图画之事，经道释画之渐行，渐觉其神圣；及山水画之成立，益明其雅美；审美程度，因大进步。"[9]

（一）释道题材

宋画中的佛、道题材是根据画类的主题派生提出来的。例如，佛、道人物形象，造像，佛、道会事，罗汉图，禅宗等题材见表 4-1 可分解为演教题材、维摩演教等；造像题材有：佛教的观音造像、不空三藏造像、孔雀明王造像、无准师范像造像、维摩居士造像、五百罗汉图造像、十六罗汉造像、道教的十王像造像、十王图造像等。佛、道会事有：佛会诸尊集会、佛涅槃图、道子墨宝等。宋画中的佛、道题材与壁画题材有关联性。例如佛教壁画的画类有佛像画、故事画、经变画、供养人画像和图案装饰派生提出来的题材等。[10]《列举画与题材对应表》如下：

表 4-1 画与题材对应表

画名	题材
宋 李公麟（传）《维摩演教图》/《宋画全集》第一卷第一册	维摩演教
宋 佚名《普贤菩萨图》/《宋画全集》第七卷第三册	普贤菩萨形象，普贤菩萨图绘接近于世俗中的人像，体现了南宋佛像特征
宋 佚名《水月观音图》/《宋画全集》第六卷第五册	观音形象
宋 佚名《南山大师像》/《宋画全集》第七卷第三册	南山师祖像造像
宋 赵璚《诸尊集会图》/《宋画全集》第七卷第三册	佛会诸尊集会
宋 周季常《五百罗汉图：应身观音》/《宋画全集》第六卷第一册	五百罗汉图：应身观音
宋 佚名《玄沙接物利生图》/《宋画全集》第七卷第一册	接物利生，助人参悟，禅宗题材

（二）释、道法事场景中的家具

每一幅佛教题材的画围绕一个主题，当中可以包含有一个场景或多个场景。

1."维摩诘"宣教场景家具

陈设特征仅举"维摩诘"一个主题相关的场景进行分析。佛教场景所反映的是佛的生活。我国古代描写佛教故事选择"维摩诘"主题的很多，自东晋南北朝以来极为盛行，在敦煌壁画中围绕"维摩诘"经变的壁画很多。例如第159窟，东壁南侧《维摩诘经变等》。宋画中有关

"维摩诘"佛教场景活动的画典型的有宋李公麟（传）《维摩演教图》、宋佚名《维摩居士像》和宋佚名《维摩诘经图》。还有一组画为宋陆信忠《十六罗汉·迦诺迦跋厘堕阇尊者》。基于上述4幅画中其中两幅，分析一下家具形态见表4-2。

表4-2 佛教场景与家具表

生活层面	题材	画卷册	家具
佛教维摩诘授教	佛教	宋 李公麟（传）《维摩演教图》/《宋画全集》第一卷第一册	带壶门和腿下加托泥的榻（坐榻：束腰托泥式）、四面券口、榻上锦纹、足承、凭几、须弥座榻、香几（上下须弥座、四翻卷云纹足、几身中间卷草纹）
迦诺迦跋厘堕阇尊者场景	佛教	宋 陆信忠《十六罗汉·迦诺迦跋厘堕阇尊者》/《宋画全集》第七卷第三册	靠背椅（靠背不高齐腰部，搭脑伸出卷圈）宝座、足承（箱型有托泥榻式）、箱型结构榻、花几、条桌（夹头榫、两侧双枨前后无枨）、高几、挂屏、小盒等

从上表中可以看到宋代佛教题材画中场景的特征有：（1）家具种类的高型化。这与唐代的敦煌壁画上有很大的不同，可以从上表看到坐具以榻几、椅、桌高型家具类别为主。（2）场景构图上家具的比重增大很多，成为画面描绘的重点之一。（3）人和家具的关联具有明确互动，即借助家具表达人的动态和状貌。（4）场景的生活化。陈设布局上具有现实生活逻辑和美感，具体动作和情态都是现实生活写照。（5）装饰结构化。画中的家具的装饰有两个特征，其编排都符合家具的结构特征，即没有影响家具结构形态的表现；再则，能将装饰与结构巧妙融于一体。如《十六罗汉·迦诺迦跋厘堕阇尊者》中的花几将三弯腿抽象为象鼻，显示了花几造型与结构内在的装饰特征。从以下三幅图中的陈设分析我们可略窥一二。

故宫博物院藏五代僧贯休所画《宾度罗跋罗堕阇尊者图》（图34），剃度的尊者于南面高背木椅上盘腿坐禅，身前没有任何家具，椅侧有扶

手，手持魏晋清谈用的麈尾。如《佛说处处经》曰："佛不着履，有三
因缘：一者使行者少欲，二者现足下轮，三者令人见之欢喜。"尊者赤
足脱鞋于镂空精雕的足承上，木椅方足、足承之下有托泥方塌。尊者身
后有位手持长刃的狮头武将，如同佛陀被称为狮子王，狮子象征尊者原
先出身崇高的婆罗门种姓，又如《阿弥托经义疏》云："狮子一吼，百
兽皆死，喻佛说法，魔外消亡。"喻其弘法之音犹如足以降伏外道的狮
子吼，故尊者号称"狮子吼第一"。

前方场景有座镂空高足、繁复的多层花台，顶部置有象征汉魏方仙
道的博山焚香炉，并有身形矮小的带冠儒士合十礼拜，另一位矮小的儒
士则捧持象征佛教的莲花花瓶。画面虽然拼合儒释道三教元素，由于画
师是僧人，实则以尊者坐南朝北、随侍身形大小，彰显佛教凌驾于其他
二教。

波士顿美术馆所藏南宋陆信忠所绘尊者（图 35），改东向坐于靠背

椅宝座，四支椅足各雕出一头象身。尊者垂足于足承之上，与他人同样未脱鞋，底下也无托泥塌。身前有条桌与高几，椅侧并无扶手。条桌、高几上分置尊者当初向恶趣众生说法后，获赠的经书与法钵。相传看到或触摸这两样法器，可减缓痛苦，恢复正常感官和神智。尊者"长白须眉，寿相童心"，坐较矮的齐腰椅，左手持木杖，右手指画经书，符合佛典诗赞描述其"泰然自若，高雅平易"的形象。

椅背垂挂莲花纹的靠垫，将插花花瓶省去，改为手捧方盒。合十和捧盒不仅一语双关，身份也都从儒士转变为僧人，且身形比例跟尊者相当，与外表慈眉善目、持火阅经的狮头僧人，共同围绕着画面高度最低的尊者。东京相国寺所藏陆信忠的作品（图36），则在条案上多出一支笔，两侧各有一盆置于高足花几的莲花花瓶，宝座椅足也从原先的水绿色变为如同桌几的漆黑色，高型家具下设有丹顶鹤振翅飞舞纹为饰的箱型托泥塌，相形华贵。

五代高僧所绘尊者像，使用有高屏风、高靠背椅、镂空足承、大面积托泥塌、多层次花台、博山炉、釉色花瓶至少7样相对尊贵的家具，较少取材于现实生活，故其陈设功能更胜于实用功能。南宋民间佛像画师所绘，使用低矮挂屏、齐腰靠背椅、足承、条桌、高几、花几、小盒、托泥塌、法钵等9样家具，款式众多，实用性强，且集中于佛教主题，人物目光全聚焦在高型桌几周边。

由此可见，即使是相同构图主题，由于时代背景、作者出身、家具风格等诸种差异，导致宋代佛教题材画中的场景脱去原始佛教的某些核心元素，更能反映当时生活文化的情境，呈现出前述总结的家具高型化、家具成为画面重点之一、人与家具的关联增强、场景生活化、装饰结构化等五大绘画特征。

2. 禅宗"公案"中的标志性家具

禅宗在南宋时期的流行，使禅宗题材成为当时绘画的重要内容。禅宗题材之典型者，为禅门公案以及语录。这些禅宗故事用绘画来表现，既易于理解，又利于传世，助人参悟。此图描绘了禅师与一僧对答的情境，旁立童子，神情充满禅机。从画作背景山石、树木的画法来看，多

图 36 [宋] 陆信忠《十六罗汉·迦诺迦跋厘堕阇尊者》东京相国寺藏《宋画全集》

为南宋典型的风格。例如宋马公显（传）《药山李翱问答图》（图 37），该图所绘内容乃出于《传灯录》，相传韩愈门人李翱担任朗州刺史时，屡次请药山禅师不得，遂亲自入山寻访。禅师在松下执阅经卷，并未理睬李翱，后者性急，乃言曰："见面不如闻名。"禅师反问之："何得贵耳贱目？"李翱拱手谢之，问曰："如何是道？"禅师先向上一指，又向下一指，问其是否领悟，李翱不明所以，遂曰："云在天，水在瓶。"李翱顿时开悟，欣然作礼，并呈偈曰："练得身形似鹤形，千株松下两函经，我来问道无余说，云在青天水在瓶。"

图 37 [宋] 马公
显（传）《药山李
翱问答图》《宋画
全集》

禅师西向，垂足坐于竹扶手椅，身前石案上有两长方经函、茶盏、
砚台及置于高架的花瓶。石案左前侧有莲花瓣高坐，这种坐具最早见于
敦煌壁画北周第 290 窟顶前部。[11] 椅后有株与该画等长的巨松，又出的
垂枝将大片留白隔出层次，代表青天；禅师打出上指"云在天"的手
势，花瓶倒挂的梅枝宛如巨松垂枝的微缩版，表示"水在瓶"。至于李
翱则从莲花高坐起身，站立合十礼拜，表达开悟与敬意。

马公显出自绘画佛像的世家，曾在南宋宫廷担任画院待诏，因此对
各种家具着墨甚多。但在此幅画中，高台花瓶显然是助人参悟的禅器，
何况花瓶本是佛桌常设的"三具足"[12]之一。对照南宋僧直翁（图 38）、
元僧因陀罗（图 39）等所绘同主题图画，更为明显，后者除了经函和
花瓶被保留下来，其余家具皆不复存，从三图的对比中可见高型家具使
画面显得更加贴近生活，个性的家具成为表现人物和意境的新途径。

宋佚名《玄沙接物利生图》（图 40）。禅宗公案的示法方式是，禅
师启迪众徒时，或用问答，或用动作，或二者兼用。这种公案的禅宗教
育的功能在于接引、教化不同根基、不同障碍的众生，给予精神上的利
益。玄沙禅师垂足坐于扶手椅上，双腿踏在足承上，坐面宽阔而似下

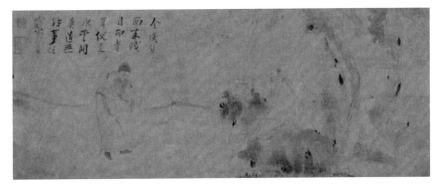

图 38 [南宋] 僧直
翁《药山李翱问答
图》美国大都会博
物馆藏

图 39 [元] 僧因
陀罗纸本墨画《禅
机图断简》 日本
畠山纪念馆藏

陷,即禅椅。此扶手椅坐面下素牙条牙头、两侧施双枨、前后各一枨、
前枨枨下素牙条牙头,有足承;小桌带暗屉,屉下施花牙。然而,该图
重点不尽在此。

　　首先是长型蒲团。《禅林象器笺》提到:"坐物以蒲编造,其形团
圆,故言蒲团。"[13] 相传佛祖当年在蒲团上悟出解脱之道,在佛教丛林制
度中僧人常用于打坐参禅。如《五灯会元》云:"师如是往来雪峰、玄
沙二十年间,坐破七箇蒲团,不明此事。一日卷帘,忽然大悟。"[14]

　　慧稜禅师 20 年间,坐破 7 个蒲团亦未能悟道,某天揭起帘子,无

图 40 [宋] 佚名
《玄沙接物利生图》
《宋画全集》

明妄念方才大彻大悟，并获得雪峰、玄沙两位禅师认可。此画将原是坐垫的蒲团当作椅背靠垫，暗喻悟道无需经由坐蒲团参禅，如同玄沙示众并非实指三病之人，端赖自身省察觉悟的况味。

其次，是在禅师左侧长桌正中放置的鬲式炉。自佛教传入中国后，香炉便作为供奉佛祖的重要礼器，别称"宝鼎"，乃"三具足"之一，常出现在宋代文人书房。香炉可分作三大类，一是放在桌上的置香炉，二是执持的柄香炉，三是三支炉脚、两侧有耳、多立于地上的鼎香炉。

此件瓷质鬲式炉的造型仿自源于新石器时代、盛于商周的青铜鬲，融合传统宗庙祭祀文化符号。它通常是专供北宋皇帝、大臣祭祀用的官窑器或南宋民间流行的龙泉窑烧制品，相当珍贵。此器除了圆口宽沿，直颈扁圆腹，往往饰有三角形突脊，俗称"出筋"等基本形制，还在其有带耳、有盖、分裆、袋足。

照理应如《金光明经》卷二记载："是诸人王手擎香炉供养经时，种种香器不但遍此三千大千世界，于一念顷亦遍十方无量无边恒河沙等百千万亿诸佛世界，于诸佛上虚空之中，亦成香盖，金光普照，亦复如是。"该器使用方式是放于地上，盛置烧香，宁静身心，向佛祖献上最虔敬的供养。此处却放在高脚桌面，并加上器盖，亦意味着求道不假外力，如同画赞云："玄沙宗旨别春兮，理你礼拜，自倒自起，因我得礼你。"

从上得知，禅宗人物画场景中的家具除了前面佛教题材特点外，其独特之处是家具有其特殊的禅味。禅椅是其中最为显著的代表，各种禅画中都有禅椅的表现，与人物特征非常的和谐，这是禅宗题材场景家具陈设上最为突出的特征之一。其次，佛前摆设的花瓶、蜡烛台、香炉之供养器具也常出现。三者虽称为"三具足"，实则数量应有 5 个：中间设置香炉，其旁为一对烛台，最外为一对花瓶。两两对称，又云"五具足"。但在禅宗人物画里，通常只出现当中一件作为代表，并与该画主题息息相关，更富有禅机。"三具足"、蒲团、案、禅椅等佛教器物，后来进入宋代文人、百姓的寻常生活中。高型家具在作为这类器物的承具时，也被赋予了与佛教器物同样的身份和气息。如《药山李翱问答图》中的承放法器的石案，以"案"的形制表达供奉之义，同时又明显兼具有文人书写的功能，具有书案的特征，材质天然，气质朴拙，与竹制的禅椅相呼应，自然奇巧，设计高妙。可见禅宗题材的场景更为贴近生活，家具将神圣象征供养的功能和生活习惯相结合，在场景的美学构建上既为日常物又暗藏无限玄机。

3.《道子墨宝》与《十王图》家具的组合模式

《道子墨宝》画的是天廷各神祇及其所属各神神像，构成长长的"朝谒"形象，篇幅很长；第27—40页，画的是所谓的府阴司判审"惩罚"罪犯的情境，即"地狱变相"，整个地狱阴森凄惨；第41—50页，画的是秦昭王时蜀守李冰在四川灌口兴修水利的故事及事迹，这里作了神化处理。

（1）《道子墨宝》中的家具陈设。道子墨宝（图41）描绘了各路神仙，他们腾云驾雾，身处仙境，在宋画中其形象却似现实人物形象的

图41《道子墨宝》

写照。自古以来宗教教化中,"地狱说"作为宣扬善恶的辅助工具,在人们生活中普遍传播。这类故事将"地狱说"与"天堂说"(或"净土说""极乐世界")对应,在人类各民族文化中十分常见,这一点在宋画中也得以印证。

《道子墨宝》中有家具图像的画有40幅,画中家具主要集中在屏类、坐具类、几桌案类三个大类。《道子墨宝》画卷中家有屏风、翘头案、宝座、足承等,构成以宝座为中心的家具陈设(见《宋画全集》道子墨宝画卷中以宝座为核心的家具陈设条目)。其中"屏风"是画卷中与《道子墨宝》相似的《十王图》画中的一个重要的家具品类。

(2)十王图的家具陈设。与道子墨宝画卷家具陈设相似的画有奈良国立博物馆藏宋陆信忠《十王图》等。后者在家具图式上,构成宝座、案、屏风三位一体的家具模式。除了第一幅秦广王中没有案,其余9幅均有案。此外,奈良国立博物馆藏《十王图》不仅在画面上构成了程式,而且在当时民间画坛广为流传。例如美国大都会博物馆收藏的南宋金处士《十王图》和元代陆仲渊《十王图》(图42)在构图、技法、造型等方面与陆信忠的《十王图》颇为接近。而且其中的人物神情、动作也存在一定的共性,尤其陈设上一致。这个共性还反映在陆信忠《十王图》的佛、道、释人物中引入宋代世俗化丰富人物形象,以及十王背后屏风中的水墨山水,传达了当时画坛的崭新样式,尤为宝贵。

在这类宋画中,必不可少的是画屏风和案。用水墨画装饰屏风在当时是一个流行;帷幔翘头案,案上放毛笔、砚台、文书等,属于办公案府衙家具,其中,案以有织物自承面垂至(或接近于)地面的案为一大特色品种,这类案家具中有两种形式:一是曲栅足和带托泥式,二是足部遮挡形式。

宋画中佛道释的题材还很多。例如佛道释造像题材、罗汉图题材,画中的家具也很多。

释道类题材中不仅有丰富的家具样式,同时出现了典型的家具陈设模式,以及与这样的模式相匹配的家具风格。(1)以道子墨宝为代表的宝座为中心的家具设陈组合,主要家具有宝座、屏风、翘头案、足承。

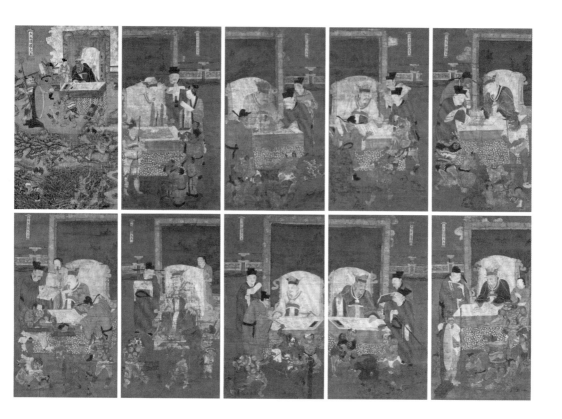

图 42 [元] 陆仲渊
《十王图》

画面布局结构清晰，装饰丰富精致，凸显尊贵华丽；（2）禅宗题材，其中家具构造空灵简朴、大雅静正，装饰上突出天然材质的特征，以物的本味显示家具的美感。值得关注的是，画面家具描绘非常得仔细，搭接结构关系清楚。竹子的弯折转接表达得非常写实，使得家具虽然朴实，但形制刻画得亮点突出，形态构造极具创意，这些独特的家具使得画面增加了新奇高妙的感受，也与画面禅宗主题强调的机锋和妙悟非常契合。其中禅椅为中心的陈设也成为后世有关论禅问道主题家具范式的参照。

二、人物画场景中的家具

（一）反映现实生活的人物画题材

从人物画的图像可以看出：一、画中的家具体系具有系统性和灵活性的特征，能满足宋代人生活的方方面面；二、表明家具与人物画的关系非常紧密，在叙事与场景中，家具成为明显的重点。

宋画中的人物画，大体分为历史画、风俗画、宗教画、仕女画、肖像画等等。这些珍贵的遗产，不仅在绘画技巧上是后人学习的范本，从内容上也如实地反映了古代历史故事和社会生活，可作为画作艺术传承的参考。宋代前期，大约有百余年的和平岁月，国家和人民经历了休养生息的阶段，文学家吸取了丰富的民间生活，创作出人民喜闻乐见的"通俗文学"题材故事，并以多种文艺形式表现出来。宋代一批画家如同苏汉臣、李嵩和张择端等等，他们的画作不仅记录了当时宋代的社会生活、人情风俗，更为后世研究"民俗学"和"人物画"提供了参考。更难得的是，也为本文研究人物画中的家具，提供了可贵的资料。

人物画主题，可分为孝道、仕女、市井、劳动、诗经、盘车、宴聚、琴棋书画、瑞应、人文、传统民俗文化、儿童、宫中生活等等。每一个主题之下，在宋画卷册中，都有对应的画卷名称，以及对应的题材（见下表）。图表中的归纳说明，宋代绘画中对日常生活内容的描绘和表达的关注，主题多，覆盖广，涉及各个社会层面的生活。同时也可以说明宋代绘画非常喜爱和擅长用家具作为生活场景表现手段。与前代的人物画相比，家具与人的关系变得更为紧密，出现频率和比重增加很多，成为反映人物生活特征的重要道具，描绘得非常精彩和真实。见表4-3。

表 4-3 主题与题材对应甄例表

主题	题材	画名
孝道	阐述孝道的意义和各种女性礼仪规范	宋 佚名《女孝经图》《宋画全集》第一卷第五册
仕女	宫中院落观花	南宋 佚名《盥手观花图》《宋画全集》第五卷第一册
市井	清明时节北宋都城汴京（今河南开封）的繁华热闹景象	宋 张择端《清明上河图》《宋画全集》第一卷第二册

主题	题材	画名
劳动	耕织	宋 佚名《耕织图》 《宋画全集》第五卷二册
诗经	诗经陈风十篇	宋 马和之《诗经陈风十篇图》 《宋画全集》第二卷第二册
盘车	盘车劳作	宋 佚名《山店风帘图》 《宋画全集》第一卷第七册
宴聚	会昌九老相聚洛阳履道坊白居易居所欢聚"尚齿"聚会	宋 佚名《会昌九老图》 《宋画全集》第一卷第六册
琴棋书画	李璟与其弟景遂观景达、景边对弈及画中有屏	五代 周文矩（传）《重屏会棋图》 《宋画全集》第一卷第一册
瑞应	太平盛世	宋 佚名《瑞应图》 《宋画全集》第五卷第一册
人文	十八学士集会	宋 佚名《春宴图》 《宋画全集》第一卷第六册
传统民俗文化	游春踏青的习俗	宋 佚名《春游晚归图》 《宋画全集》第一卷第七册
儿童	儿童玩乐	宋 佚名《荷亭婴戏图》 《宋画全集》第六卷第一册
宫中生活	宫中仕女	宋 佚名《仿周文矩宫中图》 《宋画全集》第六卷第六册

（二）人物画生活场景中的家具

宋画中的生活场景，是富有明确主题，选择合适的生活题材，经由作者细致的构思，结合人物、事件、环境、家具陈设等元素组合由画家笔绘而形成的独特的绘画形态。人物画中的场景特别贴近现实生活，其反映的生活题材更为丰富多彩，笔者归纳了与家具相关的部分宋画中的生活场景，分为10种场景形态，将相应的画作归类其中，并对其中的家具进行了梳理。

形态一：民俗与社会生活。

民俗又称民间文化，是中国文化传统的一部分，可以简单概括为民间流行的风尚、习俗。宋画中涉及这方面的题材较多。例如下表4-4民俗与社会生活主题与家具表。

表 4-4 民俗与社会生活主题与家具表

生活层面	题材或场景	画卷册	类别	家具
清明时节北宋都城繁华热闹场景	民俗与社会生活	宋张择端《清明上河图》《宋画全集》第一卷第二册	市井	另注
传统民俗文化	民俗与社会生活	宋 佚名《春游晚归图》《宋画全集》第一卷第七册（图43）	人文	太师椅，与南宋佚名《水阁纳凉图》同为太师椅、挑箱、方凳，与南宋佚名《洛神赋图》方凳相似等
仕女生活	民俗与社会生活	宋苏汉臣《靓妆仕女图》《宋画全集》第六卷第一册	人文	屏风、条案（带壶门和腿下加托泥）、凳、美人靠、小条案（带壶门和腿下加托泥）、镜架、化妆盘、化妆盒、粉盒、花架（带壶门和腿下加托泥）等
宫女们的日常生活	民俗与社会生活	宋 佚名《仿周文矩宫中图》《宋画全集》第六卷第二册	人文	扶手椅、机凳、圆墩、火盆等
柳荫群盲图情景	民俗与社会生活	宋 佚名《柳荫群盲图》《宋画全集》第一卷第六册	人文	树根桌、小板凳等

图 43 ［宋］佚名
《春游晚归图》

形态二：文人相聚。

宋代的士大夫、文人成为地方精英，宋代的统治者对这一优势力量尤其重视。在当时，唐宋思想史的路径被建立，在普遍意义上展示思想潮流与社会转型相联系。[15]文人在宋代的发展中取得重要的作用，他们的生活样态，也很受社会关注。例如下表4-5文人相聚主题与家具表。

表4–5 文人相聚主题与家具表

生活层面	题材	画卷册	类别	家具
琉璃堂与朋友宴集	宴集	五代 周文矩《文苑图》《宋画全集》第一卷第一册（图44）	人文	石凳、石案
与诗友晏集	晏集	宋 佚名《琉璃堂人物图》《宋画全集》第六卷第四册	人文	四足案、枕几、箱、石墩、树根椅、小盒（盝顶箱式）
秦王李世民创建文学馆，广纳贤才	十八学士集会宴饮情景	宋 佚名《春宴图》《宋画全集》第一卷第六册	人文	席、壸门券口方凳、食案、圆凳、壸门券口圆凳、小搁凳、橱柜、橱箱、条桌（有角牙）、壸门券口条案、美人靠等
文士园林雅集	文人题材	宋 佚名《南唐文会图》《宋画全集》第一卷第七册	人文	食案、交椅、玫瑰椅（折背椅）、鼓墩、美人靠等

形态三：表4-6瑞应（太平盛世）主题与家具表。

表4–6 瑞应（太平盛世）主题与家具表

生活层面	题材	画卷册	类别	家具
歌咏太平盛世	太平盛世	宋 佚名《瑞应图》《宋画全集》第五卷第一册（图45）	人文	插屏式鼓墩座屏风、棋桌、高几、月牙凳、锣架、鼓架等
北宋都城繁华热闹场景	繁荣都市	宋 张择端《清明上河图》《宋画全集》第一卷第二册	人文	后附

图 44 [五代] 周文矩《文苑图》

图 45 [宋] 佚名《瑞应图》

形态四：表 4-7 迁途运输主题与家具表。

表 4-7 迁途运输主题与家具表

生活层面	题材	画卷册	类别	家具
征人晓发	起程	宋 佚名《征人晓发图》《宋画全集》第一卷第七册（图 46）	市井	条桌、条凳、挑箱，与南宋佚名《春游晚归图》中家具外形相似
古代商旅和迁途运输	迁途运输	宋 佚名《盘车图》《宋画全集》第一卷第六册	市井	条桌、条凳、马槽、拖车、独轮串车等
古代商旅和迁途运输	迁途运输	宋 佚名《闸口盘车图》《宋画全集》第二卷第二册	市井	扶手椅（曲搭脑）、翘头案等
古代商旅和迁途运输	迁途运输	宋 朱锐（传）《盘车图》《宋画全集》第六卷第一册	市井	条桌、条凳、屏风、骆驼食槽架等

图 46 [宋] 佚名
《征人晓发图》

形态五：表4-8 劳作主题与家具表。

表 4-8 劳作主题与家具表

生活层面	题材	画卷册	类别	家具
农妇户外纺织劳作	劳动	宋 王居正（传）《纺车图》《宋画全集》第一卷第一册	人文	小机凳、纺车
丝纶劳作	劳动	宋 佚名《丝纶图》《宋画全集》第一卷第六册	市井	矮案等
蚕织劳作	劳动	宋 佚名《蚕织图》《宋画全集》（图47）	市井	方桌、长桌、矮桌、条案、火盆、矮案、搁案、长凳、蚕架、灯台、挂屏、木梯、蚕箱
农耕劳作	劳动	宋 佚名《耕获图》《宋画全集》第一卷第七册	市井	长桌、长凳、方桌、鼓墩等
庭院赏花	庭院	宋 佚名《盥手观花图》	人文	花几、圆凳、屏风、条桌

图 47 [宋] 梁楷
《蚕织图》黑龙江
省博物馆藏

形态六：表 4-9 庭院生活主题与家具表。

表 4-9 庭院生活主题与家具表

生活层面	题材	画卷册	类别	家具
庭院 与操琴	庭院	宋 佚名《深堂琴趣图》 《宋画全集》 第一卷第七册	人文	座屏、琴桌
小庭婴戏	庭院	宋 佚名《小庭婴戏图》 《宋画全集》 第一卷第七册	人文	四面平（软屉）方凳等
庭院赏月	庭院	宋 佚名《桐荫玩月图》 《宋画全集》 第一卷第七册	人文	屏风、藤墩（从图形上看，与宋 佚名《勘书图》中的藤墩外形相 似）、四足榻、方桌、橱架、机凳、 条桌等
楼阁场景	莲塘 泛舟	宋 佚名《莲塘泛艇图》 《宋画全集》 第一卷第七册	人文	条案等
庭院赏花	庭院	宋 佚名《盥手观花图》 （图 48）	人文	花几、圆凳、屏风、条桌

图 48［宋］佚名
《盥手观花图》

形态七：表 4-10 儿童主题与家具表。

表 4-10 儿童主题与家具表

生活层面	题材	画卷册	类别	家具
百子孩童嬉戏	儿童	宋 佚名《百子嬉春图》《宋画全集》第一卷第七册	人文	机凳、四面平方桌、小盒、美人靠等
儿童玩乐	儿童	宋 佚名《狸奴婴戏图》《宋画全集》第六卷第一册	人文	花架、席、美人靠等
儿童玩乐	儿童	宋 佚名《荷亭婴戏图》《宋画全集》第六卷第一册（图 49）	人文	屏、方桌、四足榻、榻上小座屏、桌上有琴、古玩、盒、美人靠等
古人为婴儿洗澡	儿童	宋 佚名《浴婴图》《宋画全集》第六卷第六册	人文	藤墩等

图 49 [宋] 佚名
《荷亭婴戏图》

形态八：表4-11 饮宴主题与家具表。

表4-11 饮宴主题与家具表

生活层面	题材	画卷册	类别	家具
白居易居洛阳香山时与友人的"尚齿"之会	饮宴	宋 佚名《会昌九老图》《宋画全集》第一卷第六册（图50）	人文	鼓墩、琴桌、坐墩、棋桌、棋盘、美人靠、鼓墩与美人靠、条桌、橱柜、食柜、一桌四圈椅 等
可汗率部下骑士出猎后歇息饮宴事件	饮宴	辽 胡瓌《卓歇图》《宋画全集》第二卷第一册	人文	案等
与诗友晏集题材	饮宴	宋 佚名《琉璃堂人物图》《宋画全集》第六卷第四册	人文	四足案、枕几、箱、石墩、树根椅、小盒（叠顶箱式）等
农耕劳作	劳动	宋 佚名《耕获图》《宋画全集》第一卷第七册	市井	长桌、长凳、方桌、鼓墩等

图50 [宋] 佚名
《会昌九老图》

形态九：表 4-12 佛教主题场景与家具表。

表 4-12 佛教主题场景与家具表

生活层面	题材	画卷册	类别	家具
佛教维摩诘授教	佛教	宋 李公麟（传）《维摩演教图》《宋画全集》第一卷第一册	佛教	带壶门和腿下加托泥的榻（坐榻：束腰托泥式）、壶门券口、榻上锦纹、足承、凭几、须弥座榻、香几（上下须弥座、四翻卷云纹足、几身中间卷草纹）
迦诺迦跋厘堕阇尊者场景	佛教	宋《十六罗汉·迦诺堕阇尊者》《宋画全集》第七卷第三册（图 36）	佛教	靠背椅（靠背不高齐腰部，搭脑伸出卷圈）宝座、足承（箱型有托泥榻式）、箱型结构榻、花几、条桌（夹头榫、两侧双枨前后无枨）、高几、挂屏、小盒等

形态十：表 4-13 宫中生活主题与家具表。

表 4-13 宫中生活主题与家具表

生活层面	题材	画卷册	类别	家具
宫中仕女生活	宫中生活	宋佚名《仿周文矩宫中图》《宋画全集》第六卷第六册	人文	火盆架、杌凳、圆墩、扶手椅等
宫中仕女生活	宫中生活	宋 佚名《仿周文矩宫中图》《宋画全集》第六卷第六册	人文	杌凳、月牙凳等
仕女调鹦	仕女生活	宋佚名《调鹦图》《宋画全集》第六卷第一册（图 51）	人文	方桌、带壶门和腿下加托泥的榻、足承、布屏、高几、镜架、美人靠、香薰、香炉、渣斗等
仕女调琴图场景	仕女生活	宋 佚名《仿周昉宫妓调琴图》《宋画全集》第六卷第五册	人文	圆凳、石凳、琴等
宫廷仕女玩双陆棋的情形	仕女生活	宋 佚名《内人双陆图》《宋画全集》第六卷第六册	人文	杌凳、棋桌等

图 51 [宋] 佚名
《调鹦图》

以上对人物画题材生活场景中相关家具的梳理，发现高型家具与宋人的生活密切联系。每个主题下的日常生活都离不开家具，每张画中的家具都不雷同，并且是以组合的方式出现，与人物的身份、环境、主题事件都有关联，形成了一画一景的美学景观。例如在文人相聚主题下，通过《韩熙载夜宴图》《南唐文会图》等画，我们可以了解家具在宋人集会中的具体使用状况。家具是构建审美场景的重要内容，涉及宋人生活的方方面面，是不可缺少的因素，例如通过对《重屏会棋图》等进行寻微分析，可以了解当时作者在专题场景构建时画中家具表现出的特征和作用。

三、山水画场景中的家具

中国山水画简称"山水画"。以山川自然景观为主要描写对象的中国画。中国山水画兴起于晋宋时期的缘由在于：一、山清水秀，自然风景秀美的南方优越地理位置的条件和契机；二、晋宋适逢乱季，文人士大夫们超越现实、超越功利的自然美的艺术关照的文人情趣与生活。[16]

宋画中的山水画题材丰富，内容广泛。例如表达四景山水素材的宋刘松年《四景山水图》；宋佚名《花坞醉归图》；金李山《风雪松杉图》的风雪松杉场景；以拖技法画梅树多姿形态的宋马远（传）《雕台望云图》；群峰兀立，瀑布飞泻而下，中景山丘上建有寺塔楼阁，山麓水滨筑的宋李成《晴峦萧寺图》；采用唐代《摹韦偃牧放图》风格要素的宋乔仲常《后赤壁赋图》等。

山水画中的家具陈设特征：反映出宋人与山水相亲，在林泉深处的生活状貌，展现宋代画家对自身生活的独特关注和刻画。山水画的主要对象是林泉山水，对家具并未多着墨，人物和家具在画幅中占的比例比较小，家具的刻画没有人物画和释道画那样清晰，但是对家具的形制的表达还是能一目了然，归纳后可以知晓林泉高志者所倾向的家具类型和组合习惯。从出现的频率排序看：一为椅、凳；二为桌案；三为榻几等。

（一）全境式山水题材中的家具

全境式往往描绘重大题材的绘画，背景宏伟，人物众多，时空跨度大。单线叙述无法表达其丰富的内涵，也传达不出澎湃的气势，必须采取多角度、多方面的立体叙述，使之显现出全景性，使观者既能鸟瞰全景，又能观照细部，获得整体印象而不失深刻的细节。全境式山水以区别小景山水绘画。全境式山水题材画，更便于多方位展现画中家具。

1. 四时山水题材

四时山水是以春、夏、秋、冬四季为题材的绘画。例如《四时山水题材与家具对应甄例表》（见下附表）总结的四时山水题材所处的场景：银装素裹；枯木、乔松、林竹错落，泉水湍急；群峰兀立，瀑布飞泻而下，中景山丘上建有寺塔楼阁，山麓水滨筑以水榭、茅屋、板桥，间有行旅人物活动的场所，所用的家具简洁且能体现适应功能要求。表中显示，家具以条案、方桌、条凳、茶几等桌、案、几类和坐具类家具为设置品类。家具呈现简淡实用的风格。屏风、条案、方桌、条凳、条几、茶几、筌蹄、禅椅、四足榻、有托泥无束腰式榻、条案等桌、案、几类、坐具类和榻类家具为主要设置品类。见表4-14四时山水题材与家具对应甄例表。

表 4-14 四时山水题材与家具对应甄例表

画名	题材	家具
金 李山《风雪松杉图》《宋画全集》第六卷第六册	风雪松杉图	屏风、条案、方桌、条凳、茶几等
宋 李成《晴峦萧寺图》《宋画全集》第六卷第五册	自然山水的灵秀之气和雄伟气象	条桌、条凳、筌蹄等
宋 刘松年（传）《溪山雪意图》《宋画全集》第六卷第四册	雪溪水景色	鼓墩屏风、条桌、杌凳等
宋 刘松年《四景山水图》《宋画全集》第一卷第四册	四景山水	全画中有家具：趟椅（禅椅、绳床）、挑箱、四足榻、山水座屏、条案、带壶门券口和腿下加托泥的榻（有托泥无束腰式榻）、平头案等。冬时图像中无家具图像

2. 文人山水题材

表 4-15 文人山水题材与家具对应甄例表

画名	题材	家具
宋 江参《林峦积翠图》《宋画全集》第六卷第五册	文人山水	靠背椅

画名	题材	家具
宋 赵葵《杜甫诗意图》《宋画全集》第二卷第二册	江南竹林的恬静平远景色，诗意山水	条桌、圆墩等
宋 马远（传）《雕台望云图》《宋画全集》第六卷第一册	文人山水	屏风、条凳、藤墩、高几等
宋 李成《晴峦萧寺图》《宋画全集》第六卷第五册	自然山水的灵秀之气和雄伟气象	条桌、条凳、荃蹄等
宋 乔仲常《后赤壁赋图》《宋画全集》第六卷第五册（图52）	文人画品格山水	屏风、圆凳、石凳、四足榻等

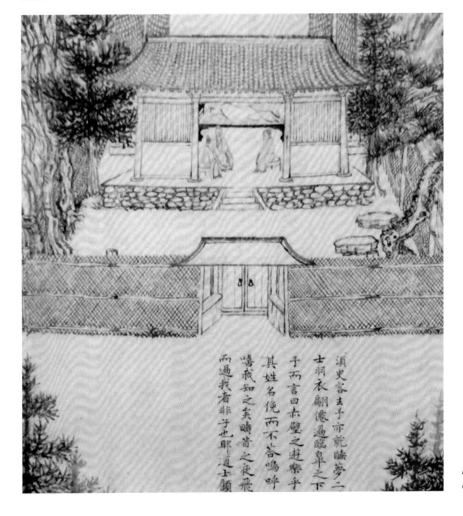

图52 [宋] 乔仲常

《后赤壁赋图》

从家具一栏可以看出，文人山水题材与家具的选例，家具分布在桌案几和坐具两个类别。显然其中有墩、凳、椅、筌蹄等品类与桌几的家具组合。文人山水题材画中的这一点，充分说明了宋代起居方式已完全改变，是高型家具的典型组合。

3. 精致山水小品题材中的家具

精致的山水小品题材画作，善于表现文人高士山居生活的悠然状态。根据题材的特点归类分为：意境山水题材；庭院山水题材；诗意山水题材 3 类，场景营造比较丰富的是前两类，因此文中将意境山水题材和庭院山水题材的画作、题材、家具进行了聚类分析。

4. 意境山水题材

意境是山水画的灵魂，对意境的创造是山水画家毕生追求的艺术境界。而意境是对恬美景物的"遐思无限"。表 4-16 意境山水题材与家具对应甄例表中家具一栏可以看出，意境山水题材与家具的选例，家具分布在桌周围的墩、凳、椅（四面平方凳、太师椅、鼓墩座屏、圆墩、花几）等，是高型家具的典型组合。

表 4-16 意境山水题材与家具对应甄例表

画名	题材	家具
宋 佚名《水阁纳凉图》《宋画全集》第二卷第二册（图53）	建筑物和舟船等器物方面的技法在与山水的组合之意境	四面平方凳、太师椅、鼓墩座屏、花几等
宋 佚名《山居说听图》《宋画全集》第一卷第七册	清新淡泊与山水题材的意境	屏风、条桌、鼓墩
宋 赵葵《杜甫诗意图》《宋画全集》第二卷第二册	文人简逸蕴藉的笔墨意境	条桌、圆墩等

5. 庭院山水题材

庭院山水是南宋小幅山水画的极好主题。见表 4-17 庭院山水题材与家具对应甄例表。从上表可以看出，表中家具集中在桌类；榻（四足

图 53 ［宋］佚名
《水阁纳凉图》

榻）类；坐具（凳、墩、美人靠）类；屏类；架（橱架）等类家具。家具品类以高型家具为主体，家具风格与庭院山水意境相符。

表 4–17 庭院山水题材与家具对应甄例表

画名	题材	家具
宋 陈清波《瑶台步月图》 《宋画全集》 第一卷五册	吟风赏月	方桌、美人靠等
宋 佚名《桐荫玩月图》 《宋画全集》 第一卷第七册（图 54）	桐荫下仕女玩月图景	屏风、藤墩、四足榻、方桌、橱架、机凳、条桌等
宋 郭忠恕（传）《明皇避暑宫图》 《宋画全集》 第七卷第二册	明皇宫室庭院山水	大方桌、圆墩、凳、座屏等

图54 ［宋］佚名
《桐荫玩月图》

6. 诗意山水题材

诗画相逢两相应。中国的诗与画同根同源，同样源于中华民族的文化血脉与传统。宋代诗人在题咏山水画时，善于根据所题咏画作的不同品类使用不同的笔墨，使题诗与原画在艺术形式和风格上保持和谐一致。诗在画中，画在诗中。例如宋赵葵《杜甫诗意图》条桌、圆墩等。

宋画中精致的山水小品题材不在少数，山水小品可以蕴含在人物画等画类之中。例如其中山水与人物题材，魏晋南北朝时期的山水画由人物画中的背景走向山水画的独立呈现。当然，有的山水画，离不开人物元素的光彩。宋代的山水画在这样的转型中绽放了自己的光彩。宋画中山水画的山水元素与人物元素和谐共生的范例甚多，例如宋佚名《征人晓发图》，画中呈现小幅山水人物画题材的意境。还有一些专题性的小幅山水题材，例如茶与山水题材等。茶文化渊源流长，对中国的文人精神产生过深远的影响，中国的绘画艺术与茶文化一脉相承。茶和山水在中国哲学、美学、文化与艺术都有深厚的底蕴。"纵情山水间，茶亦能醉人，山水亦醉人。"茶与山水共处画中并构成一个题材的例子不少。

本节归纳了家具所涉及的三个绘画种类，列出十几种宋人生活的主题场景，这些场景是宋代生活的缩影，从这里可以看出以下几点特征：（1）宋代高型家具能设计并满足宋代生活的方方面面，服务于人们物质与精神生活，高型家具体系具有很强的功能性和覆盖性。（2）家具的分类体系已经可以满足不同主题生活的功能需求，在分类上具有系统性和科学性。（3）家具在系统性科学性的基础上已具有丰富个性的发展。在不同的主题生活下，家具的造型各异，在具体造型和陈设组合上与主题有直接联系，可以理解为已具有很强的艺术表达和定制设计概念，具备艺术性和设计性。这也使得家具的艺术形态和内涵与画的主题、题材形成直接关系，家具成为体现主题生活的重要媒介，家具的个性由此而生。

进一步可以说明，中国高型家具系统在形成过程中所具备整体性、系统性的优势，家具艺术性和个性的发展非常贴近人们物质和文化生活，源于具体主题生活的构建要求。在丰富的主题生活下形成了更加多样化的生活场景，家具成为场景构建中重要的因素，在日常生活用具中占有很大比重。

第三节　宋画家具构建美学场景

宋画中的场景构建与画的主题和题材有关联。这样探索出宋画中的家具场景构成的出发点应该是基于主题、题材、人物、事件、构图的整体思维，因此，这也体现出宋画中家具的一个要点，即家具不是孤立的存在。

画中家具可以构建美学场景。宋画中的家具自身的特征符合画面题材和主题的需要，满足宋人生活的功能需求和审美需求，同时家具构建画面所需的美学场景，起到了多维的作用。本节进一步探讨分处三个主要画种中的典型范例，从"人、事、物、场"四个方面着眼，分析家具陈设如何构建美学场景。

一、人物画中的家具美学场景构建

人物画以人为描绘主体，前述中论及与人行为越接近的家具其变革的程度越大，所受到的关注也越多。人物画中的家具表现得最仔细，种类最多，也是宋画中最能反映家具特征的画种。

选择五代周文矩（传）《重屏会棋图》为人物画范例，此画中家具在画中构图具有非常大的比重，其中的美学场景完全由家具构建，且形制特征描绘清楚。《重屏会棋图》描绘的是南唐中主李璟与兄弟们在屏风前对弈的场面。因背景屏风上又画屏风，故称"重屏"。《重屏会棋图》卷中有画的主题思想、政治背景和叙事内容，暗涵宋太宗继位的政治理念。画家塑造出不同的人物个性形象，同时画中的家具占据了绝大部分的描绘分量，配合人物形象，明示人物事件的身份、背景。这些精致布局、设计、描绘都是揭示人物心理意图的线索，以象传意，尤能达致以形传神、形神兼备的审美境界（图 55）。

（一）家具造型与场景搭配

场景造型与画之背景一致。《重屏会棋图》所表现出的悌行思想是

产生该摹本的背景因素。该画图绘构思与画面表达、色调、点线面布局等技术呈现都是在背景下预设的，家具选款和造型装饰与画的构思保持了一致性。家具造型反映了中唐以后的物质形态的特征。透过此图，可了解南唐绘画的面貌和南唐人文特点，图中的各式家具、服饰、器物以及装饰等，保留了许多中唐以后宫廷文化的物质形态，给文史学家提供了有价值参考的形象材料。

1. 家具造型各具特色

画中人物和家具与屏风画中家具的陈设呼应。现实物象透视与画幅中的透视是一致的，从视觉递进的方式分析，先进入眼帘的是画中场景中的家具，由像的近远、前后，从大引申至小是屏风画中的家具。画中画的重屏构图符合透视成像的效果。画中构置的一个充满诱惑和有意味的视觉混淆，加强了观看的趣味性，形成几个不同时空的相互观照。

画面现场家具有壶门造型长条食案、四足立柱榻、大型四足立柱式案、盝顶式箱、点心盒、棋盘、小盒、投壶等；屏风画中的家具有三折屏风、壶门榻、书几等。

大型四足立柱式案四腿形与五代王齐翰《勘书图》中的四腿榻腿形相似，着色不同。大型四足立柱式案上放置投壶小盒等。此画中大型四足立柱式案、盝顶式箱、小盒等与宋佚名《琉璃堂人物图》中的同名家具相似，可见这样的形制在当时是士大夫和上层生活中的典型形制。屏风画中的家具有三折屏风绘三幅山水画。屏风画中绘有并排放置的有束腰壶门券口（左右二壶门）榻与无束腰壶门券口（左右二壶门、前后六壶门）榻。此三折屏风绘三幅山水画与五代王齐翰《勘书图》中的三折屏风同样式，从人物比例上看，《勘书图》上的屏风更大更宽。

周文矩将画面反映的现实生活中的景象，通过图像中家具的透视线导向画外中主的理想生活。重屏风上绘山水使人联想到中主的心境，以白居易的《偶眠》诗映照，尤为恰到好处。即寓意在枕臂火炉旁边，放着书案，中主回忆往事，思绪起落，而多次入眠，夫人和侍者在榻旁料理，卸乌帽展青毡，就是《偶眠》诗所描绘的场景，以画绘古贤。[17]

2. 家具搭配的和态之美

家具造型与搭配在场景中的和态之美。画家把皇室活动描绘成生动有趣的文人雅集，其中场景营造出追求淡泊、闲适的生活，正切合周文矩画之主题。画中表现出良好的弈棋气氛，以显现平和之象。从家具陈设来看，以四足立柱榻为中心，方正沉稳，四足立柱榻上放置棋盘，中主身后的更大一点的四足立柱榻，屏风上所绘有壶门造型榻，山水画屏等；两侧还绘有小盝顶式箱、投壶等。家具表面和形制上平实、光顺、华丽。具体表现在家具的功能、结体构件间、构架受力承重和装饰等诸方面实施了"中剖二分"的对称式造型。构件上曲与直、方与圆的转换，纹理及材料的利用，结构的契合，装饰手法的实现等等都秉承了人们对"中和""执中""尚中"的认识。

家具与画面多重构图的和合之美。家具完成了画中多重构图的和谐之美。画者布局精心，符合中主对画的本意要求。构图上与"周文矩琉璃堂人物图"有相似之处。巧妙的重屏布局，娴熟的空间透视技法，显示出画面构图的创意。从空间透视而言，画家布局让每块"场景"相互关联，又巧妙错开，从而相互层叠又避免了遮挡，使得画中三个"场景"——弈棋场面、屏中偶眠诗意、屏中屏山水层次清晰又互相融恰；三个空间由近及远，越来越空阔，显现出屏中屏深远的空间关系，把十分简洁明了的空间关系处理得丰富且成功。画中主体家具与屏风画中三折屏风和卧榻、坐榻等家具的排列一致，现实物象透视与屏幅中的透视也是一致的，使图绘有序展开。

（二）家具在场景中的审美特征和作用

1. 画中家具的审美特征

（1）家具呈现格物致知的审美观。宋代绘画强调格物致知的绘画观，这点充分展现在对家具结构与形体关系上。《礼记·大学》："致知在格物，物格而后知至。""所谓致知在格物者，言欲致吾之知，在即物而穷其理也。"这体现在：绘画秉持观念，其中元素与观念的关联，展现运用壶门、枨子以及各种榫卯的连接，使家具形态符合力学原理，具有客观的稳固度；箱式结构、四腿结构等榫接方式的运用，在美学范式上实现了部件和整体的一致与和谐。宋画中描绘的家具本身实现了功能与美学的统一。

（2）家具多重审美层次的构建。家具的形态、比例、色彩、方便变化塑造了多重的审美层次。第一，尺度比例上：画中主要的座屏、卧榻、桌等家具的尺度根据构图的需要安排设置，相互间注重比例和谐、透视有序，家具在画面的经营布局节奏和谐。第二，虚实轻重上：画面中各部分虚实轻重的表达，娴熟地把握家具器物与人的比例关系，使家具成为掌握画面布局平衡的重要因素。第三，心理节奏感受上：同时运用笔墨技法，精心地绘制家具的方圆规矩，装饰上设计繁简有致，晕染设色恰到好处，巧妙地控制了整张画面视觉审美的前后层次，家具本身也表达了方圆之形和抚慰人心的体感。

（3）家具笔墨艺术凸显圆融的特点。家具的描绘发挥水墨笔意的特征。值得关注的是，画中的家具描绘非常清晰传神，但这里所表达的家具的"体感"并非出于对材质效果的表面绘制，也不仅仅是对重量体积的理性辨识；而是贯彻笔墨的特性，精微揣度物体的方圆润锐之于心的感受，显出榻的沉稳、几的刚健、禅意的空灵、琴桌的清旷等等，这样的描绘是探及对物性的诠释，跳脱出对俗像的临摹，用笔墨特性涵养出内心对事物的另一番认识。这样的家具效果容纳了中国画笔墨多元的审美样态。

2. 家具在场景中的线索作用

（1）家具是场景亮点的延伸。将画中现实部分的生活景象扩大。这的确是画家扩大画面空间的手段之一，画家的构思何在？笔者以为，周文矩是想将现实生活中的景象通过家具陈设的透视线导向古代生活，画面图绘出现家具的形体透视效果，透视引导画面向焦点延伸，使图中的棋盘、四足立柱榻与屏中的壶门榻等构成透视的工具。也就是说，棋盘格上的线条直接导向屏风画，棋盘成为沟通两时空的引线。

（2）家具是情节引发的线索。激发情节联想。从时间序列而言，有一个连续递进的环节。在联想情节中，画家给观众留下一个想象空间，即联想过去已经发生和将要发生的情节。观者可以联想四兄弟曾经玩过投壶活动（左）、看到正在进行时的对弈（中）和联想将要转入下一个用膳阶段（右）的场景，说明他们的弈棋活动是有策划的，也是活动的重头戏。长条食案上摆放着一摞精美的漆器食盒，这都是推进叙事联想的暗示。

情节交织意境。在屏风画里，白乐天《偶眠》诗意画也引发观者一连串的联想。屏风画中主人公的夫人正在为他脱去纱帽，三个女仆在铺床；根据画中的道具，可知主人公此前曾啜茗读书，此时正闲适地等待就寝前的准备，随后入梦，三个情节发生的位置分别是前、中、后，由此将空间引向纵深的屏风山水，这样的纵深感与李璟等四人左、中、右横向位置的娱乐情节发生相交错。

（3）家具是多重场景递进的媒介。改变单一情节的叙述方式，使观者主动的思绪进入故事性的情节中。宋佚名《小庭婴戏图》更是娴熟地掌握了这种表现联想情节的时间关系，假山旁幽竹叶生，四个活泼可爱的孩童正在嬉戏，似在争抢棉花糖之类的食物。地上凳子、铙钹、小球等玩具散落一地，花枝似乎在摇动。这里的"似乎"就是在联想情节的表达。本画采用的是多情节的创作手法，即投壶、弈棋、漆器食盒、屏风画里的白乐天《偶眠》诗等这些情节进行构思，其中，家具与场景就是媒介。

（三）家具的风格与主题一致

人物画中的家具，整体上具备文人化的审美倾向，呈现与画的主题相融。画中风格与审美，较隋唐时期家具以雍容华贵为美，追求繁缛修饰的倾向显然不同，而是具有自然清新的风格感受。即便是《重屏会棋图》这样的政治主题的事件背景，在文治的语境之中，从人物风范到家具陈设都显得简淡和雅。具体材质表现为木制，质朴典雅；色彩的表现为淡雅、清新；家具形态的表现为简洁、厚重、雅正，现实的家具与屏中略为繁复的家具形成明显的风格对比，烘托出平和稳重的气韵，最终给人以和谐的氛围。

本图画中的家具呈现高型家具的特征，宋代家具风格在本画中得以验证。现场家具壸门券口造型长条食案、四足立柱榻，屏风画中绘有并排放置的有束腰壸门券口（左右二壸门）榻与无束腰壸门券口（左右二壸门、前后六壸门）榻等家具特点上有：一、体现出初唐至五代时期家具的重要变化。唐代以前的传统床、榻主要表现为形体矮小，而且足部多做成柱足或"局脚"（高不足一尺而卷曲的足）。本画场景中的四足榻已经增高，人物都垂足高坐。二、按足型可分为：（1）下部是壸门托泥座，无束腰式壸门食案佛教特点明显；（2）高足式，各足之间无座围相连，但两足之间出现横枨（多施于两窄端足部之间），足与板面采用传统的榫卯结构。[18]

画中家具崇尚简洁的风格，样貌简劲，色彩柔丽，在诸多的宋画作中也同样显示出来。与宋佚名《琉璃堂人物图》（图56）中的大型四足立柱式案等家具的风格相同。

二、文人画中的家具美学场景构建

文人画在宋代亦有较大的突破与发展，代表人物有梁楷、李成、范宽、郭熙等。[19] 宋代文人画集诗、书、画、印于一体，轻色彩、重水墨，

图 56 大型四足立柱式案，[宋] 佚名《琉璃堂人物图》《宋画全集》

追求水墨达到的平淡致远的艺术境界。注重主观意志的抒发，适应了艺术发展的趋势成为大众追捧的艺术样式。

本节选择宋马远《西园雅集图》作为文人画的典例分析。著名的"西园雅集"是对宋代文人雅集场景的典型描绘。西园是北宋驸马都尉王诜的宅第花园。王诜邀集友人苏轼、苏辙、黄庭坚、李公麟、米芾、蔡襄、陈景元等 16 位名士，集会于府邸西园，宾主们皆风致高雅，或写诗作画、或题石拨阮、或谈书讲经，极尽雅集宴游之乐。

历代以来都被认为文人故事中典型的文化盛会。碧竹翠松，小桥下伴着潺潺的流水，尽显园林美境。欣赏画时的景像和景中家具，让人赏心悦目、心旷神怡。其中可赏析的几个场景：一是"赴会"，一位策杖的高士走在木桥上，两童子跟随身后，一童负琴，一童执白羽扇，他们正向古松下的诗会行进，场景中有家具酒桌、美人靠等。二是"赏春"，崖下溪口处水花轻溅，既衬托出周边景物的宁静，也加强了画面的动感，三三两两的踏青者或坐或立或走，一边赏春一边吟诵着春日的诗词，场景中有家具竹箱、炉架、书案等。三是"休憩"，在溪水旁，凉亭的廊下，左边设置矮桌，桌上摆着两个荷叶为盖的食锅，可知这可能是放食物的矮桌，更甚者是具有保温功能的炉架。右边有三足炉和各种酒盅酒杯。一个侍者坐在亭内鹅颈栏杆柱子旁边的地面上，也许是刚忙碌完，稍坐休憩，场景中有家具石案、炉架、美人靠等。四是"行旅"，春回大地、万物复苏，道上行人驴马匆匆，河中有船夫摆渡往来。劳作者们都着短装身形佝偻，努力地经营着各自的营生，场景中有家具美人靠、书案等。西园雅集的中心地点，文人正在挥毫作画，或吟诗赋词等活动，场景中有家具画案、方凳等（图57）。

（一）家具造型与场景搭配

家具造型是一种工艺技术，而造型艺术则是以美感的形象来使人通过视觉欣赏的一种艺术。家具的造型，乃是人们根据生活所需而创造出的一种适用器物。画中家具兼具器物与视觉艺术的属性。马远画中的家具造型，是画家依据文人雅集的主题题材，凭画者对画面构图和家具构思的感悟而创作的家具图像。从家具造型审美的风格和意义能够解读出雅集的内容。其中家具形态力图追求功能与审美、现实生活与文人精神、形制创新与叙事内涵结合的科学造物的设计理念。

1. 家具装饰"无物累"的风格。

画中家具无过多繁缛的装饰，在横材和立柱的端头、腿足、牙板、券口（或券口）等部位，以点睛之笔集中装饰，与画面的整体氛围适宜，具有简约脱俗的优雅气质。即以适当的繁（画案、酒桌、方凳等加饰牙子等）与大面积的简（画案案面韵逸、平淡，以物观物等）进行强烈对比，来凸现营造简约脱俗的优雅气质，使其整个造型给人一种"无物累"简洁、隽永的美态及清新自然的感受。

画案的造型结构。宋马远《西园雅集图》，针对"文人雅集"题材，画中的画案继承了唐代的箱型结构特征，厚重而稳重。该画中的画案具有四面券口，无箱板式的特征，为四脚卷云内翻，承在托泥上，托泥下有牙足，且四牙足着地的案。四脚形态与宋佚名《槐荫消夏图》、宋乔仲常《后赤壁赋》中的腿足形态榻、南宋赵大亨《薇亭小憩图》中的四足（无横枨）榻的脚形相似。[20] 同时，此案也类似一件带托泥的榻。此处"四脚卷云内翻"，从家具的演变来分析，是对托泥榻壸门券口的一种应用和演变形式。例如：台北"故宫博物院"藏宋《人物图》的托泥

图 57 赴会、休憩、
赏春、挥毫作画，
[宋] 马远《西园雅
集图》《宋画全集》

榻的壶门券口、台北"故宫博物院"藏中元《倪瓒像》的托泥榻的壶门券口、南宋《女孝经图》局部中的托泥榻的壶门。统一装饰在不同主题下的运用，也反映由多壶门向大壶门转变的风尚。

案：壶门券口榻式案，壶门券口内有小牙，与本画中的画案一样，托泥下有牙足，且是牙足着地的案。

酒桌：有束腰壶门券口托泥式为酒桌，[21] 壶门券口底部卷云，托泥下有牙足，且四牙足着地。

方凳：方凳的形制与本画画案的形制同出一辙，俨然有相互配套的关系，在比例尺度上调整，显得各适其益，恰到好处。

竹箱：盝顶是中国古代传统建筑的一种屋顶样式，顶部有四个正脊围成为平顶，下接庑殿顶。此处是竹制的盝顶箱。

炉架：画中有两个炉子，一处炉子为烧水煮茶的炉子，火炉圆肚鼓腹似鼎状，推测下端有脚，腹内燃火。还有一处为烫酒炉，这只方形酒炉形态非常特别，结构丰富。高束腰带托泥，束腰每边分三隔，每格中开壶门开光，束腰下三弯腿的笼形，这是非常独特的设计，有明显的唐代形制的遗风。

石案：本画中的"石案"是一天然石，敦而正，设在树下。前文第三章介绍的《药山李翱问答卷》种的板足书案即为石案，画中石案用于支撑的板足离案面的边缘较远，即视为案。

美人靠：本画的右上角露出了美人靠的局部图像。美人靠实际上是依栏的长条凳。还如宋佚名《会昌九老图》中的船上美人靠，南宋佚名《孝经图》中的美人靠。

2. 家具承袭古制与形制创新

（1）家具造型理念上追求和态之美。大量运用了壶门券口的装饰元素。"托泥榻形，一般托泥榻的壶门券口（或券口）的开光"这一基础图案，运用"承在托泥上，托泥下有牙足，且四牙足着地"于画案、酒桌、方凳等形制的家具。"出师有名"的造型演变，可以联系多种形制的箱型等家具形式。其中，"四脚卷云内翻"与托泥榻的壶门券口（或券口）的演变有关。

"盝顶式箱"运用了中国古代传统建筑的"盝顶梁结构多用四柱，加上枋子抹角或扒梁，形成四角或八角形屋面"的原理，是对历史审美经验的传承与整合，对传统形制、审美风格、审美形态的多维运用，以及追求功能与形态结合、人文传统与现实生活结合、形制创新与叙事内涵结合的造物设计理念，这些都能传达出圆融和美的理念。

　　（2）文人画中家具的文人情怀。

　　第一，"雅"是文人画中家具的造型美学指向。从图绘的题材来看，西园雅集等文人雅士吟咏诗文相聚的故事成为画家钟爱的题材。宋马远《西园雅集图》是一幅文人画。图绘文士交流学问的集会，由于参与主体的文人特质，使集会从内容到形式都上升到"雅"化的层次。虽然不同时代，社会对"雅"的含义也不尽相同，但对雅的追求成为文士雅集的一个象征，且雅集一直为历代文人所津津乐道之事。北宋末年，随着文人画兴起，"西园雅集"再次成为画家们喜欢的题材。

　　画面的文人气氛溢于画间。从画活动的内容来看，西园雅集聚会画中，场景有"赴会""赋诗""赏春"等。崖下溪口处水花轻溅，既衬托出周边景物的宁静，也使得画面有了动感和生气，踏青者一边赏春一边吟诗作赋，表现出文人高雅的生活情趣。

　　第二，家具为情节和场景间交相呼应的媒介。画面的各个环节围绕文人雅事的场景展开。画中家具制作精巧，设计巧妙；风格清新、素雅端庄；画案、酒桌、方凳等形制敦厚，气质温润；壶门券口、牙子、托泥等部件结合结构合理，高古清雅。

　　第三，家具亦是文人喜好最贴近生活的表达方式。生活中的文人情怀。从古代精神文化层面来说，文人与中国传统文化的这种关系极其紧密。历史极其生动地告诉我们，文化与思想的表达常常包含着对物质生活的种种追求，换句话说，人们对物质的追求和兴趣，以及对周边生活物品的选择和喜好，同样深刻地反映着人的意识和情感。古代的文人则一直致力于这一方面的"传承与创新"，他们在物质与精神的"人文"桥梁中，发挥着承上启下的作用，在物质生活文化和精神追求方面始终进行着道器相通的不懈努力。家具之于文人亦是其对自身最生活的表达方式，更重要的是家具也是文心与活态生活紧密联系的必要支撑，种种雅事不要脱离现实生活本身，而是融于世间事，始终保持着与身体行为的接触互动，游戏般的兴致贯穿于身与心完整的体验中。

第四，家具之美能蕴藉和激发文人意趣。古典家具极致的艺术审美、手工艺、设计、造型艺术……至今仍深深震撼着人心。这样美妙的审美感受源于，家具创作出的艺术风格处处迎合着当时文人的情意和怡性，正如画中的画案造型风格展现"方正古朴"或"古雅精丽"，便产生了独树一帜的形体式样，给予我们内心振奋或平静的力量。因此，此家具不仅是通过精致、匀称、大方、舒展的物质形象展现出造型的艺术魅力，而且在传达一种合乎自然"至质"的和谐中，与人产生超于视觉美感认识的收获，带给人们一种超然沁心、古朴雅致的兴象享受，甚至给文人们带来一种生命超脱感。

（二）家具在场景中的审美特征和作用

1. 家具造型的和畅之美

本画器物造型美感在于"和"，"和"则气韵生动，"和"则顺畅自然。在《西园雅集图》中，家具外形优美和畅具有几个关联性的特点：一、形态与家具功能的一致性，即画案、竹箱、炉架、美人靠、方凳、酒桌、石案等家具分布在画面的五个不同段落，每个段落构筑了文人雅集活动，家具形态与其对应的主题叙事和功能需求非常和谐；二、家具的外形在古制的基础上推演设计，相得益彰又能相互协调统一；三、形体美与家具构架和度共存。大方、雅致、含蓄的外形美与结体规律能够表里如一，融合顺畅。四、画中家具形态以笔墨线条表达出的造型，以线画体，以形写神，使其跳脱俗念，能生雅气，使得家具在园林中形象鲜明、突出。

2. 家具与场景共处和态之美

该图用"平远式""散点透视法"组织画面，多个场景截取融汇的构图，在观看时"移步换景"，每个场景都相得益彰。图绘中人物技法高度写实，形态动作准确生动，身着衣饰用笔圆润细劲，将人物画的构图模式、文人画的意境效果、山水画的技法气韵运用熔为一炉。

画中家具和道具的设置增强了场景的叙事性，并且家具设置得当。在布置不同景象时，每处场景主要的家具都有独立的性质和形态，没有雷同。与《清明上河图》中市井酒肆、茶馆中大量统一的桌椅迥然不同，处处显得清新脱俗。

马远《西园雅集图》长卷共分五段，五段集萃纷呈。米芾挥毫作书的情形，诸文友或坐或立，凝神"围案而观"，共有文士僧侣14人，侍女、书童等7人。此段显然为全卷的高潮之处，旁边包括烹茶、煮酒、金石鉴赏等等，场景的描绘无一处不精，家具陈设中的雅士似乎蓄势待发，脑中随后浮现对应的文人雅事忽而跃然纸上，都是充分发挥道具"叙事性"的调动来实现的。

这幅以人物活动为主题的春景山水画，构图虚实相生，家具以静写动。在场景的审美上以人们雅集活动为线索，穿梭于山石、河流、植被之间，泉水由上往下流淌，从左到右曲曲折折贯穿整个画卷。众人与竹林、梅柳、古藤、老松为伍，雅事随着家具展现的线索展开联想，巧妙地将人的活动场景推至娴雅高尚的境界。

（三）家具的风格的理一分殊

此画中家具造型风格特色的独特之处在于家具的类别和材质纷繁，每处都有独立的审美趣味。因此家具的造型风格和陈设考虑得非常周全，在具体场景中实现家具与画中的人、事、物、场、境之间的关联处理，而在陈设理念上统一追求和态之美。因此，和现实的家具造物不同，很重要的一个特征是，它不是完全以实际的使用功能为前提和依据，而是有其理念作先导，有作者自身的绘器之"道"。其造器理念为：一、基本沿用了唐宋木作家具的形制和结体方式，承古制发新器；二、发挥了传统绘画中线的组织规律和笔墨的造型手法，发挥笔墨的美学韵味；三、从细节上观察家具巧妙运用了攒边、镶板、牙子以及各种现实工艺连接榫卯，使家具在视觉上有合理性和细节美感。对家具的精细描绘程度与花木树石同等程度，加强视觉层次上的精度与深度；四、功能与形式在叙事性上实现完美的统一；五、融入中国传统文化的士人情怀，使得家具跳脱结构美形式美的理论层面，向画面整体的审美意境和人文理想的塑造上去跨越和融合。这也似乎体现传统文化"道""器"融合的理念。

三、山水画中的家具的美学场景构建

与人物画相比，山水画在魏晋时期尚处于独立化的孕育阶段，到了晋宋异军突起。原来的物化背景或者物化衬托的山水树石从附属地位，开始走向艺术的"前台"。[22] 山水画在唐代很是经典，王维《山水诀》及《山水论》可谓得其法度矣。《山水论》首名曰：凡画山水，意在笔先。[23] 宋代山水画流派纷呈，蔚为大观。此段以南宋山水画家刘松年《四景山水图》为对象分析其中的家具场景。

南宋刘松年《四景山水图》，这是一幅具有禅意的山水画，以四季景色为题材，分别绘春、夏、秋、冬四时景象。春景为踏春归庄，画堤边湖畔一庭院，树木成荫，桃李争艳，水草丰茂，生机勃勃；夏景绘庭院清旷，一文士坐于临水亭阁之中，享受从湖面吹来的凉风，一童仆侍立于侧，亭外花木生，水中荷叶田田（图58，夏景）；秋景绘树环绕的院落中，窗明几净，曲径通幽，一雅士端坐屋内，静观湖山景色，其景颇似西湖的"平湖秋月"（图59，秋景）；冬景写踏雪出庄，远山积雪未融，虬松苍翠依旧，一人撑伞骑驴行于桥上，前有仆童引路，境界冷寂。春夏秋冬季节特征分明，整体充满平静、缓慢、安详的气息。四季四景的变化各有其独特的自然风貌，画中人的生活随着四季的变换也呈现着四种美好生活，平静祥和中体现身心与自然同休息、共美好的禅意和文心。

（一）家具造型独特的禅意特征

画中有意以各美其美的自然四季接引到人物每季层出的自得生活，似乎强调了自然美景与居室生活情趣相并重。人之于自然山水不只是单

纯幽游之乐，而是能终日与山水为伴的园林式生活。画中的生活场景与单纯的表现山水的画作不同之处在于，关注家具陈设的描绘，表达人物优质的日常生活状态，突出了园林式生活场景的营造，具有现实意义。文士在宋代的政治经济地位提高，与自然山水为伴的方式不甘于贫困孤傲的陋室隐匿，而实现了一种更具现实意义的优雅生活，同时又兼具修禅悟道的精神追求，实现身心的供养，即为园林中的禅意生活。

画中场景的家具有四足榻、趟椅（禅椅）、山水座屏、条案、带券口和腿下加托泥的榻（有托泥无束腰式榻）、平头案、挑箱等。其中禅椅是文人心中最具禅心的家具。

图 58 [宋] 刘松年《四景山水图·夏景》《宋画全集》

图 59 [宋] 刘松年《四景山水图·秋景》《宋画全集》

1. 禅椅——最具禅心的家具

本画中的椅应为禅椅，是在禅床的基础上创新演变而成，王世襄编集的《明式家具研究》中明代禅椅的形制（图60）[24] 与这里绘制的禅椅非常接近，从目前的资料看，很有可能画中的椅子就是明代禅椅形制的基础。此禅椅附加了类似养和的靠背（图61）。椅子通体圆材。扶手不出头，扶手与前后腿皆直角榫接，前后腿一木连做，"赶枨"形制的管脚枨，前脚枨施双枨，类似养和的靠背靠在禅床的搭脑和椅盘上，靠背略弧形且两端伸出，靠背四竖材施短横枨呈窗格构成。养和靠背搭在禅椅上似活拆式，斜靠的角度可调。禅椅做成软屉的为多数。

禅椅的座盘宽敞，故能盘腿而坐。此为禅椅的一般特性，造型风格则趋于多样。在宋代的禅师与罗汉画像里就展示了如此宽阔坐面的椅子。禅椅以天台藤为之，或得古树根，如虬龙诘曲臃肿，槎桠四出，可挂瓢笠及数珠、瓶钵等器，更须莹滑如玉，不露斧斤者为佳，近见有以五色芝黏其上者，颇为添足。禅椅，坐禅用的椅子。《遵生八笺》："禅椅较之长椅，高大过半，……其制惟背上枕首横木阔厚，始有受用。"[25] 禅床是文士喜欢的造型清雅的器具。[26]

图60 禅椅，王世襄《明式家具赏析》

图61 禅椅（绳床），[宋]刘松年《四景山水图》《宋画全集》

绳床是用麻和棕、藤绳等编织的软屉坐面，有靠背和扶手的椅子，它是外来家具。前述溯源章节介绍佛教传入中国之前，从秦汉史料记载中尚未见有绳床的名称，魏晋南北朝时期翻译的佛经"绳床"名称则大量涌现。汉代至唐宋时期人们已经有将胡床和绳床相混淆的倾向。唐李济翁《资暇录·承床》载"近者绳床皆短其倚衡，曰'折背样'，言高不及背之半，倚必将仰背不逞纵，亦由中贵人创意也"。由此可以看出《四景山水图》的禅椅也以"折背样"为形制基础。

敦煌壁画绳床。敦煌壁画中的绳床，应推西魏第285窟北披的僧人坐禅的椅子图像（图62）。僧人坐禅图最为典型，因为呈现在眼前的椅子坐面是编织成网状形软屉，观者看到坐在绳床（椅）上面僧人的身体有下坠凹进椅面的感觉。

禅椅在宋画中出现频繁。宋佚名《萧翼赚兰亭图》，画描绘的为唐御史萧翼为赚取王羲之名迹《兰亭序》，而与辩才和尚在寺庙中交往的情景。画中，辩才和尚结跏坐在一把四出头的禅椅上，其后背放椭圆形编织的靠垫藤或草。扶手端似刻有兽首，坐面软屉似乎用藤条和其他软性材料铺成或绷成的，以树根藤条制作而成的称为根结椅，此禅椅亦当是绳床（图63）。

座面较窄较深的禅椅。第61窟东壁北侧《维摩诘经变·方便品》（部分）五代壁画中，一僧人跏趺坐在一把四腿、四帐、四出头、有扶手、屉较深较窄的椅子上，此椅的靠背较矮，更接近日常的扶手椅样式，从使用者和场景判断也应为禅椅（图64）。

马公显描绘《药山李翱问答图》禅宗公案，画中有一竹扶手椅，其形态亦是由禅椅的形态创作而来。这个椅子为圆竹制成，以竹子的工艺模仿木制禅椅的形制，描绘清晰。图样的厉害之处在于对竹子的工艺性能发挥独特，可谓了如指掌，框架构造严谨，形态结构合理，特别是边抹中枢的框腿技艺，非常写实，特征展现得很清楚，这是竹家具极具典型智慧的技艺，一直沿用至今。以竹为材作为禅师的参禅悟道之具，体现其新颖和超俗的构思，也显出禅师所用、所说皆具妙理。禅椅在宋代绘画中常常出现在文人和禅宗相关的题材中，在文人山水画中以禅椅为最直接载体感知到画中禅意。这充分表现出当时禅椅与修禅之人的紧密关系，并且以禅椅的丰富和标异的形式体现了人们对修禅的热爱和对其坐具的重视。

2. 禅意与文心的家具组合

在文人山水好尚中，禅意与文心往往联系在一起。人文画青睐于将

榻、屏、案与禅椅搭配，形成禅心与文心兼具的生活空间。

　　榻集聚文心与道心的家具。

　　在第一章前述高型家具的演变中禅床与榻是同源的，都受佛教的小床影响在汉地演变而来。禅床延续发展为佛教修习的坐具，榻成为凝聚文人精神品格的坐具，都成为修行中带有象征的符号。

　　榻与文人有其渊源。在中国古代的画作中，我们经常会看到文人隐士和官吏悠然自得于榻上。榻的文化寓意多伴随着隐士和高人的事迹，此处让人联想"迎宾下榻"之说。《后汉书·陈蕃传》有记载陈蕃悬榻待徐稚的典故。陈蕃为豫州太守时，闭门谢客，只会见隐士徐稚，并为其特设一榻待之。徐稚走后，将其所坐之榻悬于墙上。此佳话比喻，只有内心器重的友人才会与其坐榻论道，榻上只等会心人。还有，相传管宁修行，保持常跪的姿势坐于一木榻，50年没有丝毫地改变，作为文士应有的礼仪和姿态，致使"榻上当膝处皆穿"，表达其不为外世变化所改变的高士气节。还有许多这样的事迹，都成为文人赋予榻上的人格和人生品质的见证，集聚文心的表达。文人生活中陈设这样的家具，得清风满榻，延孺子之高谈。在修习中每日思睹，既为得游息之策，也示以修藏之矩。

　　榻是文心通道之具。宋乔仲常《后赤壁赋图》图中表现苏轼与朋友去黄州，独自经历一段幽游后，风云变幻，"凛乎其不可留"，于是"返

图 62 绳床，第 285 窟窟顶北披西魏壁画《中国石窟敦煌莫高窟》

图 63 树根扶手椅（有足承），[宋]佚名《萧翼赚兰亭图》《宋画全集》

图 64 禅床，第 61 窟东壁北侧《维摩洁经变·方便品》五代壁画《中国石窟敦煌莫高窟》

而登舟，放乎中流"。画面中以虚实共生的手法描绘苏轼榻梦中的场景。由实境转入幻境，写朋友离去后，苏轼舍舟登岸就寝，梦见两道士。三人坐而论道，披着"羽衣"，一边作揖，一边问："赤壁之游乐乎？"苏轼方才领悟：昨夜"飞鸣而过者，非子也耶！"道士会心一笑。最后东坡惊寤，"开户视之，不见其处"。全图以一片光明空阔作结。画中苏轼卧于一壶门四腿的榻上，壶门空阔，古意生动（图65），苏轼在榻上以梦为媒介完成与道人的相会清谈，榻成为文心与道心相交相会的法物，顿生玄妙之气。这般榻中文心通道的气象在文学作品中也是相通，如宋陈师道撰诗《赠白闇梨》也可以感受到："瓶锡倦西东，归来一榻空。宗乘能自判，文学更兼通。讲彻夜堂月，定回枯树风。无从参净社，回首倦飞蓬。"再宋董嗣杲《午睡中怀约山游》："苏州藤枕蕲州簟，更着洪州蝉翼扇。高卧西窗风外榻，栩栩羲皇梦中见。客寄无聊归未易。"

榻、屏、案、禅椅组合为文人在园林偃抱中最好的修息之策。南朝宋谢灵运《道路忆山中》诗云："追寻栖息时，偃卧任纵诞。"宋王巩《闻见近录》："已而使至，威敏大启其门，设矮榻，偃卧堂上，鼓笛自若。"这都表达文士能摆脱托世事的约束，进入自性自然的状态。宋画中有许多对应表现文人偃卧于榻的场景，如宋何筌《草堂客话图》高亭中的独自偃卧（图66），宋赵大亨《薇省黄昏图》卧于四足榻上，这两处都独傲深幽，意境独到。恰似叶茵顺《适堂吟稿·扫榻》"扫搨卧钟日，香销百念除，不愁浑厌酒，无事剩抄书，粉浅庭前笋，青齐雨后蔬，自嫌犹有累，添水种金鱼"，清风一榻，却烦解愁。

《四景山水图》中的榻即为以上的意图表达。其为四足榻托泥榻（图67）。腿下加托泥的榻，这一四足榻的足部有一卷云纹内钩（形状较小），装饰集中于这足底的一点内钩，可以推断是对完整的券口牙板的变体，使其更合理的运用于框架结构的结体。类似这种形态四足榻的足形还有宋何筌《草堂客话图》、宋佚名《荷亭婴戏图》（图68）、宋赵大亨《薇省黄昏图》（图69）、《槐荫消夏图》（图70）等。画中均有四足榻的足部一卷云纹内钩。可见人文主题相关的场景中都青睐于这样的

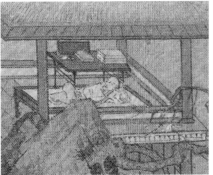

图 65 四足榻，[宋]
乔仲常《后赤壁赋
图》《宋画全集》

图 66 四足榻，[宋]
何筌《草堂客话
图》《宋画全集》

图 67 四足榻搁置
在托泥上，[宋]
刘松年《四景山水
图》《宋画全集》

图 68 四足榻，[宋]
佚名《荷亭婴戏
图》《宋画全集》

卷云钩，使得陈设的氛围既有空灵简旷的意境，又生发文心古意。

本画中的案为平头条案，案面独板，两侧双枨，前后一枨，四腿圆材，夹头榫腿牙结构。本画中这一条案，形制朴实无华、清雅秀美，是中国家型坐具中最经典的一个形制（图 71）。画中形制特征表达得十分到位，笔墨精到，处处精准，这一刀牙平头案在明代也非常普及，式样也是丰富多彩，尺度比例极其讲究，其特征就是案面平直，两端无饰，凸显结构美感。在卯榫结构、装饰，以及局部处理上，可以说千变万化、千姿百态。例如，明式夹头榫式条案（图 72），案面平头，直牙条，牙头方小，与腿夹头榫腿牙结构。两侧腿间施方形罗锅枨。直腿略向外，侧脚收分，腿中施一灯草线。此案造型简洁、轻巧，用材方圆结合，颇具观赏性。

禅椅、榻、屏、案组合对应着修禅、卧游、展帙（卷帙）、赏器的生活，这正是宋代文士现实中闲雅生活所提倡和钟情的趣味。《四景山水图》提供宋代园林中文心禅意空间的家具场景陈设范本。

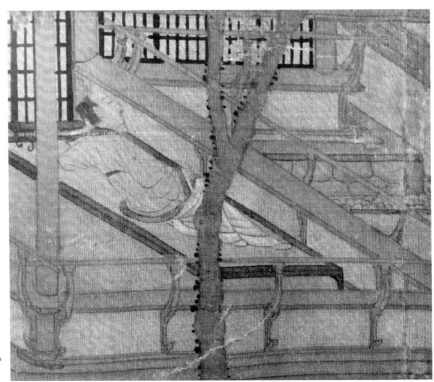

69 四足榻，［宋］
赵大亨《薇省黄昏图》
《宋画全集》

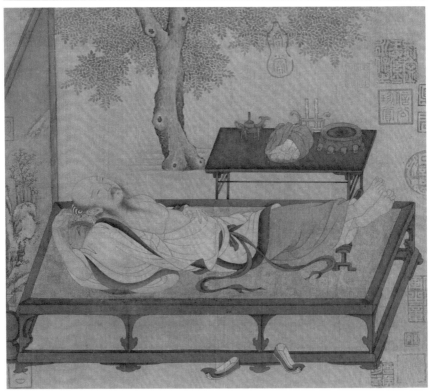

图70 山水榻，［宋］
佚名《槐荫消夏图》
《宋画全集》

图 71 [宋] 刘松年《四景山水图》《宋画全集》

图 72 明式榉木条案，朱家溍《明清家具》

（二）少而精，简而雅的禅艺家具风格

　　山水画中的家具与前两个类型的画相比，家具占的比例较小，描绘的精度相对没那么高，但是画中家具的描绘非常注重捕捉特征，因此，山水画中的家具往往是"简笔画"，却具有极高的概括性，寥寥几笔，风格特征尽显。对形制概括而言，家具的风格是非常重要的特征。禅宗艺术对文人的影响深刻，退居山野林泉之间，在日常的行处坐卧中体味自然之理，是禅宗思想影响下的文人最普遍的喜好。文人以修习禅心为内心带来安定与释怀，在视觉上崇尚少而精、简而雅的禅艺风格，追求平淡而有生意。

禅艺的风格在材质上也表现得很明显，质感上偏向自然天成，色调喜欢灰淡质朴。家具以自然材料为主，不受装饰。椅、案、榻等家具多用黑灰、深棕等雅重的色彩，与屋外色调四季分明形成相互衬托，加上空灵的构架，能突出人物情态，又赋予画面一种雅致虚静的自然韵味。《四景山水图》与五代顾闳中（传）《韩熙载夜宴图》中家具的色调有着异同之处。相同的是家具色调自然质朴，不同的是五代顾闳中（传）《韩熙载夜宴图》中的榻更具稳重，突显分量感，色彩深沉，而本画家具的形制和色彩更简旷透气，强调虚空感，适宜四景山水变化的基调。

从宋画中的图像去对照中国高型家具体系对宋人生活系统的满足情况，由此验证家具体系合理构建了时代变革所开创的宏大的历史叙事，宋代家具体系是中国高型家具体系的开端，具有开创性。体现在：1）与"营造方式""模数制"同功，宋代家具开创了家具结体的"模数制"思维，呈现宋代家具体系的科学性。2）家具体系系统的满足宋人日常生活和以生活为本是宋代家具形制的设计来源，呈现宋代家具体系的系统性。3）高型家具成为构建审美生活场景的重要角色，家具具有整体性的设计思维。

注释

1. 潘谷西、何建中：《〈营造法式〉解读》（修订版），南京：东南大学出版社，2017 年，第 105 页。

2. 冯友兰：《中国哲学简史》，北京：新世界出版社，2004 年，第 256 页。

3. ［美］乔迅：《魅感的表面：明清的好玩之物》，刘芝华、方慧译，北京：中央编译出版社，2017 年，第 381 页。

4. ［汉］许慎：《说文解字》，［宋］徐铉校定，北京：中华书局，2015 年，第 117 页。

5. 敦煌文物研究所编：《中国石窟敦煌莫高窟》第四卷，北京：文物出版社，第 228 页。

6. 农先文：《中西方椅子设计史：中国古典哲学视域下的椅子设计及其象征性（前 33 世纪—20 世纪）》，武汉：武汉大学出版社，2018 年，第 83 页。

7. ［明］沈德符《野获编》卷二十六《玩具·物带人号》载："古来用物，至今犹系其人者，如韩熙载作轻纱帽，号韩君轻格，罗隐减样方平帽，今皆不传。其流传后世者，无如苏子瞻、秦会之二人为著，如胡牀之有靠背者，名东坡椅。"

8. 郑昶：《中国画学全义》，北京：中国书籍出版社，2016 年，第 226 页。

9. 郑昶：《中国画学全义》，北京：中国书籍出版社，2016 年，第 35 页。

10. 敦煌文物研究所编：《中国石窟敦煌莫高窟》第二卷，北京：文物出版社，1984 年，第 164—170 页。

11. 杨森：《敦煌壁画家具图象研究》，北京：民族出版社，2010 年，第 195 页。

12. 任继愈主编：《佛教大辞典》，南京：江苏古籍出版社，2002 年，第 93 页。三具足，佛教用语。指香炉一具、烛台一对、花瓶一对。按种类为三，故称"三具足"；按个数为五，则称为"五具足"。

13. ［日］僧无著道忠禅师编：《禅林象器笺》，高雄：佛光出版社，1994 年，第 1533 页。

14. ［宋］普济编集：《五灯会元》，北京：中华书局，1984 年，第 152 页。

15. ［美］包弼德：《斯文：唐宋思想的转型》，南京：江苏人民出版社，2017 年，第 49 页。

16. 彭修银、王杰泓、张琴：《中国绘画：谱系与鉴赏》，北京：北京师范大学出版社，2014 年，第 60 页。

17. 余辉：《〈重屏会棋图〉背后的政治博弈——兼析其艺术特性》，浙江大学艺术与考古中心编：《浙江大学艺术与考古研究（特辑一）：宋画国际学术会议论文集》，杭州：浙江大学出版社，2017 年。

18. 李宗山：《家具史话》，北京：中国社会科学出版社，2012 年，第 240 页。

19. 彭修银、王杰泓、张琴：《中国绘画：谱系与鉴赏》，北京：北京师范大学出版社，2014 年，第 111 页。

20. 邵晓峰：《中国宋代家具》，南京：东南大学出版社，2010 年，第 241 页。

21. 邵晓峰：《中国宋代家具》，南京：东南大学出版社，2010 年，第 359 页。

22. 彭修银、王杰泓、张琴：《中国绘画：谱系与鉴赏》，北京：北京师范大学出版社，2014 年，第 59 页。

23. 郑昶：《中国画学全义》，北京：中国书籍出版社，2016 年，第 127 页。

24. 王世襄编集：《明式家具研究》，北京：三联书店，2013 年，第 44 页。

25. ［明］文震亨：《长物志》，汪有源、胡天寿译注，重庆：重庆出版社，2010 年，第 88 页。

26. 赵广超等：《国家艺术·一章木椅》，北京：三联书店，2008 年，第 120 页。

结　论

一、总命题和主要观点

本论文将宋画中的家具体系置于中国起居方式转型和高型家具形成的历史背景之下，通过对"宋画中家具体系的研究"首次提出并证实了命题：宋代家具体系是中国高型家具体系的开端，宋代家具体系具有奠基性和开创性。

1. 中国高型家具体系在宋代形成是历史变革逐步发展的必然成果。成果表现为：实现垂足高坐的坐姿、高坐起居方式、高型家具体系。三者间相互作用的内在转变规律为：观念冲突促成坐姿的转变，坐姿的转变成就了起居方式的转变，起居方式的转变推动了家具体系的形成。

2. 宋代高型家具体系分类是在宋前家具品类的基础上融合外来家具文明，进而改革、扩充而成。本文探寻宋代每类家具形制的根源，厘清了其在起居方式和家具体系变革中的演化轨迹，发现低矮家具的品类主动融合于高型家具系统，两者延续着一脉相承的文明根源。

3. 宋画中家具形制体系，还原宋代家具的基本面貌，反映出中国高型家具体系开端时的分类框架和形制特征。宋代家具体系奠定了后世明清家具体系的基础，是明清家具主要品类的形制来源。

4. 宋代家具体系是中国高型家具体系的开端，具有开创性。体现在：（1）与"营造方式""模数制"同功，宋代家具开创了家具结体的"模数制"思维，呈现宋代家具体系的科学性。（2）以生活为本是宋代家具形制的设计来源，多样性呈现出与生活体系对应的系统性。（3）高型家具成为构建审美生活场景的重要角色，家具具有整体性的设计思维；宋画中的宋代家具赋予虚实相生的艺术属性，呈现宋代家具体系的艺术性。

二、章节要点总结

（一）家具与起居方式的转变

中国古代人们的起居方式分为席地型和垂脚高坐型两个阶段。人们日用家具形制及陈设必然要与起居方式的变革相适应。在变革中，坐姿的渐变带动生活的新需求，内外观念和外来文明（坐具）的冲突促成生活方式的转变。魏晋玄学和佛教对跪坐礼仪的抨击下，外在游牧民族的胡床和西域佛教小床的带动中，家具在冲突中借鉴发展，最终演化出新家具体系，以逐渐满足新起居方式的转型需求。坐姿和坐具的转变发展历程可以看到转型离不开内在起居文明的发展需求和外来家具文明的借鉴，是一个在对抗冲突中融汇的过程。虽然老的礼俗体系被放弃，但是最终滋生出符合汉地生活的名物类型和家具体系。

纵观中国高型家具的形成可知：起居方式变革是家具变革的动力；新家具体系是起居方式变革完成的标志和成果。中国高型家具体系的形成是物质文明和思想观念共同作用的文明成果，天然具备物质与精神的双重属性。

（二）宋代家具的源流和分类

梳理宋前家具发展的源流，关注古代家具在变革中的演变脉络，结合起来才能厘清宋代家具的形制根源和分类属性，于此得出以下结论：1.宋代家具承袭和扩充了古代家具的分类属性，可以分为四类：席床榻；坐具类；几案桌类；其他类。每一类的发展和演变具有内在的延续性。2.席地起居时代和垂足高坐时代相比较，家具的主要类别在转变过程中产生了明显的变化。但是家具源流上仍然一脉相承，在具体的品类上有转换也有创新。席居时代，即唐以前，起居生活围绕席床榻为中心，唐五代以后，向高坐的椅、凳、桌、榻转移。3.转变的发展历程中，与人身体活动越近的家具越可能成为起居方式中的核心家具品类，其发展动力越大，规模扩充也越快。体现为坐具类、桌案类成为新的起居中心。4.梳理四类家具的溯源可以明晰：高型家具在唐五代后转型完成，在宋代形成旺盛的发展时期，具备完整的高型家具形制体系。

宋代家具的分类是在宋前家具系统基础上的融合、改革、扩充。其中的流变为：中古汉人起居方式变革中，一方面低矮家具系统中的家具类型在功能上逐渐分野，另一方面外来家具融合于汉地文化生活并创新演变出新的类别，多种生活方式的并存和融合趋势最终扩充了汉地家具体系的结构和内容。表现了起居方式、坐姿、家具体系的互动规律：中国家具体系继承和延续席地而坐家具的发展渊源和脉络，围绕"向垂足高坐的坐姿变化"为核心继续发展，为全面系统的应对新的起居生活的需求，宋代最终形成更先进的家具体系，即高型家具体系。

（三）宋画中的家具形制体系

这是本文研究的重点内容，构建了宋画的形制体系来还原高型家具体系的整体面貌。收集宋画中约800多个高型家具的图样，分为床榻类、坐具类、桌案类、杂项类。再对每一类作分类体系的梳理，综合归纳成宋画中的家具形制系统。

体系框架：家具的整体框架有 5 个层级，每个层级都有相应的子体系（一般为 3—5 级）。例如坐具类分为胡床、椅、宝座、凳、须弥座、高型家具 6 种，其中"椅"子类中形成灯挂椅、靠背椅、扶手椅、圈椅、太师椅、美人靠、连椅的 7 种类型，扶手椅子项中分为四出头官帽椅和南官帽椅，宋画中又有多张细节不同的四出头官帽椅和南官帽的图像。同法简要叙述另外 3 类：几案桌类分为几、案、桌，其中几按功能分 2 种，形态分 4 种；案按功能分 10 种，形态分 5 种；桌按功能分 10 种，形态分 7 种。席床榻类：分为席、床、榻 3 类，其中床按功能分 4 种，形态分 4 种；榻按结体分 2 种，形态分 12 种；席按功能分 3 种，形态分 3 种。杂项类：屏风类 3 种、架类 16 种、箱 6 种、柜 2 种、台 3 种、盒、盆、盘等若干种物类。整体统计，四大类的家具在第五级，子类共有 157 种家具形制，其中床榻类 16 种，坐具类 40 种，案桌类 44 种，杂项类 5 种。

由此证明，宋画的家具体系可以展现中国高型家具的基础框架和形制特征。这个体系直接反映和满足了高型起居方式下的生活状貌，富有中国独特的基因形态和文化内涵。以此对照明清家具的形制体系，可以确定明式家具的基本形制与宋画中家具的形制都能对应，说明明代家具的形制体系源于宋代家具。再次证明，宋代作为高型家具体系的形成时期，其家具体系是中国起居方式变革完成的成果和标志，开创了中国高型家具体系的先河。

（四）中国高型家具体系的创意及其影响

宋画家具形制体系蕴含了中国古典高型家具形成时的核心特点。其特征有显隐两层：一层是在画的语境中显现家具形制的造型和场景营造方面的审美特征及作用；另一层是在宋人生活中显现作为中国高型家具开端的体系特征和核心价值。

1. 家具框架的结体美学

框架结构是中国家具从低矮向立体变化的关键，也是宋画中高型家具形制体系结体的核心。对结构和功能的影响：宋代高型家具的形制设计具有模数制思维，形成结体的模块体系，表现和特征：（1）模数模块的构成。从桌案类家具中总结出四面平式、托泥式、束腰式、四腿直接式、夹头榫式、角牙式、四角腿霸王枨式，曲枨横符子翘头式；从坐具类总结出边抹中枢、交脚折叠式。（2）结体模块具有通用性和造形方式。家具的各种形制都以 1~3 个基础结体模块构成，再在此基础上附加子类的细节，形成无限的家具形制和造型。（3）家具体系中有单体形制的结体模块，也有家具组合模块，即"场"模块，表达生活中固定的功能和文化的意义。

对家具美学上的影响：框架结构结体能实现虚实相生的艺术表现，实现艺术作品意境的创生。框架结构艺术表现的特征有如下几方面：（1）更符合中国画的艺术追求；（2）赋予家具虚实相生的造型语言；（3）结体少即是多，求精求简实现空灵意境的追求；（4）线性美的特征具备中华艺术门类的互通性。

从思维创新上看，中国高型家具体系与建筑营造体系一样具有先进的科学思维观念，框架结构的模块体系是体系思维的最佳表现：能够用模数化的思维构建整个体系，实现科学、高效、经济、规范的效果。从形制创新上看，模块体系是家具形态的决定性因素，具有无限空间。从艺术属性创新上看，宋代家具符合中国艺术中的虚实相生的核心价值，使其成为中国艺术创造的一部分。

2. 家具与宋人生活

宋画中家具对宋人日常生活的满足体现了体系的系统性和灵活性。

具有下几点特征：（1）高型家具营造出层出不穷的宋代生活场景，说明家具的功能和形制是源于人们日常生活，体现其"家用器物"的概念，也体现高型家具体系很强的适用性、覆盖性和扩展空间，人物画中展现的尤为突出。（2）家具在科学性的基础上发展丰富的个性。同类型的家具在不同的题材生活下，其造型各异。陈设组合完成对主题、题材的营造。释道题材中更为突出，故家具具有很强的文化艺术属性和定制设计理念。（3）宋画中家具不是机械的存在，家具的艺术形态和名物内涵对应着画的主题、题材，即源于生活的观念和精神欲求，是承载生活观念的重要媒介。家具的个性应此而生，如山水画家具的禅意属性。

通过三个画种的分析、综合观察可见，家具形制对应宋人高型起居生活方式的方方面面，中国高型家具系统在形成过程中已具备了整体性、系统性、日用性、多样性、艺术性、设计性的特征；源于具体主题和题材下的生活要求，家具形制艺术性和个性的发展非常贴近宋代人们物质和文化生活。在丰富的主题生活下，家具成为场景构建中的重要因素。

3. 家具构建美学场景

家具的造型艺术基于场景构建的整体构思。宋画中的场景构建服务于画的主题和题材，家具的审美具有整体的思维观念，故家具的美不是孤立的存在，其美为"和和之美"而非"孤芳自赏"。

宋画高型家具成为美学生活场景构建的重要因素。从设计的角度看，高型家具拥有整体设计的思维观念，是一种系统性、先进性的设计理念。再者，整体思维的美学塑造中，家具对接多维的功能，区别于"功能决定形式"的简单关系，能够很好地贯穿美学场景的多个环节，发挥每个因素的美学优势，交织成丰富的线索网格，多维诠释宋人的起居生活和美学趣味，以及隐含的精神内涵。

（五）宋画中家具体系的文化史意义

宋画中的家具形制体系反映了宋代家具的整体面貌和特征，也诠释了中国高型家具的开端。它弥补了我们认识中国高坐家具形制演化形成的盲点，成为厘清明清高坐家具形制源流和成因的重要线索，拓展了对明清之前高型家具领域的探索，完善了中国古典家具形制体系的视觉谱系。

家具反映了人民生活的状态和文化传统。宋代高型家具体系系统性地满足了宋代人垂足高坐生活方式的需求，实现了新生活景象，使人的身体从日常跪坐礼仪中解放出来，提升人们的生活品质，直接推动中国人的起居生活进入崭新的时代。中国家具也因此进入新的纪元，这是古代居住文明的进步。宋画的家具帮助我们从家具的角度观察宋人的生活起居、风俗习惯、休闲方式、宗教信仰等民生状况，也为宋画中的宋学研究提供了新视角和新途径。

宋代高型家具根植于中国历史文化的沉淀之中，经历文化转折中的交融和碰撞，实现了与时俱进的发展。宋画中的家具体系特征显示，宋代家具除了是一种具有实用功能，能与中国艺术相通的物品外，更是具有多维文化内涵的艺术创造。作为高型家具系统的开端，其发展进程，不仅反映了特殊时期人类在物质文明的发展，也展现了人类精神文明的进步。正是因为具有文化沉淀的特殊性，在千年的发展演变积累中，面对文明的冲突和挑战，中国古典家具成就了自身独立特色的家具文明，延续千年，在世界上独树一帜，并且形成后世辉煌的成就，直至今天依然生机勃勃。由此段家具历程的研究，我们需要更为明确的是：宋代家具的发展与宋代文明发展同步，成为反映时代物质文明和精神文明的载体，是集中华民族集体智慧与文化心灵的载体，具有极高的研究价值。

宋画中家具体系在结构学、系统学、设计学、艺术学等方面具有很多的先进性。作为长期关注家具设计的研究者，笔者惊叹其体系的科学性、设计方法的整体性、设计理念的人性化和艺术性、文化内涵的博大和深邃……这些特性成为中国家具体系的范式和标杆，为古典家具史的研究以及当代古典家具进行创造性的转化提供了依据和参考，成为中国家具传承和创新的源泉。

宋代家具作为高型家具的奠基，宋画中的家具为我们提供了大量学术研究的空间，它对中国古典家具的设计方法论研究和对明清家具形制的影响研究，均提供了基础和重要的研究资料。同时，它对中国特色的当代家具设计探索有非常大的参考和启示意义，还可以借此深入探索宋代家具中的文人趣味、宗教生活特征，等等。宋画中家具体系涉及的每一幅宋画都是画家的生命品质和艺术心灵的表达，它们凝聚为宋人和时代的心灵宝藏，犹如天上的星河，有待更深层、更多元地挖掘。

参考书目

1. ［美］柯剔斯. 两依藏 [M].HongKong：publishedbyUnitedSkyResourcesLimited，2007.

2. ［日］藤田丰八. 中国南海古代交通通业考 [M]. 何建民，译. 太原：山西人民出版社，2015.

3. 潘谷西，何建中.《营造法式》解读（修订版）[M]. 南京：东南大学出版社，2017.

4. 考工记 [M]. 闻人军，译注. 上海：上海古籍出版社，2010.

5. ［德］艾克古斯塔夫. 中国花梨家具图考 [M]. 北京：地震出版社，1991.

6. 陈耀东. 鲁班经匠家镜研究 [M]. 北京：中国建筑工业出版社，2004.

7. ［明］宋应星. 天工开物 [M]. 潘吉星，译注. 上海：上海古籍出版社，2016.

8. ［英］柯律格. 长物——早期现代中国的物质文化与社会结构 [M]. 高昕丹，陈恒，译. 洪再新，校. 北京：三联书店，2019.

9. ［清］李渔. 闲情偶寄 [M]. 上海：上海文化出版社，2016.

10. 李宗山 . 中国家具史图说 [M]. 武汉：湖北美术出版社，2001.

11. 胡德生 . 中国古代的家具 [M]. 上海：商务印书馆，1997.

12. 邵晓峰 . 中国宋代家具（研究与图像集成）[M]. 南京：东南大学出版社，2010.

13. 中国社会科学考古研究所编 . 中国考古学——三国两晋南北朝卷 [M]. 北京：中国社会科学出版社，2018.

14. 刘克明 . 中国图学思想史 [M]. 北京：科学出版社，2008.

15. 马未都编 . 坐具的文明 [M]. 北京：紫禁城出版社，2009.

16. 李宗山 . 中国家具史图说 [M]. 武汉：湖北美术出版社，2001.

17. 张㧑之 . 传世藏书：陆游集 [M]. 海口：海南国际新闻出版中心，1996.

18.［宋］郭若虚撰，［宋］邓椿撰 . 图画见闻志 画继 [M]. 南京：凤凰出版社，2018.

19.［宋］程颢，程颐 . 二程遗书 [M]. 上海：上海古籍出版社，2010.

20.［美］包弼德 . 斯文：唐宋思想的转型 [M]. 刘宁，译 . 南京：江苏人民出版社，2017.

21. 李浈 . 中国传统建筑：木作工具 [M]. 上海：同济大学出版社，2015.

22. 胡晓明 . 诗与文化心灵 [M]. 北京：中华书局，2006.

23.［汉］许慎 . 说文解字 [M].［宋］徐铉，校定 . 愚若，注音 . 北京：中华书局，2015.

24. 胡平生 . 礼记 [M]. 张萌，译注 . 北京：中华书局，2017.

25. 朱家溍主编 . 明清家具（上）[M]. 上海：上海科学技术出版社，2002.

26.［南朝宋］范晔撰 . 后汉书 [M]. 北京：中华书局，2012.

27.［英］赫伯特·塞斯辛基编著 . 法国旧藏中国家具实例 [M]. 北京：故宫出版社，2013.

28. 战国策 [M]. 缪文远，校注 . 缪伟，罗永莲，译注 . 北京：中华书局，2012.

29.［唐］令狐德棻.周书[M].北京：中华书局，1971.

30.论语[M].陈晓芬，译注.北京：中华书局，2016.

31.晏子春秋[M].汤化，译注.北京：中华书局，2015.

32.包瑞峰.吕氏春秋译注[M].沈阳：辽宁民族出版社，1996.

33.朱碧莲.世说新语[M].沈海波，译注.北京：中华书局，2014.

34.王琦珍.杨万里诗文集[M].南昌：江西人民出版社，2006.

35.薛瑞生.东坡词编年笺证[M].西安：三秦出版社，1998.

36.赖瑞和.唐代中层文官[M].台北：联经出版社，2008.

37.［宋］米芾.宝晋英光集补遗西园雅集图记，丛书集成新编[M].
台北：新文丰出版公司，1985.

38.［唐］孔颖达.左传注疏[M].台北：艺文印书馆，1993.

39.慧皎.高僧传[M].汤用彤，校注.北京：中华书局，1992.

40.［后晋］刘昫.旧唐书[M].台北：艺文印书馆，1993.

41.李云逸.王昌龄诗注[M].上海：上海古籍出版社，1984.

42.傅璇琮.全宋诗[M].北京：北京大学出版社，1998.

43.［明］张首.西园闻见录·知止前言.台北：明文书局，1991.

44.徐正英.周礼[M].常佩雨，译注.北京：中华书局，2014.

45.［唐］房玄龄.晋书[M].北京：中华书局，2014.

46.［德］莫里斯·杜邦编著.欧洲旧藏中国家具实例[M].北京：
故宫出版社，2013.

47.［清］吴大澂.说字[M].光绪七年刊.

48.［南朝宋］刘义庆.世说新语笺疏[M].［南朝梁］刘孝，标注.余
嘉锡，笺疏.北京：中华书局，2016.

49.［宋］李昉等撰.太平御览[M].北京：中华书局，2013.

50.［北齐］魏收撰.魏书[M] 北京：中华书局，2017.

51.［晋］陈寿.三国志[M].北京：中华书局，2011.

52.［唐］姚思廉.梁书[M].北京：中华书局，1973.

53.陈志刚.中国坐卧具小史[M].北京：中国长安出版社，2015.

54. ［唐］虞世南 . 北堂书钞 [M]. 北京：学苑出版社，2015.

55. ［东晋］法显 . 佛国记 [M]. 田川，校注 . 重庆：重庆出版社，2008.

56. 敦煌文物研究所编 . 中国石窟敦煌莫高窟 [M]. 北京：文物出版社，1982.

57. ［北魏］杨衒之 . 洛阳伽蓝记 [M]. 杨勇，校笺 . 北京：中华书局，2008.

58. 汤用彤 . 汉魏两晋南北朝史 [M]. 北京：北京大学出版社，2011.

59. 赵广超，等 . 国家艺术·一章木椅 [M]. 北京：三联书店，2008.

60. ［宋］欧阳修 . 归田录 [M]. 北京：中华书局，1981.

61. 曾维华 . 中国古史与文物考论 [M]. 上海：华东师范大学出版社，2008.

62. 马德 . 敦煌古代工匠研究 [M] 北京：文物出版社，2018.

63. 博物志 [M]. 郑晓峰，译注 . 北京：中华书局，2019.

64. 李泽厚 . 美学三书 [M] 合肥：安徽文艺出版社，1999.

65. 于伸主编 . 木样年华——中国古典家具 [M]. 牛晓霆，邵尉，赵国胜，编写 . 天津：百花文艺出版社，2006.

66. 王世襄 . 清代匠作则例汇编 [M]. 北京：中国书店，2008.

67. 王世襄 . 锦灰堆 [M]. 北京：三联书店，2004.

68. 王世襄编，袁荃猷制图 . 明式家具研究 [M]. 北京：三联书店，2008.

69. 扬之水 . 楒柿楼集：唐宋家具寻微 [M]. 北京：人民美术出版社，2015.

70. 扬之水 . 诗经名物新证 [M]. 台北：中和出版社，2016.

71. 扬之水 . 唐宋家具寻微 [M]. 北京：中国长安出版社，2015.

72. 扬之水 . 物中看画 [M]. 香港：中和出版有限公司，2016.

73. ［日］林巳奈夫 . 神与兽的纹样学 [M] 北京：三联书店，2016.

74. 文人军 . 考工司南：中国古代科技名物论集 [M] 上海：上海古籍出版社，2017.

75. 孙机 . 中国古代物质文化 [M] 北京：中华书局，2014.

变革与开端：宋代家具体系

76. 宋画全集编委会 . 宋画全集 [M] 杭州：浙江大学出版社，2008.

77. 顾杨编 . 传统家具 [M]. 北京：时代出版传媒股份有限公司，2016.

78. ［日］林巳奈夫 . 殷周青铜器综览 [M]. 广濑熏雄，译 . 郭永秉，润文 . 上海：上海古籍出版社，2017.

79. 邹其昌 . 宋元美学与设计思想 [M]. 北京：人民出版社，2015.

80. 江西省文物考古研究所首都博物馆编 . 五色炫曜——南昌汉代海昏侯国考古成果 [M]. 南昌：江西人民出版社，2016.

81. 宿白 . 白沙宋墓 [M]. 北京：三联书店，2017.

82. 夏于全主编 . 唐诗·宋词·元曲 [M]. 呼和浩特：内蒙古人民出版社，2002.

83. 杭间 . 中国工艺美术史 [M]. 北京：人民美术出版社，2019.

84. 林家骊译 . 楚辞 [M]. 北京：中华书局，2016.

85. ［汉］史游 . 急就章 [M]. 海盐张氏涉园藏明钞本 .

86. ［汉］扬雄 . 方言 [M]. 宋刊本 .

87. 马未都编 . 坐具的文明 [M]. 北京：紫禁城出版社，2009.

88. ［唐］杜甫，［清］张远笺 . 杜诗会粹 [M]. 清康熙有文堂刻本 .

89. ［清］陈作霖 . 可园文存 [M]. 清宣统元年刻增修本 .

90. ［宋］司马光 . 资治通鉴 [M]. ［元］胡三省，音注 . 鄱阳胡氏仿元刊本 .

91. ［宋］陈与义，［宋］胡稚笺注 . 简斋诗集 [M]. 宋刊本 .

92. ［宋］程大昌撰 . 演繁露 [M]. 济南：山东人民出版社，2018.

93. 张驭寰 . 中国佛教寺院建筑讲座 [M]. 北京：当代中国出版社，2008.

94. 农先文 . 中西方椅子设计史：中国古典哲学视域下的椅子设计及其象征性（前 33 世纪—20 世纪）[M]. 武汉：武汉大学出版社，2018.

95. 故宫博物院编 . 故宫博物院藏明清家具全集 - 椅 [M]. 北京：故宫出版社，2015.

96. 周宝珠 . 清明上河图与清明上河学 [M]. 开封：河南大学出版社，

1997.

97. 冯友兰 . 中国哲学简史 [M]. 北京：新世界出版社，2004.

98.［明］文震亨 . 长物志 [M]. 汪有源，胡天寿，译注 . 重庆：重庆出版社，2010.

99. 刘凌沧 . 讲中国历代人物画简史 [M]. 天津：天津古籍出版社，2014.

100. 苏畅 . 宋代绘画美学研究 [M]. 北京：人民美术出版社，2017.

101.［日］僧无著道忠禅师编 . 禅林象器笺 [M]. 高雄：佛光出版社，1994.

102.［美］乔迅 . 魅感的表面：明清的好玩之物 [M]. 刘芝华，方慧，译 . 北京：中央编译出版社，2017.

103. 宗白华 . 美学散步 [M]. 上海：上海人民出版社，1981.

104. 郑昶 . 中国画学全义 [M]. 北京：中国书籍出版社，2016.

105. 杨森 . 敦煌壁画家具图象研究 [M]. 北京：民族出版社，2010.

106. 任继愈主编 . 佛教大辞典 [M]. 南京：江苏古籍出版社，2002.

107.［宋］普济编集 . 五灯会元 [M]. 北京：中华书局，1984 年 .

108. 邱永明 . 中国监察制度史 [M]. 上海：华东师范大学出版社，1992.

109. 彭修银，王杰泓，张琴 . 中国绘画：谱系与鉴赏 [M]. 北京：北京师范大学出版社，2014.

110.［元］脱脱等撰 . 宋史 [M]. 北京：中华书局，1999.

111.［宋］朱长文，林晨编 . 琴史 [M]. 北京：中华书局，2010.

112. 张继禹主编 . 中华道藏（第十册）[M]. 北京：华夏出版社，2004.

113. 汉刘安 . 淮南子全译 [M]. 贵阳：贵州人民出版社，1993.

114. 熊月之，钱杭 . 云麓漫钞 [M]. 海口：海南国际新闻出版中心，1995.

115.［宋］邓椿 . 画继 [M]. 李福顺，校注 . 罗世平，丛书主编 . 太原：山西教育出版社，2017.

116. ［宋］王明清 . 挥麈录·后录 [M]. 北京：中华书局，1961.

117. 唐孔颖达 . 毛诗注疏 [M]. 台北：艺文印书馆，1993.

118. 石铮 . 家居古风：古代建材与家居艺术 [M]. 北京：现代出版社，2015.

119. 唐孔颖达 . 尚书注疏 [M]. 台北：艺文印书馆，1993.

120. 陶宗仪 . 说郛 [M]. 台北：新兴书局，1963.

121. 周维权 . 中国古典园林史 [M]. 北京：清华出版社，2011.

122. 卿希泰主编 . 道教与中国传统文化 [M]. 福州：福建人民出版社，1990.

123. 袁杰主编 . 故宫博物院藏品大系 [M]. 北京：紫禁城出版社，2008.

124. ［唐］李百药 . 北齐书 [M]. 北京：中华书局，2008.

电子文献类型

1.《全宋文》网络数据库〔DB/OL〕.

2. 乾隆大藏经 txt 版〔DB/OL〕http://www.foguangshengyin.com.

3. 中国知网〔DB/OL〕.

论文

1. 李济 . 历史语言研究所集刊 [J]. 第二十四本，1945（7）.

2. 朱大渭 . 中古汉人由跪坐到垂脚高坐 [J]. 中国史研究，1994（4）.

3. 杜文玉 . 五代起居制度的变化及其特点 [J]. 陕西师范大学学报，2005（3）.

4. 陈增弼 . 宁波宋椅研究 [J]. 文物，1997（5）.

5. 唐友波 . 春成侯盉与长子盉综合研究 [J]. 上海博物馆集刊，2000（1）.

6. 杜文玉，谢西川 . 唐代起居制度初探 [J]. 江汉论坛，2010（6）.

7. 吴卫. 传统宅抱鼓石考略 [J]. 家具与室内装饰，2006（5）.

8. 余辉.《重屏会棋图》背后的政治博弈——兼析其艺术特性 [J]. 浙江大学艺术与考古研究（特辑一）：宋画国际学术会议论文集，2017.

9. 时玲玲. 乐和，人和，天地和——《听琴图》新论及其作者再考释 [J]. 南京艺术学院学报：美术与设计，2017（1）.

10. 张志辉. 从"鹤膝桌"到"圆转桌"《是一是二图》中的家具 [J]. 紫禁城，2018（12）.

11. 翁同文. 中国坐椅起源与丝路交通 [J]. 东洋研究，1984（1）.

12. 夏小双.《南唐文会图》画者与画题辨 [J]. 形象史学研究，2016（下半年刊）.

13. 姜菊玲.《西园雅集图》应是佚名《春游赋诗图》[J]. 收藏，2018（4）.

14. 苏丹. 宋人《盥手观花图》研究 [J]. 南京艺术学院学报：美术与设计，2018（6）.

15. 张毅. 朱子"格物游艺"之学与"中和之美" [J]. 文学遗产，2018（6）.

16. 张海明. 范温《潜溪诗眼》论韵 [J]. 北京师范大学学报（社会科学版），1994（3）.

17. 李建华. 明清宫廷交椅考述 [J]. 沈阳故宫博物院院刊，2013（13）.

18. 李慧漱. 宋画与宋代园林 [J]. 湖上，2017（12）.

硕博论文

1. 李道湘. 现代新儒学与宋明理学 [D]. 天津：南开大学，1994.

2. 刘兆彬. 康有为书法美学思想研究 [D]. 济南：山东师范大学，1994.

3. 苏状."闲"与中国古代文人的审美人生——对"闲"范畴的文化美学研究 [D]. 上海：复旦大学，2008.

4. 程艳萍 . 中国传统家具造物伦理研究 [D]. 南京：南京林业大学，2011.

5. 裴晓冬 . 宋代文人画所反映的士大夫精神世界研究 [D]. 长春：东北师范大学，2017.

6. 朱平 . 倾听泠泠之音：古代绘画中的听觉意趣 [D]. 杭州：中国美术学院，2009.

7. 吴飘强 .《鲁班经》桌椅类家具研究 [D]. 南京：南京艺术学院，2018.

致谢一

  本人由衷感激两位博士生导师胡晓明教授和张文江教授的悉心指导，支持我以《宋画中的家具》作为博士论文的选题，并以多元跨界的视角和思维方式来进行探索，这也成为本书成果的由来。从自身的背景来说，长期从事中国古典家具的传承活化理论研究和实践探索，天然带有艺术设计学的观察和思维习惯，课题开始以现实问题为导向，一步一步地梳理和求证，确定对象，论证命题。过程中虽然困惑重重，但关键时刻都得到导师的指点，释结解疑，循循善导，并且提供关键的资料，最终得以成文。尤其是在 2020 年初，我困于武汉，在此期间导师给予了极大的鼓励和支持，让我保持平和，压力冰消瓦解，将其化作信念与动力，专注写作，成为我人生特殊的经历。在此对导师的悉心指导和培养，表达深深的感谢和无尽的感激。

  论文撰写期间我的同门师兄弟诸位博士就论文的关键问题提出诸多建议，学院和系部浓厚的学术气氛以及师友之间不拘形式的学术交流和切磋使我受益匪浅，拳拳惠爱，再敬热忱。

  在撰写期间，《宋画全集》第四卷还未出版，后期增加出版的第八卷，由于时间关系，本文的研究没有涉及，但不影响本文研究对象的整体内容和研究基础，增补的内容有待后期补充研究。宋画是一个重要的知识宝库，限于自身研究能力，研究中有未能深入的环节，希望将来有心力慢慢挖掘。

致谢二

本书源于 2020 年完成的博士论文《宋画中的家具》，有幸作为中国美术学院的优秀博士论文丛书《南山博文》出版，在此感谢丛书的编委和出品老师，特别感谢责编章腊梅老师和几位编辑的辛勤付出，几经校对修改，使本书顺利出版。